煤矿灾害防治专项培训教材

防治煤与瓦斯突出培训教材

全国煤矿安全培训教材建设专家编委会　组织编写

魏永建　王　伟　黄学志　夏　敏　主编

中国矿业大学出版社

·徐州·

内 容 提 要

本书根据2022年版《煤矿安全规程》(中华人民共和国应急管理部第8号令)和《防治煤与瓦斯突出细则》(煤安监技装〔2022〕28号)等相关内容组织编写。主要内容包括:防突相关规章、规范、标准、规定及管理制度,煤与瓦斯突出的基本知识,区域综合防突措施,局部综合防突措施,岩石与二氧化碳(瓦斯)突出防治措施,矿井瓦斯抽采,防突安全技能,防突新技术、新装备,防突各级岗位责任制,煤与瓦斯突出事故应急救援预案,煤与瓦斯突出事故应急处置,煤与瓦斯突出事故典型案例分析等。

本书是突出矿井的煤矿企业技术负责人、矿长、总工程师、井下作业人员、区(队)长、班组长及有关职能部门工作人员的防突知识培训教材,也可供煤矿企业的管理人员、工程技术人员、相关人员学习和参考。

图书在版编目(CIP)数据

防治煤与瓦斯突出培训教材 / 魏永建等主编. —徐州:中国矿业大学出版社,2023.9

ISBN 978-7-5646-5977-6

Ⅰ. ①防… Ⅱ. ①魏… Ⅲ. ①煤突出—防治—技术培训—教材②瓦斯突出—防治—技术培训—教材 Ⅳ. ①TD713

中国国家版本馆CIP数据核字(2023)第177389号

书　　名　防治煤与瓦斯突出培训教材
主　　编　魏永建　王　伟　黄学志　夏　敏
责任编辑　马晓彦　吴学兵
出版发行　中国矿业大学出版社有限责任公司
(江苏省徐州市解放南路　邮编 221008)
营销热线　(0516)83885370　83884103
出版服务　(0516)83995789　83884920
网　　址　http://www.cumtp.com　**E-mail**:cumtpvip@cumtp.com
印　　刷　江苏淮阴新华印务有限公司
开　　本　880 mm×1240 mm　1/16　**印张** 8.75　**字数** 261 千字
版次印次　2023年9月第1版　2023年9月第1次印刷
定　　价　36.00元

考试题库软件使用方法

微信扫码关注“中国矿业大学出版社煤炭知识服务”微信公众号，点击右下角“在线学习”—“在线考试”，微信授权进入“煤矿安培考试”小程序。“自测练习”模块可顺序练习，“模拟考试”模块可进行模拟考试，“我的错题”模块可查看错题。进入相应模块后，点击“请选择题库”，左侧一栏选择“五大灾害防治”，再选择“防治煤与瓦斯突出”，点击“确定”开始答题。公众号中回复“考试题库”，弹出的文章中第一篇有题库软件使用方法，可供参考。

中国矿业大学出版社煤炭知识服务

《防治煤与瓦斯突出培训教材》编写委员会

主　编：魏永建　王　伟　黄学志　夏　敏

副主编：白克新　赵先明　王丙成　武沛武

王　冲　李　攀　薛　莲　时民生

参　编：王振军　卢　杰　刘怀艳　刘学功

姚正周　蒋　飞　魏大庆　李　涛

岳　龙　李　爽　谢东辰　蒋书杰

杜柏川　陈顺国　李艳艳　李　波

弓　巍　汤欢欢　谭　琳　蒋　慧

李芳芳　秦利敏　王宏飞　李洪谦

雷娟娟　张公慈　李鹏魁　刘鹏印

袁国阳　翁海龙　郭坤鹏　王秀英

岳孝明　黄文礼　陈万毅　马晋波

梁　力　彭　丽　郭红波　郭旭东

张　宙　高　宇　张李朋　韩　璐

杨红陶　杨　博

前　言

为适应防治煤(岩)与瓦斯(二氧化碳)突出矿井相关人员防突知识培训工作的实际需要,本教材依据2022年版《煤矿安全规程》和《防治煤与瓦斯突出细则》等规章、规范,遵循通用性和实用性的原则,重点围绕煤(岩)与瓦斯(二氧化碳)突出矿井安全生产知识和管理能力、两个"四位一体"综合防突措施、煤(岩)与瓦斯(二氧化碳)突出的规章制度、煤(岩)与瓦斯(二氧化碳)突出基本知识以及煤(岩)与瓦斯(二氧化碳)突出岗位责任制等内容编写。教材紧紧围绕《煤矿安全规程》和《防治煤与瓦斯突出细则》规定的防突知识培训内容,突出实用性、刚需性,注重培训实效,紧贴煤矿防突工作实际,结合煤矿典型煤(岩)与瓦斯(二氧化碳)突出事故案例,切实做到以案示警、以案为戒、以案促改,使煤矿企业各级人员熟悉和掌握相关防突知识与技能,促进矿井安全生产。同时,教材也融入了全国众多煤业集团在防突工作方面好的做法和管理经验。

本教材共十二章,主要内容包括:防突相关规章、规范、标准、规定及管理制度,煤与瓦斯突出的基本知识,区域综合防突措施,局部综合防突措施,岩石与二氧化碳(瓦斯)突出防治措施,矿井瓦斯抽采,防突安全技能,防突新技术、新装备,防突各级岗位责任制,煤与瓦斯突出事故应急救援预案,煤与瓦斯突出事故应急处置,煤与瓦斯突出事故典型案例分析等。

本教材主要有以下特点：

(1) 教材适应防突知识培训工作的实际要求，对增强防治煤(岩)与瓦斯(二氧化碳)突出人员安全意识和安全素质非常有益，相关知识系统全面。

(2) 教材紧紧围绕《煤矿安全规程》和《防治煤与瓦斯突出细则》规定的防治煤(岩)与瓦斯(二氧化碳)突出培训内容，注重培训实效，突出实用性和刚需性。

(3) 教材无论是在内容全面性上还是在知识点的覆盖面上均具有典型的代表性，且层次分明，系统科学，能够满足煤矿企业防突专项安全知识培训需求，可在全国煤炭行业推广使用。

(4) 教材前八章和第十二章后面配备了一定数量的复习思考题，便于读者自我检验培训效果。

本书是突出矿井的煤矿企业技术负责人、矿长、总工程师、井下作业人员、区(队)长、班组长和有关职能部门工作人员的防突培训教材，也可供煤矿企业的管理人员、工程技术人员、相关人员学习和参考。

本书配套有PPT课件、考试题库软件，方便煤矿企业开展防治煤与瓦斯突出培训，请加微信 xuebwu 或 QQ 群 708756397 联系(只限培训机构教师)。读者请关注“中国矿业大学出版社煤炭知识服务”微信公众号进行题库练习。

由于编者水平所限，书中难免有不妥之处，敬请广大读者批评指正。

全国煤矿安全培训教材建设专家委员会

2023 年 7 月

目　录

第一章　防突相关规章、规范、标准、规定及管理制度

一、防突主要规章、规范和标准

所有突出矿井的从业人员必须学习防突相关规章、规范和标准，接受防突基本知识的培训学习，经考核合格后，方准上岗。矿各级领导干部必须把防治突出作为一项重要工作来抓，全体从事防治突出工作的人员必须严格执行《煤矿安全规程》《防治煤与瓦斯突出细则》《煤矿瓦斯抽采达标暂行规定》等规章、规范和标准。

（一）《煤矿安全规程》

现行《煤矿安全规程》是在2016版的基础上修订的，2022年1月6日，《应急管理部关于修改〈煤矿安全规程〉的决定》公布，自2022年4月1日起施行。

1. 制定目的

《煤矿安全规程》是煤矿企业必须遵守的法定规程，制定目的是保障煤矿职工的安全和健康，保护国家资源和财产不受损失，保证生产建设的正常进行，促进煤炭工业的发展。

2. 主要内容

新修订的《煤矿安全规程》总计六编721条，分总则、地质保障、井工煤矿、露天煤矿、职业病危害防治、应急救援、附则、附录等。

3. 学习贯彻要点

一要充分认识贯彻落实《煤矿安全规程》的重大意义。《煤矿安全规程》在煤炭行业具有很高的权威性，在煤矿安全生产领域居于主体规章地位，是安全生产法律法规和中央决策部署的具体体现，是煤矿安全

监管监察执法的重要依据，是规范煤矿安全管理行为的重要准绳。二要加强《煤矿安全规程》宣传贯彻培训力度。结合本单位实际，制定方案，增强宣传贯彻针对性。深入学习领会，做到学以致用，实现安全生产。三要把握《煤矿安全规程》修订的重大变化，并结合实际，梳理新旧版本《煤矿安全规程》的内容差异，逐条研究修改情况，确保知晓并掌握规程内容。同时，要完善相关制度、装备，对照《煤矿安全规程》要求，开展自查自纠，进一步完善本企业安全管理规章制度。

（二）《防治煤与瓦斯突出细则》

2019 年 7 月 16 日，国家煤矿安全监察局颁布了《防治煤与瓦斯突出细则》（以下简称《防突细则》），自 2019 年 10 月 1 日起施行。

1. 主要内容

《防突细则》主要内容包括总则、一般规定、区域综合防突措施、局部综合防突措施、防治岩石与二氧化碳（瓦斯）突出措施、附则，共 6 章 127 条。

2. 修订的原因

(1) 国家提出了关于安全生产的新理念、新思想，必须牢固树立安全发展理念，正确处理安全和发展的关系，坚持发展决不能以牺牲安全为代价这条不可逾越的红线。因此，国家比以往任何时候都更加强调安全生产和保障职工生命安全的重要性。

(2) 随着煤矿开采深度的增加，煤层瓦斯压力、瓦斯含量和地应力逐渐增大，我国煤矿煤与瓦斯突出灾害更为严重；而且随着采掘新技术、新装备的大量应用，煤矿的生产强度大幅度提高，生产技术条件也发生了新变化。

(3) 事故教训表明：我国部分煤矿两个“四位一体”综合防突措施现场落实不到位，过程管理失控，盲目采掘作业造成突出事故发生；存在区域预测瓦斯参数弄虚作假、预测结论不可靠，预抽钻孔深度和轨迹不可控，抽采计量不准确、防突效果不达标等问题。

(4)《煤矿安全规程》指导全国煤矿安全生产工作，为衔接《煤矿安全规程》，此次修订的《防突细则》作为其防突部分的执行说明和细化补充，体现了我国煤矿突出防治工作的基本要求。

3. 修订变化的主要内容

（1）理顺了与《煤矿安全规程》的关系。将《防治煤与瓦斯突出规定》修订为《防突细则》，由部门规章调整为规范性文件，作为《煤矿安全规程》的支撑文件，下调了《防突细则》的层级，突出了《煤矿安全规程》在煤矿安全及煤炭行业的主体地位。在具体内容方面，《防突细则》重在引导和规范煤矿结合自身实际做好防突工作，如：删除了原《防治煤与瓦斯突出规定》中“罚则”等相关内容，规定“只要有一次区域验证为有突出危险，则该区域以后的采掘作业前必须采取区域或局部综合防突措施”“在采掘生产和综合防突措施实施过程中，发现有喷孔、顶钻、卡钻等明显突出预兆或者发生突出的区域，必须采取或继续执行区域防突措施”等，与《煤矿安全规程》防突相关规定进行衔接和统一。

（2）强化了区域综合防突措施。完善了突出危险性预测预警的技术方法，明确了区域预测范围，提出了突出矿井要建立突出预警机制，实现“多元信息的综合预警、快速响应和有效处理”；强化了区域防突措施，明确了定向长钻孔预抽煤层瓦斯区域防突措施、顺层钻孔预抽煤巷条带抽采时间要求，以及顺层钻孔预抽煤巷条带煤层瓦斯区域防突措施的限制使用条件；规定了区域措施效果检验的最小检验范围，提高了区域防突措施效果检验的可靠性。

（3）纳入了综合防突措施实施质量管控。《防突细则》第二章第四节“综合防突措施过程管理与突出预兆管控”为新增内容，共 7 条，主要是对两个“四位一体”综合防突措施的实施进行全过程管理，保证防突措施实施质量可靠、过程可溯，为查找整个防突工作流程存在的问题和不足提供支撑。如“建立完善综合防突措施实施、检查、验收、审批等管理制度”“深度超过 120 m 的预抽瓦斯钻孔应当每 10 个钻孔至少测定 2 个钻孔的轨迹”“突出矿井应当建立通风瓦斯日分析制度、突出预警分析与处置制度和突出预兆的报告制度”等。

（4）强化了煤与瓦斯突出可防可治理念。吸纳了防突新理念、新技术和新装备，将我国煤矿突出防治创新理念、先进适用技术和装备写入《防突细则》，增加了“一矿一策、一面一策”“先抽后建、先抽后掘、先抽后采、预抽达标”防突理念，以及远程操控钻机、钻孔轨迹测量、视频监控、防突信息化管理等新技术和新装备的相关要求。同时，吸取近年来重特大突出事故教训，强化突出管理，如“其他突出煤层区域预测为危险区域的采掘工作面，进入专用回风巷前的回风严禁切断其他采掘作业地点唯一安全出口”“突出矿井应当开展突出事故的监测报警工作，实时监测、分析井下各相关地点瓦斯浓度、风量、风向等的突变情况，及时判断突出事故发生的时间、地点和可能的波及范围”等。

(5) 规范性、可操作性更强。《防突细则》对突出煤层认定、突出危险性评估、突出矿井巷道布置、采掘作业、突出矿井通风系统、防突钻孔施工、人员培训、突出事故的监测报警、防突措施选择、区域效果检验、石门揭煤作业等主要内容进行了细化完善，提高了规范性、可操作性。

4. 贯彻落实要点

高瓦斯、煤与瓦斯突出矿井的主要负责人和煤矿安全生产管理人员要带头深入学习《防突细则》，做到应知应会，并组织分管人员专题学习讨论，熟练掌握《防突细则》的主要内容和要求。

(三)《煤矿瓦斯抽采达标暂行规定》

2011 年 10 月 6 日，国家安全生产监督管理总局、国家发展和改革委员会、国家能源局、国家煤矿安全监察局颁布了《煤矿瓦斯抽采达标暂行规定》(以下简称《暂行规定》)，自 2012 年 3 月 1 日起施行。

1. 主要内容

《暂行规定》主要内容包括总则、一般规定、瓦斯抽采系统、抽采方法及工艺、抽采达标评判、抽采达标责任、附则，共 7 章 39 条。

2.《暂行规定》新特点

(1)《暂行规定》立足于强化煤矿瓦斯抽采达标，降低煤层瓦斯含量和减少井下瓦斯涌出量，从而有效预防瓦斯事故。

(2) 具体且有针对性。为了强化和规范煤矿瓦斯抽采，《暂行规定》重点围绕实现瓦斯抽采达标，从落实责任、规划、计划，加强抽采系统建设，强化抽采达标管理等方面提出了具体要求，增强了权威性和可执行力。同时，为了便于监管监察，增加了处罚的内容。

(3) 严格抽采达标的程序要求。《暂行规定》旨在系统地规定瓦斯抽采达标工作的各项要求，以促进瓦斯达标工作深入开展。第一，进一步严格了应当开展瓦斯抽采的矿井条件，促使更多的矿井进行瓦斯抽采。第二，促进煤矿企业树立“抽采不达标不生产”的理念，要求必须实现抽采达标后才进行采掘作业。第三，促进矿井采取多种方法，充分抽采瓦斯，保证“抽、掘、采”平衡。第四，增加了处罚要求，对于不按照要求进行瓦斯抽采或者抽采不达标而组织生产的矿井，提出了采取限期整改和停产整顿的措施。

（4）对抽采达标的评价和监督等作出了明确规定。对煤矿企业如何实现抽采达标，提出了包括开拓开采部署、规划、设计、抽掘采平衡、抽采工艺和方法、抽采系统能力、抽采管理和责任制等方面的具体要求，以规范瓦斯抽采的各个环节，满足抽采达标的基本条件；对如何评价抽采达标，在正文和附则中分别给出了抽采计量和参数测定、评价方法和判断标准等，便于企业自行评价和监管监察部门进行检查；对于煤矿安全监管监察部门检查抽采达标的方式和内容提出了要求，给监管监察部门提供了执法依据。

3. 贯彻落实要点

（1）大力宣传贯彻《暂行规定》。积极开展学习培训、专家解读、监督检查等活动，大力宣传贯彻《暂行规定》，督促煤矿企业完善瓦斯抽采系统和瓦斯抽采措施，加强瓦斯先抽后采工作，提高矿井抽采达标能力。

（2）建立完善瓦斯抽采达标管理制度。督促煤矿企业建立健全专业的瓦斯抽采机构和瓦斯抽采达标评价工作体系，制定矿井瓦斯抽采达标评判细则，建立瓦斯抽采管理和考核奖惩制度、抽采工程检查验收制度、先抽后采例会制度、技术档案管理制度等。

（3）强化瓦斯抽采达标监督检查。地方各级煤矿安全监管部门应定期或不定期检查煤矿瓦斯抽采达标情况，并每半年至少进行一次瓦斯抽采达标专项检查，重点检查抽采系统建设、抽采制度建设、设备设施配备、机构队伍建立、工程规划与计划编制、工程设计与施工、瓦斯抽采、计量和指标测定、参数测定与抽采效果评判等情况。各驻地矿山安全监察机构应积极组织开展煤矿瓦斯抽采达标专项监察，重点检查“抽掘采平衡”能力、抽采系统能力、工作面瓦斯抽采效果评判等。

防突主要规章和标准对防治煤(岩)与瓦斯(二氧化碳)突出的相关规定见附件1。

二、《国家矿山安全监察局关于进一步加强煤矿瓦斯防治工作的紧急通知》(矿安〔2023〕21号)

为认真贯彻落实习近平总书记关于矿山安全生产重要指示精神，切实管控煤矿瓦斯重大风险，坚决防范遏制煤矿瓦斯事故，现就进一步加强煤矿瓦斯防治工作紧急通知如下：

(一)强化责任落实

煤矿企业主要负责人(法人、实际控制人、投资人)、矿长必须落实本单位防突工作第一责任人责任，总工程师必须落实技术负责人责任，各副矿长、职能部门必须落实防突岗位责任制、强化业务保安，确保防突措施落实到位。

对责任不落实的，依法责令停止作业。

(二)全面排查防突体制机制

煤矿及其上级公司要按《煤矿安全规程》等规定，分层级审批安全设计措施。煤矿没有上级公司的，由各省级煤矿安全监管监察部门督促在本年度内完成整改，否则委托有技术管理能力的第三方审批。

对机构不健全、人员配备不到位的，依法责令停止作业。

(三)全面排查瓦斯参数

全面排查正在采掘区域的煤与瓦斯突出矿井瓦斯压力、瓦斯含量、透气性系数、瓦斯放散初速度、坚固性系数、有效抽采半径及工作面防突预测(效果检验)的突出敏感指标等参数。

对参数不齐全的，依法责令限期补测；对参数造假的，依法责令停止作业。

(四)确保抽采达标

煤矿企业必须按照“一矿一策、一面一策”要求，采取地面区域预抽、井下区域预抽等措施，超前治理瓦斯。具备保护层开采条件的，必须开采保护层,并抽采邻近层瓦斯。强化钻孔施工、轨迹测定、钻孔封孔、联网抽采精细化管理,严格开展抽采达标评判,确保抽采达标。

对不按规定抽采瓦斯,抽采不达标的,依法责令停止作业。

(五) 加强瓦斯预警预测

煤矿企业必须严格执行安全监控系统24小时值班值守,凡发生瓦斯超限或异常,立即按规定处置。煤矿总工程师必须严格执行通风瓦斯日分析制度,在突出煤层采掘工作面悬挂防突预测图。煤矿安全监管监察部门要适时查看煤矿安全风险预警系统,发现异常情况,立即处置。每月月底前,对下个月安全风险尤其是瓦斯风险进行分析研判,并将结果反馈至煤矿企业。

对预警预测落实不到位的,一律依法责令停止作业。

(六) 严格应急处置

煤矿所有职工一旦发现瓦斯异常、超限报警及喷孔、顶钻、响煤炮声等征兆时,无须请示,有权第一时间撤人,并及时向矿调度室汇报。

凡阻挠撤人,造成人员伤亡的,一律依法移交司法机关追究责任。

(七) 严厉打击造假行为

对存在防突预测检验造假、钻孔造假、抽采量造假、监控系统过滤屏蔽造假、瓦斯传感器浓度造假等严重违法违规行为的,一经发现,依法移交司法机关处理。

三、防突相关管理制度

《防突细则》第三十五条规定:有突出矿井(煤层)的煤矿企业、煤矿应当建立防突技术管理制度,煤矿企业技术负责人、煤矿总工程师对防突工作负技术责任,负责组织编制、审批、检查防突工作规划、计划和措施。

《防突细则》第四十四条规定:突出矿井应当对两个“四位一体”综合防突措施的实施进行全过程管理,建立完善综合防突措施实施、检查、验收、审批等管理制度。

《防突细则》第四十九条规定:突出矿井应当建立通风瓦斯日分析

制度、突出预警分析与处置制度和突出预兆的报告制度。总工程师、安全矿长或者通风副总工程师负责每天组织防突、通风、地质和监测监控等人员对突出煤层的采掘工作面瓦斯涌出异常等现象，以及钻孔施工中出现的顶钻、喷孔等明显的突出预兆进行全面分析、查明原因，并采取措施、建立台账。

根据《防突细则》的相关规定，有突出矿井（煤层）的煤矿企业、煤矿应当建立防突技术管理制度、综合防突措施实施管理制度、综合防突措施检查管理制度、综合防突措施验收管理制度、综合防突措施审批管理制度、通风瓦斯日分析制度、突出预警分析与处置制度、突出预兆的报告制度、防突报表审阅审批制度、石门揭煤工作面防突管理制度等。

防突相关管理制度见附件2。

【复习思考题】

1．突出矿井的防突工作应当遵守哪些规定？

2．突出煤层的哪些人员必须掌握突出预兆？发现突出预兆时应该怎样处置？

3．突出煤层哪些地点必须设有直通矿调度室的电话？哪些地点必须设置压风自救装置？

4．防突工作必须坚持什么原则？突出煤层必须采取什么综合防突措施？

5．突出矿井和按突出矿井设计的矿井，巷道布置设计应当符合哪些要求？

6．正常生产的突出矿井“三量”可采期的最短时间是如何规定的？

7．突出矿井的通风系统应当符合哪些要求？

8．抽采管路系统敷设、安装应符合哪些要求？

9．煤矿企业需要建立的防突相关管理制度有哪些？

第二章　煤与瓦斯突出的基本知识

第一节　矿井瓦斯基本知识

一、概述

（一）矿井瓦斯的成因

矿井瓦斯来自煤系地层，它的形成经历了两个不同的造气时期，即从植物遗体到形成泥炭，属于生化作用造气时期；从褐煤、烟煤到无烟煤，属于变质作用造气时期。由于在生化作用造气时期泥炭的埋藏较浅，覆盖层的胶结固化也不好，因此生成的气体通过渗透和扩散很容易排放到大气中，而保存在现今煤层中的瓦斯，只是变质作用造气时期生成的气体中的很少一部分。

矿井瓦斯是井下各种有害气体的混合物，其成分是很复杂的。它含有甲烷、二氧化碳、氮和数量不等的重烃以及微量的稀有气体等，但主要成分是甲烷。因此，煤矿习惯上所说的瓦斯就是指甲烷。

（二）矿井瓦斯的危害

矿井瓦斯的危害主要有以下 3 个方面：

（1）当空气中瓦斯浓度达到一定值时，遇火就会燃烧或爆炸。瓦斯气体和氧气的量相匹配时，反应充分、剧烈，表现为瓦斯爆炸，反之就表现为瓦斯燃烧。

（2）当空气中瓦斯浓度很高时，空气中的氧含量相对降低，会使人窒息。

(3) 煤层及围岩中的瓦斯气体达到一定的压力,在冲击地压和采掘活动等诱因作用下,可以导致煤与瓦斯突出。

(三) 矿井瓦斯的赋存

1. 瓦斯的赋存状态

瓦斯之所以能够保存在煤体中,主要与煤的结构状态有密切关系。煤是一种复杂的孔隙性介质,有着十分发达的、大小不同的孔隙和裂隙,具有巨大的自由空间和孔隙内表面积(煤体孔隙的内表面积,每克煤可达 150～200 m^2)。因此,成煤过程中生成的瓦斯就能以不同状态存在于这些裂隙和孔隙内。

瓦斯在煤层和围岩中的赋存状态有两种,一种是游离状态,另一种是吸附状态,如图 2-1 所示。

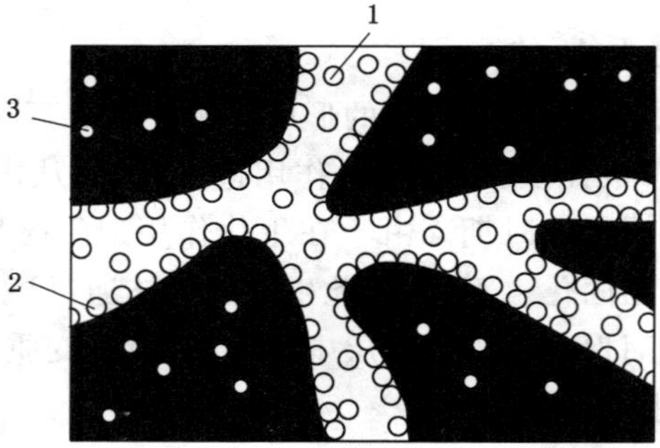

1—游离瓦斯;2—吸着瓦斯;3—吸收瓦斯。

图 2-1　瓦斯在煤体中的存在状态

(1) 游离状态。这种状态的瓦斯以自由气体状态存在于煤层或围岩的裂隙、孔隙或孔洞之中,其分子可以自由运动,也可从煤(岩)层的裂隙中释放出来,因此表现出一定的压力。煤体内游离瓦斯的多少取决于储存空间的容积、瓦斯压力及围岩温度等因素。

(2) 吸附状态。按其结合形式的不同,吸附状态又分为吸着状态和吸收状态。吸着状态是瓦斯被吸着在煤体或岩体微孔表面,在其表面形成瓦斯薄膜;吸收状态是瓦斯被溶解于煤体中,与煤的分子相结合，类似于气体溶解于液体的现象。吸附瓦斯的多少，取决于煤的结构特点、变质程度等。

煤体中瓦斯存在的状态并不是固定不变的，而是处于动平衡状态，当条件发生变化时这一平衡就会被打破。当压力升高或温度降低时，部分游离瓦斯转化为吸附瓦斯，这种现象叫吸附；当压力降低、温度升高或煤体结构受到破坏时，部分吸附瓦斯转化为游离瓦斯，这种现象叫解吸。

2. 瓦斯在煤层中的垂直分带

在漫长的地质年代中，变质作用过程中生成的瓦斯在其压力差与浓度差的作用下不断向大气中运移，而地表空气通过渗透和扩散也不断向煤层深部运移，这就导致煤层沿垂深出现了特征明显的 4 个分带，即 CO_2-N_2 带、N_2 带、N_2-CH_4 带和 CH_4 带，各带的主要特征见表 2-1。按照各带的成因和组分变化规律，前三个分带统称为瓦斯风化带，最后一个分带称为瓦斯带。

表 2-1　煤层中各垂直分带的主要特征

名称	成因	瓦斯成分/%		
		N_2	CO_2	CH_4
CO_2-N_2 带	生物化学-空气	20～80	＞20	＜10
N_2 带	空气	＞80	＜10～20	＜20
N_2-CH_4 带	空气-变质	＜80	＜10～20	＜80
CH_4 带	变质	＜20	＜10	＞80

瓦斯风化带下界的深度，可以根据下列指标中的任意一项确定：

（1）矿井的相对瓦斯涌出量大于 2 m^3/t 处。

（2）煤层内的瓦斯组分中甲烷浓度达到 80％。

（3）煤层内的瓦斯压力为 0.1～0.15 MPa。

（4）煤的瓦斯含量达到下列数值处：长焰煤 1.0～1.5 m^3/t，气煤 1.5～2.0 m^3/t，肥煤与焦煤 2.0～2.5 m^3/t，瘦煤 2.5～3.0 m^3/t，贫煤 3.0～4.0 m^3/t，无烟煤 5.0～7.0 m^3/t。

确定瓦斯风化带和瓦斯带的深度是很重要的，因为在瓦斯带内，煤层中瓦斯含量、瓦斯压力以及在开采条件变化不大的前提下的瓦斯涌出量都随着深度的增加而有规律地增大。研究这些规律及影响因素，是防治矿井瓦斯灾害的基本工作之一。

3. 瓦斯在煤岩中的流动

(1) 瓦斯流动场

煤层中含有大量的瓦斯，游离瓦斯还具有一定的压力，由于煤层赋存条件不同，瓦斯压力的分布是不均衡的。有压力差，有裂隙通道，就有瓦斯的流动。矿井开拓开采揭露了煤层，该地点的瓦斯压力就大幅下降，周围高压力的瓦斯就会向该点流动。

瓦斯流动的范围称为流动场。实际情况下，流动场的范围是随时间而变化的。

严格说来，煤层中的瓦斯流动都是不稳定的，因为瓦斯的来源是流动场本身所含有的瓦斯，所以瓦斯涌出量也是随时间不断变化的。

(2) 瓦斯流动参数

影响煤层瓦斯流动的因素很多，如煤层赋存状态、瓦斯地质条件、瓦斯压力、透气性、吸附瓦斯的能力、孔隙率、煤层暴露面的几何形状、放散瓦斯的时间、采掘方法、开采空间的地应力活动规律、煤层和岩层的物理力学性质、支架和顶板管理的方法、矿井通风制度和水文地质条件等。在这些影响因素中，除时间、空间条件外，对煤层本身而言，煤层瓦斯压力、透气性、煤吸附瓦斯的能力和孔隙率是影响瓦斯涌出的基本参数。因为瓦斯压力是瓦斯流动的动力，煤的透气性则是瓦斯在该煤体中的流动能力，而煤的吸附能力和孔隙率则是煤层含有瓦斯的能力，所以在一定的地质条件和采掘方法条件下，瓦斯涌出主要取决于上述因素。

二、煤层瓦斯含量及瓦斯压力

(一) 煤层瓦斯含量及其影响因素

煤层瓦斯含量是指在自然条件下单位体积或单位质量煤体所含有

的瓦斯数量，一般用 m^3/m^3 或 m^3/t 表示。煤层瓦斯包括游离瓦斯和吸附瓦斯两部分。在自然条件下，游离瓦斯占 10%～20%，吸附瓦斯占 80%～90%。

影响煤体瓦斯含量的因素很多，可概括为两类。

1. 瓦斯生成量的因素

成煤前植物遗体中有机质越多，瓦斯生成量就越大；煤的变质程度越高，含固定碳越多，瓦斯生成量也越大；按地史来说，古老煤田成煤越早，瓦斯生成量就越大。

2. 瓦斯的保存和逸散因素

(1) 煤的性质。煤的孔隙率大，贮存瓦斯的孔隙就大，瓦斯的吸附能力也大。煤层的透气性大，瓦斯就容易逸散；反之，煤层瓦斯含量就高。水分对瓦斯也有一定的影响，它不仅占据了孔隙和吸附面，而且还可以溶解和带走瓦斯。因此，煤层含水量越大，煤层瓦斯含量越低。

(2) 煤层赋存条件。首先是煤层的埋藏深度。浅部煤层，特别是有露头存在时，煤层中的瓦斯容易逸散到大气中，瓦斯含量就很小。如果煤层被较厚的冲积层所覆盖，没有通过地表的露头，瓦斯难以逸散，煤层的瓦斯含量就比较大。一般来说，煤层的瓦斯含量随着深度的增加而逐渐增大。其次是煤层的倾角。因为瓦斯沿煤层层面流动比沿垂直层面流动容易，所以在相同的条件下，煤层的倾角越小，瓦斯含量就越大。

(3) 围岩性质。如果煤层的围岩致密，特别是顶板围岩致密完整，煤层中的瓦斯就容易保存下来；反之，瓦斯容易逸散。

(4) 地质构造。地质构造往往是造成同一矿区瓦斯含量差别的主要原因。在地质构造附近，煤层遭到破坏，裂缝、孔洞发育，游离的瓦斯增多，瓦斯含量大；但如果有适合于瓦斯运移的条件，瓦斯则会流向其他地点，该处瓦斯即较少。一般来说，开放性裂缝有利于瓦斯排放，瓦斯含量小；封闭性裂缝可以封闭贮存瓦斯，瓦斯含量大。另外，褶曲对瓦斯含量的影响也很大，当顶板为致密的岩层且未被暴露时，一般情况下，背斜区瓦斯含量由两翼向轴部增大，向斜区则轴部瓦斯含量可能减小；当顶板为脆性岩石且裂缝很多时，瓦斯含量在背斜轴部减小，向斜轴部增大；此外，火成岩侵入煤体附近，煤的变质程度高，瓦斯含量可能增大。

（二）煤层瓦斯压力

瓦斯压力是瓦斯在煤层中所呈现的压力。它是由煤层裂隙和孔隙中的游离瓦斯的自由热运动对裂隙和孔隙的空间壁面所产生的作用力而体现出来的。

瓦斯压力是衡量煤层瓦斯含量大小的一个重要指标，也是抽采瓦斯和防治煤与瓦斯突出的重要依据。《煤矿安全规程》规定：开采有煤与瓦斯突出危险的煤层时，必须测定煤层中的瓦斯压力和瓦斯涌出量。

三、矿井瓦斯涌出

（一）矿井瓦斯涌出来源

掌握矿井瓦斯涌出的来源，是实行瓦斯分源治理的前提条件。按照瓦斯涌出地点和分布状况，瓦斯涌出来源可分为以下4种：

（1）煤岩壁瓦斯涌出，即从采掘工作面及巷道周围的煤岩壁中涌出的瓦斯。

（2）采落煤炭瓦斯涌出，即采掘工作面进行采煤和掘进时从落煤中涌出的瓦斯。

（3）采空区瓦斯涌出，即从采空区的顶、底板和浮煤中涌出的瓦斯。

（4）邻近煤层瓦斯涌出，即从顶、底板邻近煤层煤体中涌出的瓦斯。

上述瓦斯构成了矿井瓦斯涌出的总量，它们各自在总量中所占比例的大小随着生产条件的改变而改变。其测定方法是：在全矿同时测定各区域的绝对瓦斯涌出量，然后分别计算出各自在总量中所占的百分比。通过对瓦斯涌出来源及构成比例关系的分析，可以找出主要瓦斯涌出源，并采取相应措施进行重点控制与管理，尽量减少其涌出量。

（二）矿井瓦斯涌出形式

当煤层被开采时，煤体受到破坏，贮存在煤体内的部分瓦斯就会离开煤体而涌入采掘空间，这种现象称作瓦斯涌出。矿井瓦斯涌出形式有普通涌出和特殊涌出两种。

1. 普通涌出

普通涌出是指瓦斯从采落的煤炭及煤层、岩层的暴露面上，通过细小的孔隙缓慢、均匀而长时间地涌出，首先涌出的是游离瓦斯，而后是部分解吸的吸附瓦斯。普通涌出是矿井瓦斯涌出的主要形式，不仅范围广，而且数量大。

2. 特殊涌出

如果煤层或岩层中含有大量瓦斯，采掘时这些瓦斯有时会在极短的时间内突然、大量地涌出，可能还伴有煤粉、煤块或岩石突出，瓦斯这种涌出形式称为特殊涌出。特殊涌出是一种动力现象，可分为瓦斯喷出和煤与瓦斯突出。其特点是：发生突然，时间短暂，范围局限，一次涌出瓦斯数量巨大，直接威胁到矿井的安全生产和人员安全。

第二节　地质构造对瓦斯赋存及突出灾害的影响

一、地质构造带与瓦斯赋存状况及瓦斯异常涌出的关联性分析

（一）地质构造演化对煤层瓦斯赋存的影响

瓦斯是气态地质体，我国的石炭-二叠纪含煤地层形成后主要经历了印支运动、燕山运动和喜马拉雅运动等。每次构造运动的规模、涉及范围、构造应力场等均不尽相同。

煤层形成后，在历经构造运动中的拉张裂陷、隆起剥蚀后会使煤层瓦斯大量逸散；历经构造运动中的挤压拗陷则有利于瓦斯赋存，挤压剪切易于形成构造煤及好的封闭条件。

（二）不同地质构造类型对瓦斯赋存的影响

1. 向斜构造对瓦斯赋存的影响

宽缓向斜：向斜两翼发育轴向正断层时，煤层含气性往往在翘起端最好，且在轴部附近往往好于两翼。向斜两翼倾角变大并有逆断层发育时，形成较好的构造封闭条件，向斜内部含气量往往较高。

不对称向斜：向斜陡翼发育逆断层，导致陡翼含气性相对于缓翼往往较高。向斜两翼均发育正断层，其陡翼断层可能具有反转性质，缓翼含气性好于陡翼。

2. 背斜构造对瓦斯赋存的影响

对称背斜：区域性背斜，轴部张性断裂发育，两翼及倾伏端含气性较好，轴部含气性往往极差。当背斜轴部发育逆断层系统，对煤储层造成封闭，含气性好于上述轴部发育张性断裂的背斜。

不对称背斜：缓翼发育逆断层，导致缓翼含气性好于陡翼。

次级背斜：次级背斜幅度小，多为缓坡状褶曲，轴部裂隙不发育，往往是瓦斯气体局部富集的地段。

3. 推覆构造对瓦斯赋存的影响

褶皱推覆：一方面可形成区域性封盖条件，另一方面又可能强烈破坏煤层原生结构而使煤层渗透性降低。

逆冲推覆：逆冲推覆断层面是阻隔瓦斯逸散的良好构造界面。

4. 伸展构造对瓦斯赋存的影响

单斜断块：一般面积较小，连续性较差，断块边界附近含气性差，向断块内部延伸方向含气性变好。

断陷盆地：单断型，煤层上覆有效地层厚度较大，地层连续性相对较好，有利于瓦斯赋存。双断型，煤层上覆有效地层厚度较大，但地层连续性往往差于单断型，瓦斯赋存条件较好。

滑动构造：位于煤层顶板附近或煤层中的滑面有利于对瓦斯形成封闭，构造煤发育使煤层透气性变差，若滑面远离煤层则对瓦斯赋存条件无直接影响。

二、地质构造带与突出灾害的关联性分析

（一）地质构造与瓦斯突出的关系

（1）大量研究成果表明，对褶曲构造来说，褶皱强烈或紧密褶曲部位、层间滑动或层间揉皱发育地带、煤层产状变化大的块段、中小型向斜轴部、背斜倾伏段以及背斜中和面以下部位、牵引褶曲部位等，均是突出多发部位。

（2）断层对突出的影响比较复杂，大量实测资料和研究成果表明，突出具有明显的分区分带性，地质构造尤其是断层构造控制突出的分区分带性。一般认为断层的产生是地应力释放的过程，因而断层的产生在一定程度上降低了突出的危险性，但是在很多时候断层又作为煤与瓦斯突出的初始通道或突破口，因而需对其进行具体分析与研究。断层的性质不同，其对突出的作用及影响也截然不同。一般情况下，压性或压扭性断层为封闭性构造，瓦斯含量较高、瓦斯压力大，因而突出危险性也大；张性断层属开放性构造，突出危险性小或者不突出。在封闭的边界条件下，小断层密集发育的地带特别是低级别压扭性断裂发育地段、压性或压扭性结构面间所夹的块段、地堑式构造的中间块段等，均易发生突出。

对于压性或压扭性封闭性断层，根据实测资料其瓦斯压力分布具有一定的规律性，断层带附近瓦斯压力及瓦斯涌出量一般比较小，随着距断层距离的增加，其瓦斯压力及瓦斯涌出量有一定的增加并存在较高的峰值，至一定的距离后又变为正常值，从而在距断层一定的范围内存在瓦斯压力及瓦斯涌出量的低值区、高值区和正常区。工程实践表明，突出点通常都在瓦斯压力及瓦斯涌出量高值区范围内。

地质构造对突出有控制作用，但并不是所有的构造带内都发生突出，不同的地质构造、同一地质构造的不同块段对煤与瓦斯突出的控制作用是不同的，掌握好这些规律对煤与瓦斯突出预测有一定的指导意义。

（二）地质构造煤体结构破坏后对瓦斯突出的影响

在煤与瓦斯突出的机制中煤体物理力学性质主要受煤的机械强度

制约，煤的机械强度越小，突出阻力就越小，突出发生的可能性就越大。煤的机械强度受煤体结构的制约，因此，煤体结构在一定程度上反映了煤与瓦斯突出的难易程度，控制着突出的发生。

煤体结构是指煤的构造结构。从地质意义上来说，煤体结构实际上是一种构造形迹特征，它反映了煤层应变历史和应变特征。原生结构的煤结构稳定，层理好，煤质强度高；而原生结构遭受破坏后煤层层理紊乱，破碎严重，煤质松软酥碎、强度低。构造煤就是煤层受密集构造严重破坏的结果，其特殊的结构成为瓦斯集中区和应力弱面区，构造煤区常为煤与瓦斯突出的高发带。

构造应力的作用：一方面使煤体产生密集的裂隙，煤体结构遭到破坏，煤体的机械强度减小，抵御外力作用的能力变小，突出阻力和突出所需的能量降低；另一方面煤体结构遭到破坏，煤的孔隙间距和内表面积变大，煤分层孔隙率大，可以保存更多的游离瓦斯，透气性差，一般能保持较高的瓦斯压力，这为突出创造了动力条件。同时，在构造应力的作用下，煤体结构遭到破坏之后碎块间发生相互挤压、摩擦和揉搓，煤体碎块逐步变小，甚至在其他高强度的作用力下煤体碎块会变为粉末状，使煤与瓦斯突出往往发生在构造煤分层发育的地段。

构造煤发育区域为瓦斯突出的高发带，掌握和研究构造煤形成规律和空间分布状态，对研究煤与瓦斯突出的发生条件，预测突出的可能性和强度，都有巨大的实际意义。因此在实际生产中，地质人员应对构造煤有足够的专业敏感度，遇到构造煤区就应特别注重研究该区的地质构造状况，力求准确判断该区煤与瓦斯突出的可能性，精确预测突出的规律。

第三节　瓦斯地质图的内容及作用

瓦斯地质图是矿井瓦斯地质工作成果的体现，是综合反映瓦斯生成和赋存分布规律及其地质条件、瓦斯含量、瓦斯涌出量、瓦斯突出点分布及瓦斯突出预测参数等瓦斯、地质因素的基础图件。

《煤矿安全规程》规定：突出矿井必须编制并及时更新矿井瓦斯地

质图，更新周期不得超过1年，图中应标明采掘进度、被保护范围、煤层赋存条件、地质构造、突出点的位置、突出强度、瓦斯基本参数等，作为突出危险性区域预测和制定防突措施的依据。

一、瓦斯地质图的种类和内容

瓦斯地质图一般是在各种煤矿地质图的基础上编制的。它从形式上分，有瓦斯地质综合柱状图、瓦斯地质剖面图、瓦斯地质平面图等类型；从内容上看，有反映单项瓦斯参数与地质因素关系图，也有把瓦斯和相关地质因素综合叠加在一起的图件；从范围上看，有采区瓦斯地质图、矿井瓦斯地质图、矿区瓦斯地质图、全国瓦斯地质图等。

1. 瓦斯地质综合柱状图

瓦斯地质综合柱状图是在煤系综合柱状图或地层柱状图的基础上，叠加瓦斯内容后编制而成，其内容除包括一般地质内容外，还应说明煤系地层的透气性和煤层的瓦斯特征。

2. 瓦斯地质剖面图

瓦斯地质剖面图是以地质剖面图为基础，叠加瓦斯内容后编制而成。因此，矿井、矿区瓦斯地质剖面图可反映某一剖面瓦斯地质特征及邻近瓦斯资料，如大型突出点的位置、突出带范围等，并附以剖面线上瓦斯参数变化曲线。

3. 瓦斯地质平面图

(1) 矿井瓦斯地质平面图

矿井瓦斯地质平面图以可采煤层底板等高线图为底图，多煤层要分层编制，比例尺选用1∶2 000或1∶5 000。对开采急倾斜煤层的矿井，要以煤层立面投影图为底图。图上要标示瓦斯和地质两个方面的内容。

瓦斯方面的内容有：各种瓦斯参数的实际测量点（瓦斯含量点、压力点、喷出点、突出点等），各种瓦斯等值线（瓦斯风化带、瓦斯带界限），各项瓦斯参数在井田范围分区分带线（瓦斯涌出量、瓦斯含量、突出危险块段等）。

地质方面的内容有：井田范围与瓦斯赋存和突出有关的地质条件，

主要包括煤岩岩性特征、岩层产状、井田地质构造、煤层厚度及其变化、煤质、煤体结构等。这些内容可分别采用等高线、等厚线、等深线、等值线表示。各项地质因素主要包括煤厚、煤质、岩性、构造分区、变形系数等。例如用变形系数来反映褶皱的强弱，用煤厚变异系数来表示厚度变化的大小等。

(2) 矿区瓦斯地质平面图

矿区瓦斯地质平面图一般以矿区主采煤层底板等高线图为底图，比例尺选用1∶10 000～1∶50 000。其主要内容与矿井瓦斯地质图基本相似，但因其范围较大，有一些不同要求。例如：各矿井进行瓦斯等级分别区划；基建矿井要进行瓦斯等级和突出危险性预测；不同变质煤按高、中、低进行范围圈定；适当删减一些地质因素；增大等值线差值等。

矿区和矿井瓦斯地质平面图必须配有相应比例尺的瓦斯地质剖面图、柱状图。

二、瓦斯地质图的作用

1. 划分出不同级别的瓦斯地质单元

运用板块构造理论和区域地质演化理论，搞清矿区地质构造次构造运动时期在区域地质构造中的大地构造位置，做到井田控制矿区、矿区控制矿井、矿井控制采区与采面，一级一级地控制。

2. 准确反映矿井瓦斯涌出规律

要在系统收集、整理建矿以来采掘工作面每日的瓦斯浓度、风量、产量和抽采量的基础上，准确地计算出各个采、掘工作面相对瓦斯涌出量点值；综合绘制出瓦斯涌出量等值线、预测线，尽可能地反映井田范围内瓦斯涌出量的变化，提供瓦斯涌出规律。

3. 准确预测煤与瓦斯突出危险性

矿井瓦斯地质图在综合分析地质因素的基础上，结合了瓦斯参数测定结果，因此在图件上能直观、准确地反映出煤与瓦斯突出危险区域、无突出危险区域。

4. 高度集中瓦斯地质信息，综合防治瓦斯灾害

随着矿井的开拓和延深，矿井瓦斯地质图上的瓦斯地质信息要不

断更新和完善。图件应能够正确反映矿井目前所有的瓦斯资料、突出危险性资料、瓦斯涌出规律、瓦斯赋存规律，以及瓦斯规律与地质条件的关系，为矿井安全生产提供技术支持和参考。

第四节　煤与瓦斯突出的类型、机理、规律

一、煤与瓦斯突出的类型

煤与瓦斯突出分类一般根据突出现象及突出煤量来进行。

（一）按煤与瓦斯突出现象分类

根据突出的力学特征和显现特点不同，将煤与瓦斯突出现象分为以下四类。

1. 煤与瓦斯（二氧化碳）突出（简称突出）

发生突出的主要因素：地应力、瓦斯（二氧化碳）压力和煤体结构的综合作用。

实现突出的基本能源：煤内的高压瓦斯能，煤与围岩的弹性变形能。

突出的特点：

（1）抛出物有明显的气体搬运特征。表现为：分选性好，由突出地点向外突出物由大到小，颗粒由粗到细；抛出物的堆积角小于其自然安息角；抛出煤的破碎程度较高，含有大量碎煤和一定数量手捻无粒感的煤粉。大型突出时，突出煤可堆满巷道达数十米甚至数百米，堆积物顶部往往留有排瓦斯道。

（2）抛出煤的距离从几米到几百米，大型和特大型突出可达千米以上。

（3）喷出的瓦斯（二氧化碳）量大大超出煤层瓦斯含量，突出所形成的冲击波和瓦斯（二氧化碳）风暴可逆风数十米、数百米甚至更远，使风流逆转。

（4）动力效应大，能推倒矿车，破坏巷道和通风设备。

（5）孔洞形状呈腹大口小的梨形、舌形、倒瓶形，甚至形成奇异的

分岔孔洞。

2. 煤与瓦斯的突然压出（简称压出）

发生压出的主要原因：应力集中所产生的地应力。

实现压出的主要动力能源：煤与围岩的弹性变形能。

压出的特点：

（1）压出有两种形式，即煤的整体位移和煤有一定距离地抛出，但位移和抛出距离都很小。

（2）压出后，在煤层和顶板之间的裂隙中常留有煤粉，整体位移的煤体上有大量的裂隙；有时是煤壁外鼓或底板鼓起。

（3）压出的煤呈块状，无分选现象。

（4）巷道瓦斯（二氧化碳）涌出量增大。

（5）孔洞呈腹大口小的楔形、唇形，有时无孔洞。

3. 煤与瓦斯的突然倾出（简称倾出）

发生倾出的主要动力：地应力，但主要是岩体重力。

实现倾出的基本能源：煤的自重（注意这时煤的结构松软、黏聚力小）。

倾出的特点：

（1）倾出的煤按自然安息角堆积，并无分选现象。

（2）倾出常发生在煤质松软的急倾斜煤层中，倾出的煤距离较近，一般为几米，上山中可达十几米。

（3）喷出的瓦斯（二氧化碳）量取决于倾出的煤量及瓦斯含量，一般无逆风流现象。

（4）动力效应较小，一般不破坏工程、设施。

（5）孔洞呈口大腹小的舌形、袋形，并沿煤层倾斜或铅垂方向（厚煤层）延伸。

4. 岩石与二氧化碳（瓦斯）突出

我国的东北和西北个别矿井中，发生过岩石与二氧化碳（瓦斯）突出现象。

发生岩石与二氧化碳（瓦斯）突出的主要动力：地应力。

实现岩石与二氧化碳（瓦斯）突出的基本能源：岩石的变形能、气体

（如甲烷、二氧化碳）内能。

岩石与二氧化碳（瓦斯）突出特点：

（1）在砂岩中进行爆破时，在炸药直接作用范围外发生岩石破坏、抛出等现象。

（2）有突出危险的砂岩岩层松软，呈片状、碎屑状，并具有较大的孔隙率和二氧化碳（瓦斯）含量。

（3）突出的砂岩中，含有大量的砂粒和粉尘。

（4）巷道的二氧化碳（瓦斯）涌出量增大，二氧化碳（瓦斯）量取决于抛出的岩量及二氧化碳（瓦斯）含量。

（5）动力效应明显，破坏性较强。

（6）在岩体中形成和煤与瓦斯（二氧化碳）突出类似的孔洞。

（二）按突出煤量分类

煤与瓦斯突出的规模有很大的差别，常用突出强度来表述。突出强度是指每次突出中抛出的煤（岩）量（t）和涌出的瓦斯量（m^3），因瓦斯量计量困难，通常以煤（岩）量作为划分的依据。一般分为以下几种：

（1）小型突出：突出强度＜100 t；

（2）中型突出：突出强度 100～500 t（含 100 t）；

（3）大型突出：突出强度 500～1 000 t（含 500 t）；

（4）特大型突出：突出强度≥1 000 t。

二、煤与瓦斯突出的机理

煤与瓦斯突出是一种极为复杂的动力现象，其突出机理说法不一，但普遍认为煤与瓦斯突出是瓦斯压力、矿山压力以及煤岩的物理力学性质综合作用的结果。

瓦斯压力是指在煤层中含有大量的高压瓦斯，其中积蓄有大量的能量。当采掘工作影响到此区域时，此区域能量突然释放，发生突出。矿山压力是岩层的静压力、地质构造残余应力以及采掘集中应力。煤岩层在矿山压力作用下，处于弹性变形状态，积存有很大的能量，一旦采掘工作接近或进入此区域，就会造成能量突然释放，破坏煤岩体，发生煤与瓦斯突出。煤岩的物理力学性质是指煤岩体的坚固性等，它是同瓦斯压力、矿山压力相对抗的因素。

以上3个因素中，瓦斯压力、矿山压力是煤与瓦斯突出发生、发展的动力，是突出的作用力；而煤岩体的坚固性则是阻碍突出发生的力，是突出的反作用力。当发起突出的作用力大于突出的反作用力时突出将发生；反之，则突出不会发生。因此，设法降低瓦斯压力和矿山压力，增加煤岩体的坚固性是防治煤与瓦斯突出的关键。

三、煤与瓦斯突出的规律

随着开采深度的加大，煤与瓦斯突出事故呈持续上升趋势。

尽管煤与瓦斯突出的机理复杂，不同条件下有不同的突出形式，但从大量的突出案例中，可以总结出煤与瓦斯突出的一般规律。

(1) 突出与地质构造的关系。突出多发生在地质构造带内，如断层、褶曲和火成岩侵入区附近。

(2) 突出与瓦斯的关系。煤层中的瓦斯压力与含量是突出的重要因素之一。一般说来，瓦斯压力和瓦斯含量越大，突出的危险性越大。但突出与煤层中的瓦斯压力和含量之间，没有固定的关系。瓦斯压力低、含量小的煤层可能发生突出，而瓦斯压力高、含量大的煤层也可能不发生突出，因为突出是多种因素综合作用的结果。

(3) 突出与地压的关系。地压愈大，突出的危险性愈大。当深度增加时，突出的次数和强度都可能增加；在集中压力区内突出的危险性增加。

(4) 突出与煤层构造的关系。煤层构造主要指煤的破坏类型和煤的强度。

煤的破坏类型是指按照煤被破碎的程度划分的类型。煤的破坏类型分为五类：Ⅰ类，非破坏煤；Ⅱ类，破坏煤；Ⅲ类，强烈破坏煤；Ⅳ类，粉碎煤；Ⅴ类，全粉煤。

一般情况下，煤的破坏类型愈高、强度愈小，突出的危险性愈大。故突出多发生在软煤层或软分层中。

(5) 突出与围岩性质的关系。若煤层顶底板为坚硬而致密的岩层且厚度较大时，其集中应力较大，瓦斯不易排放，故突出危险性较大；反之，则突出危险性较小。若顶底板中具有容易风化和遇水变软的岩层时，则突出危险性降低。

(6) 突出与水文地质的关系。实践表明：煤层比较湿润，矿井涌水量较大，突出危险性较小；反之，则突出危险性较大。这是由于地下水流动，可带走瓦斯，溶解某些矿物，增加了煤系地层的透气性，给瓦斯流动创造了条件。

(7) 煤与瓦斯突出多发生在掘进工作中，其中以平巷掘进居多，石门突出量最大。

(8) 煤层(特别是软分层)越厚、倾角越大、突出的次数越多，则强度越大。

(9) 突出常常发生在有外力冲击作用下，如爆破、震动打眼及落煤时。

(10) 突出只发生在某些局部地带，其突出危险地带还不到突出煤层的 10%。因此，对突出煤层进行突出危险性预测，然后对其突出倾向性进行分带，对预防突出、减少防突投入很有意义。

(11) 突出具有延期性。突出的延期性变化就是震动爆破后没有诱导突出，而是相隔一段时间后才发生突出。其延迟时间从几分钟到几小时。

在煤与瓦斯突出危险区域内，回撤巷道支架和工作面支架时容易诱发煤与瓦斯突出。清理煤与瓦斯突出孔洞及回撤支架可能导致再次发生煤与瓦斯突出。

(12) 突出前一般有预兆。

【复习思考题】

1. 矿井瓦斯的危害主要有哪些？
2. 瓦斯生成量与哪些因素有关？
3. 什么是煤层瓦斯压力？
4. 按照瓦斯涌出地点和分布状况，瓦斯涌出来源可分为哪 4 种？
5. 矿井瓦斯涌出形式有哪些？
6. 地质构造演化对煤层瓦斯赋存有何影响？

7. 不同地质构造类型对瓦斯赋存有何影响?
8. 地质构造煤体结构破坏后对瓦斯突出有何影响?
9. 瓦斯地质图的种类有哪些? 具体内容分别是什么?
10. 煤与瓦斯(二氧化碳)突出的特点是什么?
11. 岩石与二氧化碳(瓦斯)突出主要分布在我国哪些地区?
12. 煤与瓦斯突出的机理是什么?
13. 煤与瓦斯突出的一般规律是什么?

第三章　区域综合防突措施

突出矿井的防突工作必须坚持区域综合防突措施先行、局部综合防突措施补充的原则。区域综合防突措施包括区域突出危险性预测、区域防突措施、区域防突措施效果检验和区域验证等内容，简称区域防突措施。

第一节　区域突出危险性预测

一、区域突出危险性预测方法

煤层区域突出危险性预测方法有煤层瓦斯参数结合瓦斯地质分析法、煤层瓦斯压力（含量）预测法和其他经研究并被实践证明有效的预测方法。

根据煤层瓦斯压力和瓦斯含量进行区域预测的临界值应当由具有煤与瓦斯突出鉴定资质的机构进行试验考察。试验方案和考察结果应用前由煤矿企业技术负责人批准。

区域预测新方法的研究试验应当由具有煤与瓦斯突出鉴定资质的机构进行，并在试验前由煤矿企业技术负责人批准。

区域预测必须由煤与瓦斯突出鉴定机构承担。

矿井升级为突出矿井前的正常生产采区，有可靠的煤层赋存条件、地质构造、瓦斯参数等预测资料，并确切掌握突出危险区域的分布规律，区域预测工作可由煤矿总工程师组织实施。

二、区域突出危险性预测方法的要求

（1）煤层瓦斯风化带为无突出危险区。

（2）根据已开采区域确切掌握的煤层赋存特征、地质构造条件、突出分布的规律和对预测区域煤层地质构造的探测、预测结果，采用瓦斯地质分析的方法划分出突出危险区。当突出点或者具有明显突出预兆的位置分布与构造带有直接关系时，则该构造的延伸位置及其两侧一定范围的煤层为突出危险区；否则，在同一地质单元内，突出点和具有明显突出预兆的位置以上 20 m（垂深）及以下的范围为突出危险区（见图 3-1）。

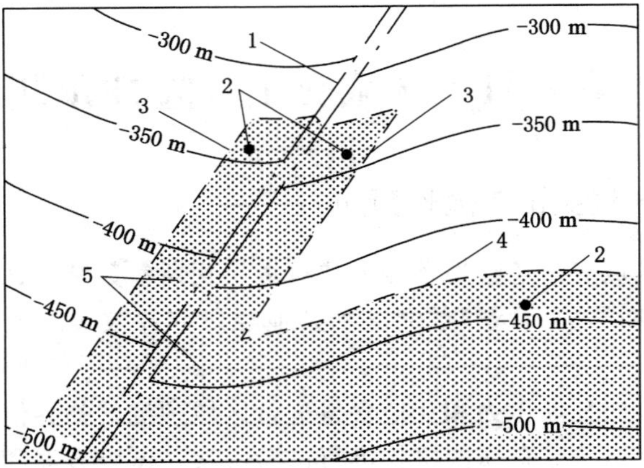

1—断层；2—突出点或者突出预兆位置；3—根据突出点或者突出预兆点推测的断层两侧突出危险区边界线；4—推测的下部区域突出危险区上边界线；5—突出危险区（阴影部分）。

图 3-1　根据瓦斯地质分析划分突出危险区示意图

（3）在第一项划分出的无突出危险区和第二项划分的突出危险区以外的范围，应当根据煤层瓦斯压力 p 和煤层瓦斯含量 W 进行预测。预测所依据的临界值应当根据试验考察确定，在确定前可暂按表 3-1 预测。

表 3-1　根据煤层瓦斯压力和瓦斯含量进行区域预测的临界值

瓦斯压力 p/MPa	瓦斯含量 W/(m^3/t)	区域类别
$p<0.74$	$W<8$(构造带 $W<6$)	无突出危险区
除上述情况以外的其他情况		突出危险区

注：河南省规定当瓦斯压力≥0.6 MPa 或原始煤层瓦斯含量≥6 m^3/t 时，划分为突出危险区。

三、区域突出危险性预测应当符合的要求

(1) 煤层瓦斯压力、瓦斯含量等参数应当为井下实测数据，用直接法测定瓦斯含量时应当定点取样。

(2) 测定煤层瓦斯压力、瓦斯含量等参数的测试点在不同地质单元内根据其范围、地质复杂程度等实际情况和条件分别布置；同一地质单元内沿煤层走向布置测试点不少于 2 个，沿倾向布置测试点不少于 3 个，并确保在预测范围内埋深最大及标高最低的部位有测试点(河南省规定测点间距按煤层走向不得大于 100 m)。区域预测分解图如图 3-2 所示。

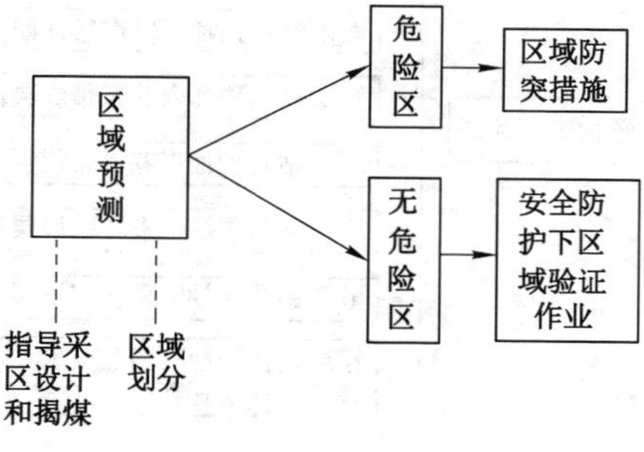

图 3-2　区域预测分解图

第二节 区域防突措施

一、区域防突措施的内容

区域防突措施包括开采保护层和预抽煤层瓦斯 2 类。

开采保护层分为上保护层和下保护层 2 种方式。

预抽煤层瓦斯区域防突措施可采用的方式有地面钻孔预抽区段煤层瓦斯、穿层钻孔或者顺层钻孔预抽区段煤层瓦斯、顺层钻孔或者穿层钻孔预抽回采区域煤层瓦斯、穿层钻孔预抽石门(立、斜井)揭煤区域煤层瓦斯、穿层钻孔或者顺层钻孔预抽煤巷条带煤层瓦斯等。区域防突措施图解(a)示意图如图 3-3 所示。区域防突措施图解(b)示意图如图 3-4 所示。

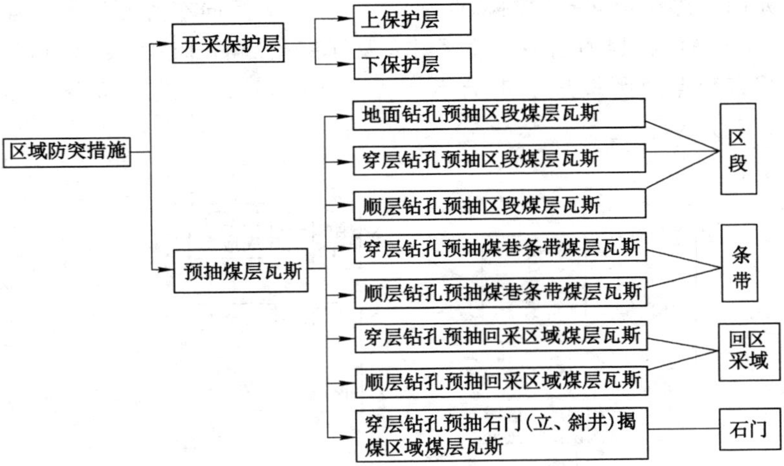

图 3-3 区域防突措施图解(a)示意图

煤矿应当根据生产和地质条件合理选取区域防突措施。

突出煤层突出危险区必须采取区域防突措施,严禁在区域防突措

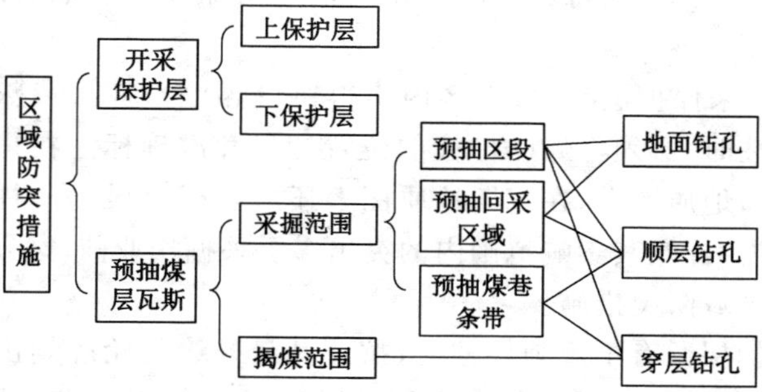

图 3-4　区域防突措施图解(b)示意图

施效果未达到要求的区域进行采掘作业。

二、选择保护层应当遵循的原则

(1) 优先选择无突出危险的煤层作为保护层。矿井中所有煤层都有突出危险时,应当选择突出危险程度较小的煤层作为保护层。

(2) 当煤层群中有几个煤层都可作为保护层时,优先开采保护效果最好的煤层。

(3) 优先选择上保护层。选择下保护层开采时,不得破坏被保护层的开采条件。

(4) 开采煤层群时,在有效保护垂距内存在厚度 0.5 m 及以上的无突出危险煤层的,除因与突出煤层距离太近威胁保护层工作面安全或者可能破坏突出煤层开采条件的情况外,应当作为保护层首先开采。

三、开采保护层应当符合的要求

(1) 开采保护层时,应当做到连续和规模开采,同时抽采被保护层和邻近层的瓦斯。

(2) 开采近距离保护层时,必须采取防止误穿突出煤层和被保护层卸压瓦斯突然涌入保护层工作面的措施。

(3) 正在开采的保护层采煤工作面必须超前于被保护层的掘进工作面,超前距离不得小于保护层与被保护层之间法向距离的 3 倍,并不得小于 100 m。应当将保护层工作面推进情况在瓦斯地质图上标注，并及时更新。

(4) 开采保护层时，采空区内不得留设煤(岩)柱。特殊情况需留设煤(岩)柱时，必须将煤(岩)柱的位置和尺寸准确标注在采掘工程平面图和瓦斯地质图上，在瓦斯地质图上还应当标出煤(岩)柱的影响范围，在煤(岩)柱及其影响范围内的突出煤层采掘作业前，必须采取预抽煤层瓦斯区域防突措施。

当保护层留有不规则煤柱时，按照其最外缘的轮廓划出平直轮廓线，并根据保护层与被保护层之间的层间距变化，确定煤柱影响范围；在被保护层进行采掘作业期间，还应当根据采掘工作面瓦斯涌出情况，及时修改煤柱影响范围。

四、开采保护层的有效保护范围及有关参数的规定

首次开采保护层时，可参照有关规定确定沿倾斜的保护范围、沿走向(始采线、终采线)的保护范围、保护层与被保护层之间的最大保护垂距、开采下保护层时不破坏上部被保护层的最小层间距等参数。

保护层开采后，在有效保护范围内的被保护层区域为无突出危险区，超出有效保护范围的区域仍然为突出危险区。

对不具备保护层开采条件的突出厚煤层，利用上分层或者相邻区段开采后形成的卸压作用保护下分层或者相邻区段煤层时，应当依据实际考察结果确定其有效保护范围。

开采保护层的有效保护范围及有关参数应当根据试验考察确定，并报煤矿企业技术负责人批准后执行。

五、井下预抽煤层瓦斯区域防突措施的规定

(1) 穿层钻孔或者顺层钻孔预抽区段煤层瓦斯区域防突措施的钻孔应当控制区段内整个回采区域、两侧回采巷道及其外侧如下范围内的煤层：倾斜、急倾斜煤层巷道上帮轮廓线外至少 20 m(均为沿煤层层面方向的距离，下同)，下帮至少 10 m；其他煤层为巷道两侧轮廓线外至少各 15 m。穿层钻孔预抽区段煤层瓦斯区域防突措施钻孔布置示

意图如图 3-5 所示；顺层钻孔预抽区段煤层瓦斯区域防突措施钻孔布置示意图如图 3-6 所示。

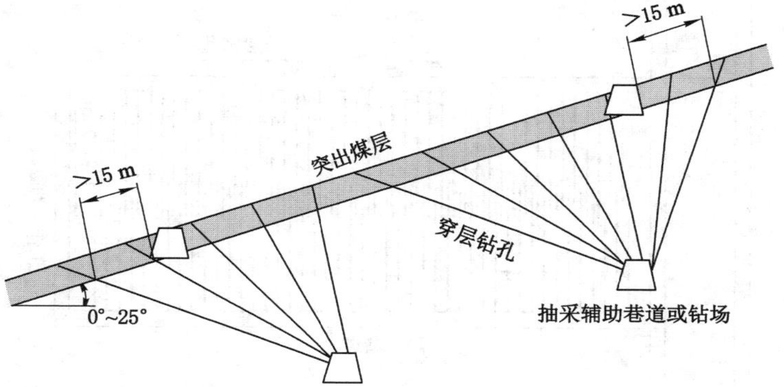

图 3-5　穿层钻孔预抽区段煤层瓦斯区域防突措施钻孔布置示意图

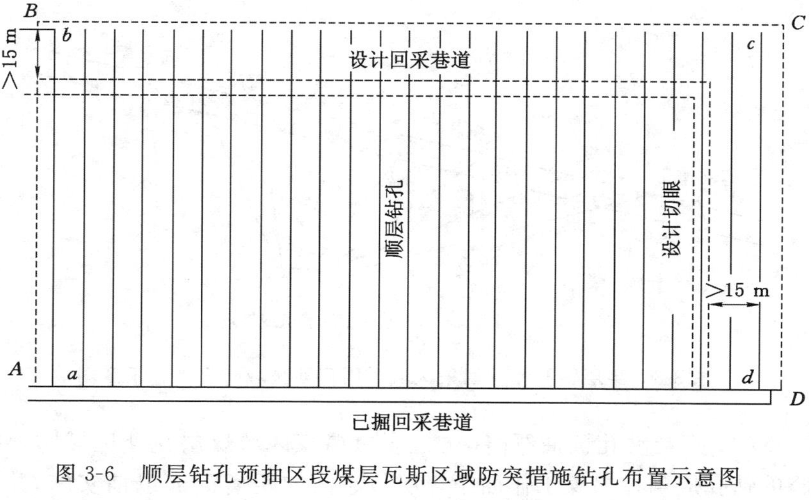

图 3-6　顺层钻孔预抽区段煤层瓦斯区域防突措施钻孔布置示意图

（2）顺层钻孔或者穿层钻孔预抽回采区域煤层瓦斯区域防突措施的钻孔应当控制整个回采区域的煤层。具备条件的，井下钻孔预抽煤层瓦斯钻孔应当优先采用定向钻机施工。顺层钻孔预抽回采区域煤层瓦斯区域防突措施示意图如图 3-7 所示;穿层钻孔预抽回采区域煤层瓦斯区域防突措施如图 3-8 所示。

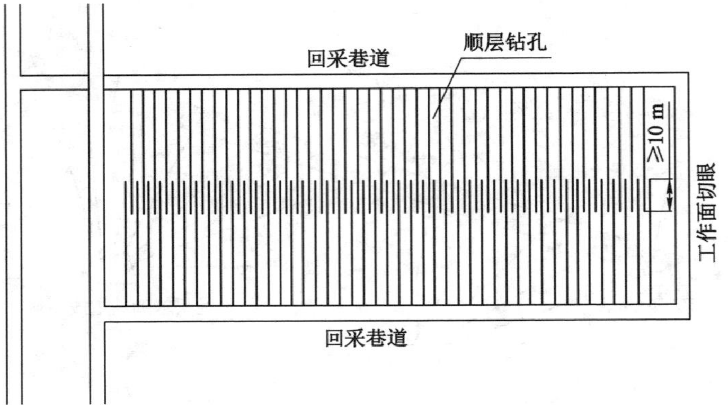

图 3-7　顺层钻孔预抽回采区域煤层瓦斯区域防突措施示意图

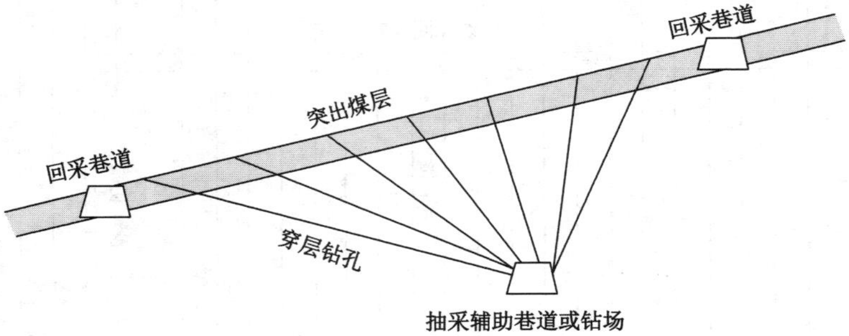

图 3-8　穿层钻孔预抽回采区域煤层瓦斯区域防突措施示意图

(3) 穿层钻孔预抽石门(立、斜井)揭煤区域煤层瓦斯区域防突措施的钻孔应当在揭煤工作面距煤层最小法向距离 7 m 以前实施,并用穿层钻孔至少控制以下范围的煤层:石门和立井、斜井揭煤处巷道轮廓线外 12 m(急倾斜煤层底部或者下帮 6 m),同时还应当保证控制范围的外边缘到巷道轮廓线(包括预计前方揭煤段巷道的轮廓线)的最小距离不小于 5 m。穿层钻孔预抽石门(立、斜井)揭煤区域煤层瓦斯区域防突措施钻孔布置示意图及钻孔控制范围示意图分别如图 3-9 和图 3-10 所示。

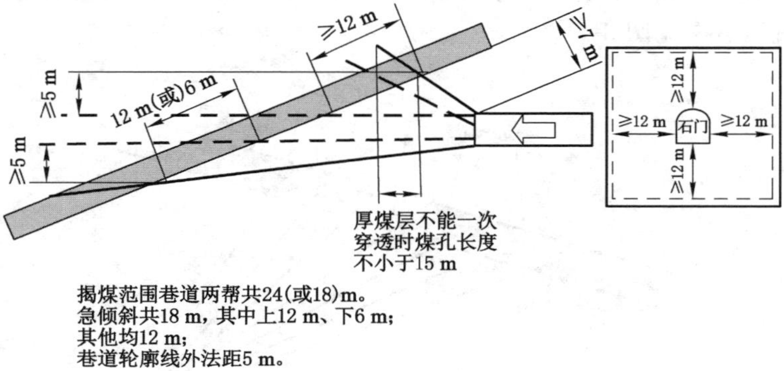

图 3-9　穿层钻孔预抽石门(立、斜井)揭煤区域煤层瓦斯区域防突措施钻孔布置示意图

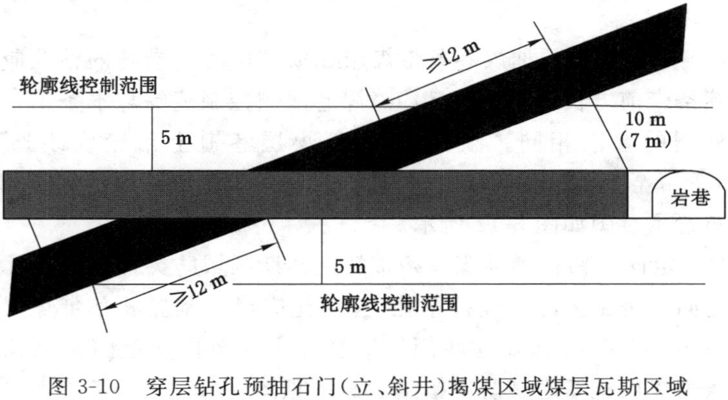

图 3-10　穿层钻孔预抽石门(立、斜井)揭煤区域煤层瓦斯区域防突措施钻孔控制范围示意图

当区域防突措施难以一次施工完成时，可分段实施，但每一段都应当能保证揭煤工作面到巷道前方至少 20 m 之间煤层内的区域防突措

施控制范围符合上述要求。

(4) 穿层钻孔预抽煤巷条带煤层瓦斯区域防突措施的钻孔应当控制整条煤巷及其两侧一定范围内的煤层。该范围与本条第一项中巷道外侧的要求相同。穿层钻孔预抽煤巷条带煤层瓦斯区域防突措施钻孔布置示意图见图 3-11。

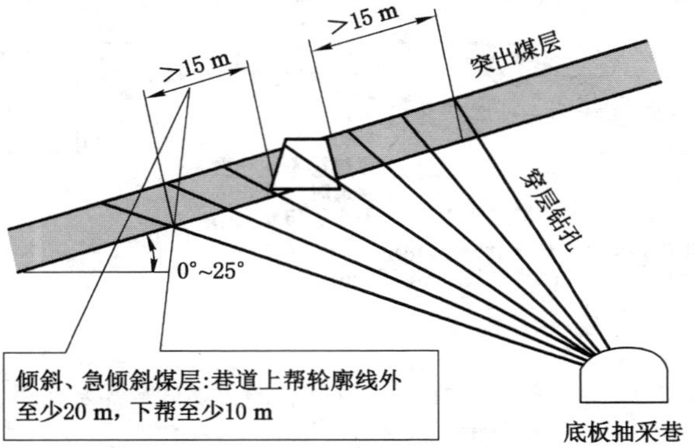

图 3-11 穿层钻孔预抽煤巷条带煤层瓦斯区域防突措施钻孔布置示意图

(5) 顺层钻孔预抽煤巷条带煤层瓦斯区域防突措施的钻孔应当控制煤巷条带前方长度不小于 60 m,煤巷两侧控制范围与本条第一项中巷道外侧的要求相同。倾斜、急倾斜煤层巷道上帮轮廓线外至少 20 m,下帮至少 10 m。顺层钻孔预抽煤巷条带煤层瓦斯区域防突措施钻孔布置示意图如图 3-12 所示。

(6) 定向长钻孔预抽煤巷条带煤层瓦斯区域防突措施的钻孔应当采用定向钻进工艺施工预抽钻孔,且钻孔应当控制煤巷条带煤层前方长度不小于 300 m 和煤巷两侧轮廓线外一定范围。定向长钻孔预抽煤巷条带煤层瓦斯区域防突措施示意图见图 3-13。

(7) 当煤巷掘进和采煤工作面在预抽煤层瓦斯防突效果有效的区域内作业时,工作面距未预抽或者预抽防突效果无效区域边界的最小距离不得小于 20 m。

(8) 厚煤层分层开采时,预抽钻孔应当一次性穿透全煤层,不能穿

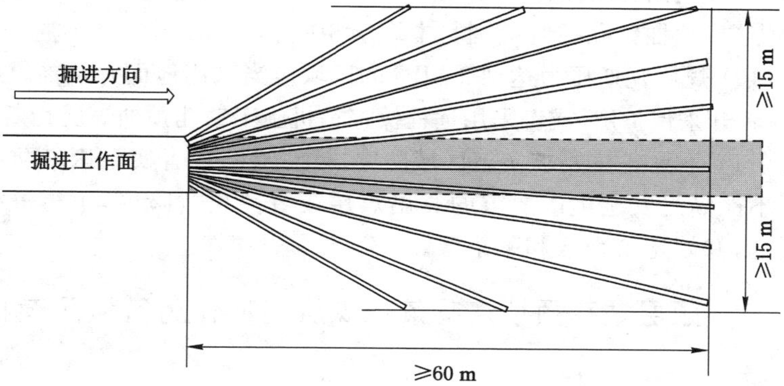

图 3-12 顺层钻孔预抽煤巷条带煤层瓦斯区域防突措施钻孔布置示意图

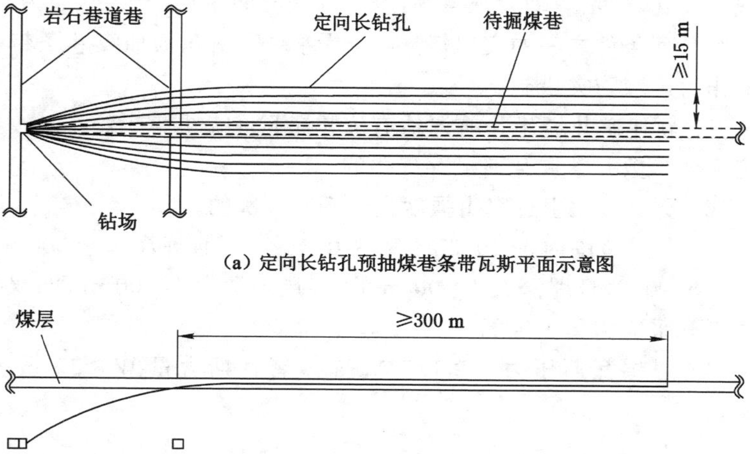

(a) 定向长钻孔预抽煤巷条带瓦斯平面示意图

(b) 定向长钻孔预抽煤巷条带瓦斯立面示意图

图 3-13 定向长钻孔预抽煤巷条带煤层瓦斯区域防突措施示意图

透的，应当控制开采分层及其上部法向距离至少 20 m、下部 10 m 范围内的煤层，当遇有局部煤层增厚时，应当对钻孔布置做相应的调整或者增加钻孔。

(9) 对距本煤层法向距离小于5 m的平均厚度大于0.3 m的邻近突出煤层,预抽钻孔控制范围与本煤层相同。

(10) 煤层瓦斯压力达到3 MPa的区域应当采用地面井预抽煤层瓦斯,或者开采保护层,或者采用远程操控钻机施工钻孔预抽煤层瓦斯。

(11) 不具备按要求实施区域防突措施条件,或者实施区域防突措施时不能满足安全生产要求的突出煤层或者突出危险区,不得进行开采活动,并划定禁采区和限采区。

六、顺层钻孔预抽煤巷条带煤层瓦斯作为区域防突措施的规定

采用顺层钻孔预抽煤巷条带煤层瓦斯作为区域防突措施时,钻孔预抽煤层瓦斯的有效抽采时间不得少于20天;如果在钻孔施工过程中发现有喷孔、顶钻等动力现象的,有效抽采时间不得少于60天。

有下列条件之一的突出煤层,不得将顺层钻孔预抽煤巷条带煤层瓦斯作为区域防突措施:

(1) 新建矿井经建井前评估有突出危险的煤层,首采区未按要求测定瓦斯参数并掌握瓦斯赋存规律的。

(2) 历史上发生过突出强度大于500 t/次的。

(3) 开采范围内 $f<0.3$ 的;f 为0.3~0.5,且埋深大于500 m的;f 为0.5~0.8,且埋深大于600 m的;煤层埋深大于700 m的;煤巷条带位于开采应力集中区的。

(4) 煤层瓦斯压力 $p\geqslant 1.5$ MPa或者瓦斯含量 $W\geqslant 15\ m^3/t$ 的区域。

七、地面井预抽煤层瓦斯区域防突措施的要求

(1) 地面井的井型和位置应当根据开拓部署及井下采掘布置进行选择和设计,不应影响后期井下采掘作业。

(2) 钻井时应当对预抽煤层瓦斯含量进行测定。

(3) 每口地面井预抽煤层瓦斯量应当准确计量。

(4) 地面井预抽煤层瓦斯区域开拓准备工程施工前应当测定预抽

区域煤层残余瓦斯含量。

八、预抽煤层瓦斯钻孔的要求

穿层钻孔应当钻进到煤层顶（底）板岩层，顺层钻孔应当有效控制煤层全厚，否则按照《防突细则》第六十四条执行。

厚煤层或者煤层明显变厚时，采取顺层钻孔预抽煤层瓦斯区域防突措施应当增加钻孔数量，或者采用穿层钻孔预抽煤层瓦斯区域防突措施。

采用倾角≥25°的下向顺层钻孔预抽煤层瓦斯区域防突措施时，应当采取有效防范钻孔积水、确保抽采效果的技术措施，否则不得采用。

预抽瓦斯钻孔封堵必须严密。穿层钻孔的封孔段长度不得小于 5 m，顺层钻孔的封孔段长度不得小于 8 m。

第三节　区域防突措施效果检验

一、开采保护层的保护效果检验

开采保护层的保护效果检验主要采用残余瓦斯压力、残余瓦斯含量及其他经试验（应当符合《防突细则》第五十七条的要求）证实有效的指标和方法。

采用残余瓦斯压力、残余瓦斯含量检验的，应当根据实测的最大残余瓦斯压力或者最大残余瓦斯含量按《防突细则》第五十八条第三项的要求对被保护区域的保护效果进行检验。若检验结果仍为突出危险区，保护效果为无效。

二、采用预抽煤层瓦斯区域防突措施的规定

采用预抽煤层瓦斯区域防突措施的，必须对区域防突措施效果进行检验，检验指标优先采用残余瓦斯含量指标，根据现场条件也可采用残余瓦斯压力或者其他经试验（应当符合《防突细则》第五十七条的要求）证实有效的指标和方法进行检验。

采用残余瓦斯含量或者残余瓦斯压力检验指标时，应当首先根据检验单元内瓦斯抽采及排放量等计算煤层的残余瓦斯含量或者残余瓦斯压力，达到了要求指标后再现场直接测定残余瓦斯含量或者残余瓦斯压力指标，并根据直接测定指标判断防突效果。残余瓦斯含量和残余瓦斯压力的测定方法应当符合《防突细则》第五十九条的要求。

采用穿层钻孔预抽井巷揭煤区域煤层瓦斯区域防突措施时，也可以参照《防突细则》第八十八条的方法采用钻屑瓦斯解吸指标进行措施效果检验。

要对距本煤层法向距离小于 5 m 的平均厚度大于 0.3 m 的邻近突出煤层一并检验。检验期间还应当观察、记录在煤层中进行钻孔施工等作业时发生的喷孔、顶钻、卡钻及其他突出预兆。

三、采用预抽煤层瓦斯区域防突措施检验的规定

对预抽煤层瓦斯区域防突措施进行检验时，应当根据经试验考察(应当符合《防突细则》第五十七条的要求)确定的临界值进行评判。在确定前可以按照表 3-1 指标进行评判，当瓦斯含量或者瓦斯压力大于或等于表 3-1 的临界值，或者在检验过程中有喷孔、顶钻等动力现象时，判定区域防突措施无效，该预抽区域为突出危险区；否则预抽措施有效，该区域为无突出危险区。

若检验指标达到或者超过临界值，或者出现喷孔、顶钻及其他明显突出预兆时，则以此检验测试点或者发生明显突出预兆的位置为中心，半径 100 m 范围内的区域判定为措施无效，仍为突出危险区。无效区域示意图如图 3-14 所示。

穿层钻孔预抽井巷揭煤区域煤层瓦斯区域防突措施采用钻屑瓦斯解吸指标进行检验的，如果所有实测的指标值均小于临界值且没有喷孔、顶钻等动力现象时，判定区域防突措施有效，否则措施无效。

对预抽煤层瓦斯区域防突措施进行检验时，均应当首先分析、检查预抽区域内钻孔的分布等是否符合设计要求。不符合设计要求的，不予检验。

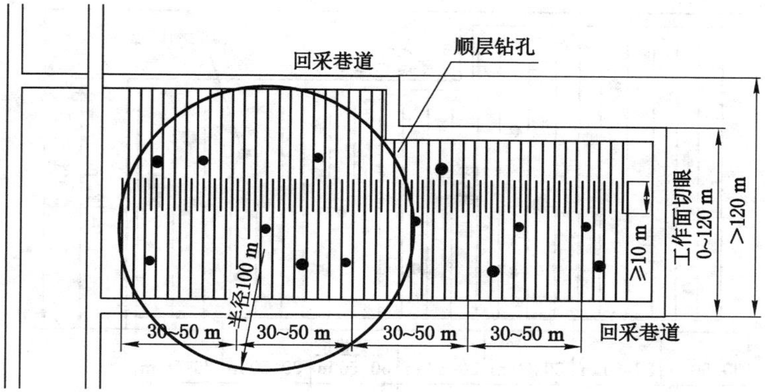

图 3-14　无效区域示意图

四、采用直接测定煤层残余瓦斯含量或者残余瓦斯压力等效果检验的规定

采用直接测定煤层残余瓦斯含量或者残余瓦斯压力等参数进行预抽煤层瓦斯区域防突措施效果检验时，应当符合下列要求：

(1) 对预抽区段煤层瓦斯区域防突措施和预抽回采区域煤层瓦斯区域防突措施进行检验时，若区段宽度(两侧回采巷道间距加回采巷道外侧控制范围)或者回采区域宽度未超过 120 m，则沿采煤工作面推进方向每间隔 30～50 m 至少布置 2 个检验测试点；否则，应当沿采煤工作面推进方向每间隔 30～50 m 至少布置 3 个检验测试点，且检验测试点距离回采巷道两帮大于 20 m。采煤工作面区域防突措施效果检验钻孔布置示意图如图 3-15 所示。

(2) 对穿层钻孔预抽井巷揭煤区域煤层瓦斯区域防突措施进行检验时，至少布置 4 个检验测试点，分别位于井巷中部和井巷轮廓线外的上部和两侧。

当分段实施区域防突措施时，揭煤工作面与煤层最小法向距离小于 7 m 后的各段都必须进行区域防突措施效果检验，且每一段布置的

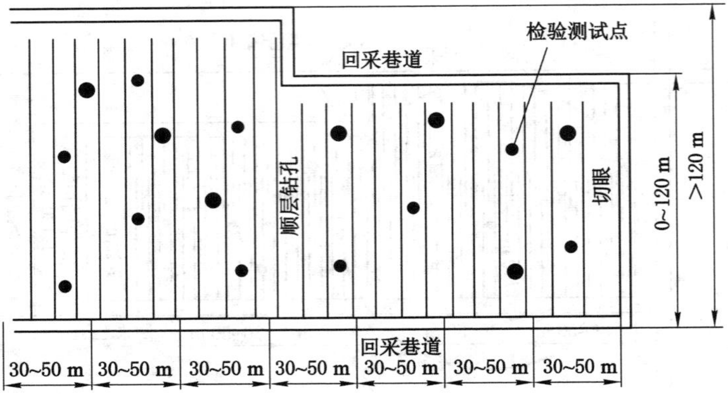

图 3-15　采煤工作面区域防突措施效果检验钻孔布置示意图

检验测试点不得少于 4 个。

自煤层顶板揭煤对实施的防突措施效果进行检验时，应当至少增加 1 个位于巷道轮廓线下部的检验测试点。石门揭煤区域防突措施效果检验钻孔布置示意图如图 3-16 所示。

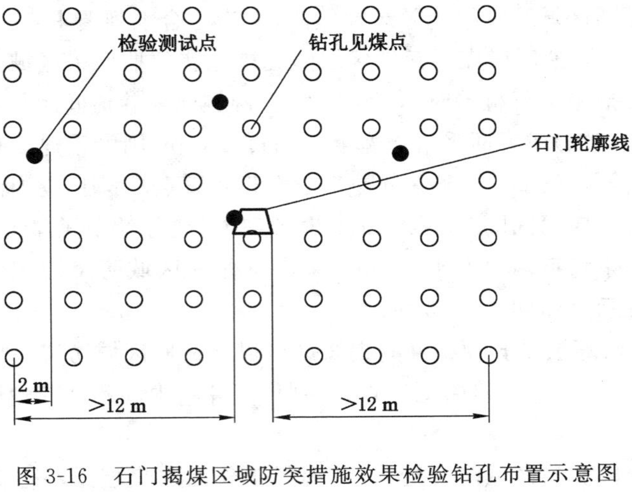

图 3-16　石门揭煤区域防突措施效果检验钻孔布置示意图

（3）对穿层钻孔预抽煤巷条带煤层瓦斯区域防突措施进行检验时，沿煤巷条带每间隔 30～50 m 至少布置 1 个检验测试点。穿层钻孔预抽煤巷条带煤层瓦斯区域防突措施效果检验钻孔布置示意图如图 3-17 所示。

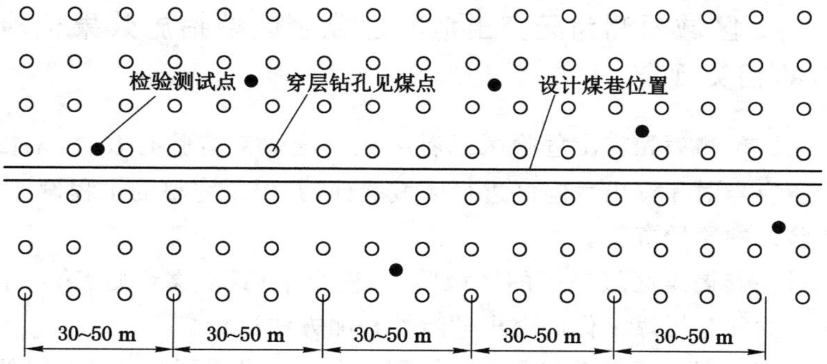

图 3-17　穿层钻孔预抽煤巷条带煤层瓦斯区域防突措施效果检验钻孔布置示意图

（4）对顺层钻孔预抽煤巷条带煤层瓦斯区域防突措施效果进行检验时，沿煤巷条带每间隔 20～30 m 至少布置 1 个检验测试点，且每个检验区域不得少于 5 个检验测试点。

（5）对定向长钻孔预抽煤巷条带煤层瓦斯区域防突措施进行检验时，沿煤巷条带每间隔 20～30 m 至少布置 1 个检验测试点。也可以分段检验，但每段检验的煤巷条带长度不得小于 80 m，且每段不得少于 5 个检验测试点。

（6）对预抽区段和回采区域煤层瓦斯区域防突措施效果及穿层钻孔预抽煤巷条带煤层瓦斯区域防突措施效果进行检验时，可以沿采煤工作面推进方向或者巷道掘进方向分段进行检验，但每段的长度不得小于 200 m。

（7）各检验测试点应当布置于所在钻孔密度较小、孔间距较大、预抽时间较短的位置，并尽可能远离各预抽瓦斯钻孔或者尽可能与周围预抽瓦斯钻孔保持等距离，避开采掘巷道的排放范围和工作面的预抽超前距。在地质构造复杂区域适当增加检验测试点。

第四节 区域验证

一、区域预测为无突出危险区或者区域措施效果检验有效时的相关规定

区域预测为无突出危险区或者区域措施效果检验有效时，采掘过程中还应当对无突出危险区进行区域验证，并保留完整的工程设计、施工和验证的原始资料。

对井巷揭煤区域进行的区域验证，应当采用《防突细则》第八十七条所列的井巷揭煤工作面突出危险性预测方法进行。

在煤巷掘进工作面和采煤工作面应当分别采用《防突细则》第八十九条、第九十三条所列的工作面预测方法结合工作面瓦斯涌出动态变化等对无突出危险区进行区域验证，并按照下列要求进行：

(1) 在工作面首次进入该区域时，立即连续进行至少 2 次区域验证。区域验证循环图如图 3-18 所示。

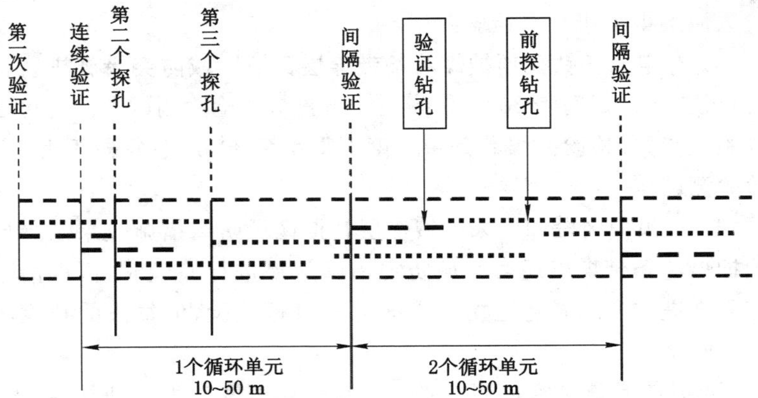

图 3-18 区域验证循环图

(2) 工作面每推进 10～50 m(在地质构造复杂区域或者采取非定向钻机施工的预抽煤层瓦斯区域防突措施的每推进 30 m)至少进行 2 次区域验证,并保留完整的工程设计、施工和效果检验的原始资料。

(3) 在构造破坏带连续进行区域验证。

(4) 在煤巷掘进工作面还应当至少施工 1 个超前距不小于 10 m 的超前钻孔或者采取超前物探措施,探测地质构造和观察突出预兆。超前钻孔布置示意图如图 3-19 所示。

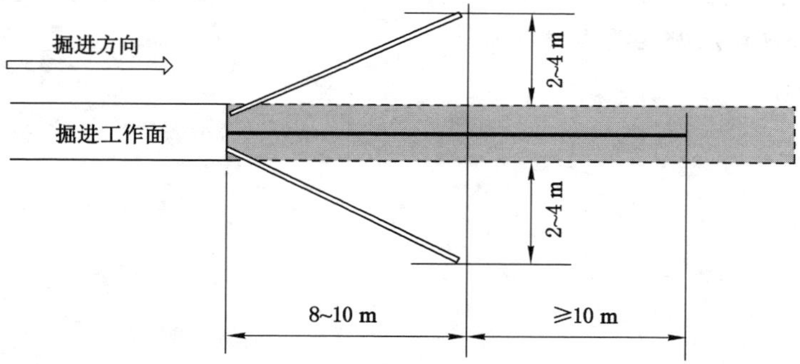

图 3-19　超前钻孔布置示意图

二、区域验证的相关规定

当区域验证为无突出危险时,应当采取安全防护措施后进行采掘作业。但若为采掘工作面在该区域进行的首次区域验证时,采掘前还应当保留足够的突出预测超前距。

只要有一次区域验证为有突出危险,则该区域以后的采掘作业前必须采取区域或者局部综合防突措施。

【复习思考题】

1. 区域"四位一体"综合防突措施的内容是什么?
2. 区域预测所依据的主要瓦斯参数测定应当符合哪些要求?
3. 开采保护层区域防突措施应当符合哪些要求?

4. 采取井下预抽煤层瓦斯区域防突措施时，应当遵守哪些规定？

5. 地面井预抽煤层瓦斯区域防突措施应当符合哪些要求？

6. 采用残余瓦斯含量或者残余瓦斯压力检验指标时，应当怎样检验？

7. 对预抽煤层瓦斯区域防突措施进行检验时，应当怎样检验？

8. 采用直接测定煤层残余瓦斯含量或者残余瓦斯压力等参数进行预抽煤层瓦斯区域防突措施效果检验时，应当符合哪些要求？

9. 在煤巷掘进工作面和采煤工作面对无突出危险区进行区域验证时，应按照哪些要求进行？

第四章 局部综合防突措施

突出矿井的防突工作必须坚持区域综合防突措施先行、局部综合防突措施补充的原则。局部综合防突措施包括工作面突出危险性预测、工作面防突措施、工作面防突措施效果检验和安全防护措施等内容。

第一节 工作面突出危险性预测

一、工作面预测方法

对于各类工作面，除《防突细则》规定应当或者可以采用的工作面预测方法外，其他新方法的研究试验应当由具有煤与瓦斯突出鉴定资质的机构进行；在试验前，应当依法与被委托方签订技术服务合同，明确鉴定内容、鉴定范围以及双方的权利、义务和责任等，并成立矿井瓦斯等级鉴定工作组，明确负责人及具体工作人员。突出矿井应当针对各煤层的特点和条件试验确定工作面预测的敏感指标和临界值，并作为判定工作面突出危险性的主要依据。试验应当由具有煤与瓦斯突出鉴定资质的机构进行，在试验前和应用前应当由煤矿企业技术负责人批准。

二、工作面突出危险性的综合预测

为使工作面预测更可靠，鼓励根据实际条件增加一些辅助预测指标（工作面瓦斯涌出量动态变化、声发射、电磁辐射、钻屑温度、煤体温度等），并采用物探、钻探等手段探测前方地质构造，观察分析煤体结构和采掘作业、钻孔施工中的各种现象，进行工作面突出危险性的综合预测。

工作面地质构造、采掘作业及钻孔等现象主要有以下方面：

(1) 煤层的构造破坏带，包括断层、剧烈褶曲、火成岩侵入等；

(2) 煤层赋存条件急剧变化；

(3) 采掘应力叠加；

(4) 工作面出现喷孔、顶钻等；

(5) 工作面出现明显的突出预兆。

在突出煤层，当出现上述(4)、(5)项情况时，必须采取区域综合防突措施；当有上述(1)、(2)、(3)项情况时，除已经实施了工作面防突措施外，还应当视为突出危险工作面并实施相关措施。

三、井巷揭煤工作面的突出危险性预测方法

井巷揭煤工作面的突出危险性预测应当选用钻屑瓦斯解吸指标法或者其他经试验证实有效的方法进行。

四、采用钻屑瓦斯解吸指标法预测井巷揭煤工作面突出危险性的要求

采用钻屑瓦斯解吸指标法预测井巷揭煤工作面突出危险性时，由工作面向煤层的适当位置至少施工 3 个钻孔，在钻孔钻进到煤层时每钻进 1 m 采集一次孔口排出的粒径 1～3 mm 的煤钻屑，测定其瓦斯解吸指标 K_1 或者 Δh_2 值。测定时，应当考虑不同钻进工艺条件下的排渣速度。钻屑瓦斯解吸仪如图 4-1 所示。

图 4-1　钻屑瓦斯解吸仪

各煤层井巷揭煤工作面钻屑瓦斯解吸指标的临界值应当根据试验考察确定，在确定前可暂按表 4-1 中所列的指标临界值预测突出危险性。

表 4-1　钻屑瓦斯解吸指标法预测井巷揭煤工作面突出危险性的参考临界值

煤样	Δh_2 指标临界值/Pa	K_1 指标临界值/[mL/(g · $min^{\frac{1}{2}}$)]
干煤样	200	0.5
湿煤样	160	0.4

如果所有实测的指标值均小于临界值，并且未发现其他异常情况，则该工作面为无突出危险工作面；否则，为突出危险工作面。

五、预测煤巷掘进工作面突出危险性的方法

(1) 钻屑指标法；

(2) 复合指标法；

(3) R 值指标法；

(4) 其他经试验证实有效的方法。

当采用(1)～(3)项预测方法时，预测钻孔的布置方式：在近水平、缓倾斜煤层工作面应当向前方煤体至少施工 3 个预测钻孔，在倾斜或者急倾斜煤层至少施工 2 个直径为 42 mm、孔深为 8～10 m 的预测钻孔。钻孔应当尽可能布置在软分层中，其中 1 个钻孔位于掘进巷道断面中部，并平行于掘进方向，其他钻孔的终孔点应当位于巷道断面两侧轮廓线外 2～4 m 处。对于厚度超过 5 m 的煤层应当向巷道上方或者下方的煤体适当增加预测钻孔。

六、采用钻屑指标法预测煤巷掘进工作面突出危险性的要求

采用钻屑指标法预测煤巷掘进工作面突出危险性时，预测钻孔从第 2 m 深度开始，每钻进 1 m 测定该 1 m 段的全部钻屑量 S，每钻进 2 m 至少测定 1 次钻屑瓦斯解吸指标 K_1 或者 Δh_2 值。

各煤层采用钻屑指标法预测煤巷掘进工作面突出危险性的指标临界值应当根据试验考察确定，在确定前可暂按表 4-2 的临界值确定工作面的突出危险性。

表 4-2 钻屑指标法预测煤巷掘进工作面突出危险性的参考临界值

钻屑瓦斯解吸指标 Δh_2/Pa	钻屑瓦斯解吸指标 K_1/[mL/(g·min$^{\frac{1}{2}}$)]	钻屑量 S	
		kg/m	L/m
200	0.5	6	5.4

如果实测得到的 S、K_1 或者 Δh_2 的所有测定值均小于临界值，并且未发现其他异常情况，则该工作面预测为无突出危险工作面；否则，为突出危险工作面。

七、采用复合指标法预测煤巷掘进工作面突出危险性时的要求

采用复合指标法预测煤巷掘进工作面突出危险性时，预测钻孔从第 2 m 深度开始，每钻进 1 m 测定该 1 m 段的全部钻屑量 S，并在暂停钻进后 2 min 内测定钻孔瓦斯涌出初速度 q。测定钻孔瓦斯涌出初速度时，测量室的长度为 1.0 m。

各煤层采用复合指标法预测煤巷掘进工作面突出危险性的指标临界值应当根据试验考察确定，在确定前可暂按表 4-3 的临界值进行预测。

表 4-3 复合指标法预测煤巷掘进工作面突出危险性的参考临界值

钻孔瓦斯涌出初速度 q/(L/min)	钻屑量 S	
	kg/m	L/m
5	6	5.4

如果实测得到的指标 q、S 的所有测定值均小于临界值，并且未发现其他异常情况，则该工作面预测为无突出危险工作面；否则，为突出危险工作面。

八、采用 R 值指标法预测煤巷掘进工作面突出危险性时的要求

采用 R 值指标法预测煤巷掘进工作面突出危险性时，预测钻孔从第 2 m 深度开始，每钻进 1 m 收集并测定该 1 m 段的全部钻屑量 S，并在暂停钻进后 2 min 内测定钻孔瓦斯涌出初速度 q。测定钻孔瓦斯涌出初速度时，测量室的长度为 1.0 m。

在近水平、缓倾斜煤层工作面应向前方煤体至少施工 3 个、在倾斜或急倾斜煤层至少施工 2 个直径为 42 mm、孔深为 8～10 m 的钻孔，测定钻孔瓦斯涌出初速度和钻屑量指标。

钻孔应当尽可能布置在软分层中，一个钻孔位于掘进巷道断面中部，并平行于掘进方向，其他钻孔的终孔点应位于巷道断面两侧轮廓线外 2～4 m 处。

钻孔每钻进 1 m 收集并测定该 1 m 段的全部钻屑量 S，并在暂停钻进后 2 min 内测定钻孔瓦斯涌出初速度 q。测定钻孔瓦斯涌出初速度时，测量室的长度为 1.0 m。

根据每个钻孔的最大钻屑量 S_{max} 和最大钻孔瓦斯涌出初速度 q_{max} 按下式计算各孔的 R 值：

$$R = (S_{max} - 1.8)(q_{max} - 4) \tag{4-1}$$

式中 S_{max}——每个钻孔沿孔长的最大钻屑量，L/m；

q_{max}——每个钻孔的最大钻孔瓦斯涌出初速度，L/min。

判定各煤层煤巷掘进工作面突出危险性的临界值应当根据试验考察确定，在确定前可暂按以下指标进行预测：当所有钻孔的 R 值小于 6 且未发现其他异常情况时，该工作面可预测为无突出危险工作面；否则，判定为突出危险工作面。掘进工作面的工作面预测钻孔布置示意图如图 4-2 所示。

九、对采煤工作面突出危险性预测的规定

对采煤工作面的突出危险性预测可参照《防突细则》第八十九条所列的煤巷掘进工作面预测方法进行。但应当沿采煤工作面每隔 10～

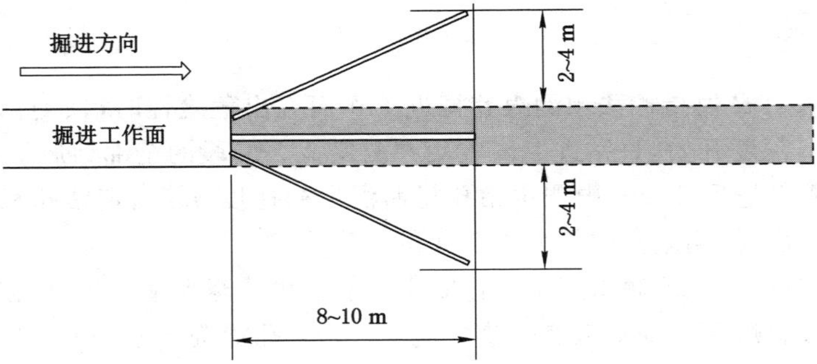

图 4-2　掘进工作面的工作面预测钻孔布置示意图

15 m 布置 1 个预测钻孔，深度为 5～10 m，除此之外的各项操作等均与煤巷掘进工作面突出危险性预测相同。

判定采煤工作面突出危险性的各项指标临界值应当根据试验考察确定，在确定前可参照煤巷掘进工作面突出危险性预测的临界值。采煤工作面的工作面预测钻孔布置示意图如图 4-3 所示。

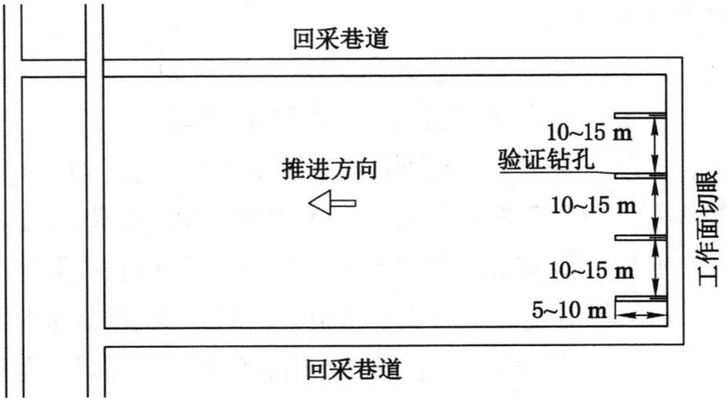

图 4-3　采煤工作面的工作面预测钻孔布置示意图

第二节　工作面防突措施

一、工作面防突措施与突出矿井防突专项设计、措施编制

工作面防突措施是针对经工作面预测有突出危险的煤层实施的局部防突措施，其有效作用范围一般仅限于当前工作面周围的较小范围。突出矿井防突专项设计、措施编制流程如图 4-4 所示。

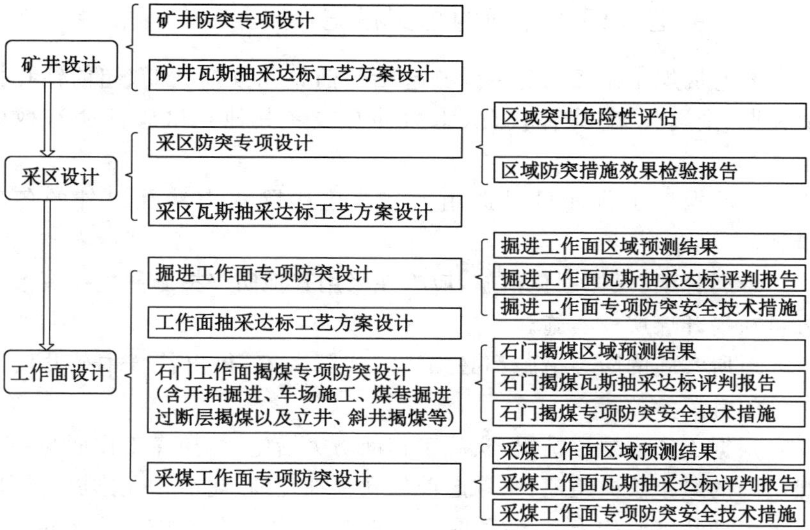

图 4-4　突出矿井防突专项设计、措施编制流程

二、井巷揭煤防突专项设计的内容

(1) 井巷揭煤区域煤层、瓦斯、地质构造及巷道布置的基本情况；

(2) 建立安全可靠的独立通风系统及加强控制通风风流设施的措施；

(3) 控制突出煤层层位、准确确定安全岩柱厚度的措施，测定煤层

瓦斯参数的钻孔等工程布置、实施方案；

(4) 揭煤工作面突出危险性预测及防突措施效果检验的方法、指标，预测及检验钻孔布置等；

(5) 井巷揭煤工作面防突措施；

(6) 安全防护措施及组织管理措施；

(7) 加强过煤层段巷道的支护及其他措施。

应当采取区域综合防突措施的，还要包括《防突细则》第三章规定的相关内容。

三、井巷揭煤工作面的防突措施

井巷揭煤工作面的防突措施包括超前钻孔预抽瓦斯、超前钻孔排放瓦斯、金属骨架、煤体固化、水力冲孔或者其他经试验证明有效的措施。

立井揭煤工作面可以选用上述规定中除水力冲孔以外的各项措施。

金属骨架、煤体固化措施，应当在采用其他防突措施并检验有效后方可在揭开煤层前实施。

对所实施的防突措施都必须进行实际考察，得出符合本矿井实际条件的有关参数。

根据工作面岩层情况，实施工作面防突措施时，揭煤工作面与突出煤层间的最小法向距离：采取超前钻孔预抽瓦斯、超前钻孔排放瓦斯以及水力冲孔措施均为 5 m；采取金属骨架、煤体固化措施均为 2 m。当井巷断面较大、岩石破碎程度较高时，还应当适当加大距离。

四、揭煤工作面钻孔的控制范围要求

在井巷揭煤工作面采用超前钻孔预抽瓦斯、超前钻孔排放瓦斯防突措施时，钻孔直径一般为 75～120 mm。石门揭煤工作面钻孔的控制范围：石门揭煤工作面的两侧和上部轮廓线外至少 5 m、下部至少 3 m。立井揭煤工作面钻孔控制范围：近水平、缓倾斜、倾斜煤层为井筒四周轮廓线外至少 5 m；急倾斜煤层沿走向两侧及沿倾斜上部轮廓线外至少 5 m，下部轮廓线外至少 3 m。钻孔的孔底间距应根据实际考察确定。

揭煤工作面施工的钻孔应当尽可能穿透煤层全厚。当不能一次揭穿（透）煤层全厚时，可分段施工，但第一次实施的钻孔穿煤长度不得小于 15 m，且进入煤层掘进时，必须至少留有 5 m 的超前距离（掘进到煤层顶板或者底板时不在此限）。

超前预抽钻孔和超前排放钻孔在揭穿煤层之前应当保持抽采或者自然排放状态。

采取超前钻孔排放瓦斯措施的，应当明确排放的时间。

五、石门揭煤工作面采用水力冲孔防突措施的要求

石门揭煤工作面采用水力冲孔防突措施时，钻孔应当至少控制自揭煤巷道至轮廓线外 3～5 m 的煤层，冲孔顺序为先冲对角孔后冲边上孔，最后冲中间孔。水压视煤层的软硬程度而定。石门全断面冲出的总煤量（t）不得小于煤层厚度（m）的 20 倍。若有钻孔冲出的煤量较少时，应当在该孔周围补孔。

六、井巷揭煤工作面金属骨架措施

井巷揭煤工作面金属骨架措施一般是在石门、斜井上部和两侧或者立井周边 0.5～1.0 m 范围内布置骨架钻孔。骨架钻孔应当穿过煤层并进入煤层顶（底）板至少 0.5 m，当钻孔不能一次施工至煤层顶（底）板时，则进入煤层的深度不应小于 15 m。钻孔间距一般不大于 0.3 m，对于松软煤层应当安设两排金属骨架，钻孔间距应当小于 0.2 m。骨架材料可选用 8 kg/m 及以上的钢轨、型钢或者直径不小于 50 mm 的钢管，其伸出孔外端用金属框架支撑或者砌入碹内等方法加固。插入骨架材料后，应当向孔内灌注水泥砂浆等不延燃性固化材料。揭开煤层后，严禁拆除金属骨架。

七、井巷揭煤工作面煤体固化措施

井巷揭煤工作面煤体固化措施适用于松软煤层，用于增加工作面

周围煤体的强度。向煤体注入固化材料的钻孔应当进入煤层顶(底)板0.5 m及以上,一般钻孔间距不大于0.5 m,钻孔位于巷道轮廓线外0.5~2.0 m范围内,根据需要也可在巷道轮廓线外布置多排环状钻孔。当钻孔不能一次施工至煤层顶板时,则进入煤层的深度不应小于10 m。

各钻孔应当在孔口封堵牢固后方可向孔内注入固化材料。可以根据注入压力升高的情况或者注入量决定是否停止注入。

固化操作时,所有人员不得正对孔口。

在巷道四周环状固化钻孔外侧的煤体中,预抽或者排放瓦斯钻孔自固化作业到完成揭煤前应当保持抽采或者自然排放状态,否则,应当施工一定数量的排放瓦斯钻孔。从固化作业完成到揭煤结束的时间超过5天时,必须重新进行工作面突出危险性预测或者措施效果检验。

八、煤巷掘进和采煤工作面防突专项设计的内容

(1) 煤层、瓦斯、地质构造及邻近区域巷道布置的基本情况;

(2) 建立安全可靠的独立通风系统及加强控制通风风流设施的措施;

(3) 工作面突出危险性预测及防突措施效果检验的方法、指标以及预测、效果检验钻孔布置等;

(4) 防突措施的选取及施工设计;

(5) 安全防护措施;

(6) 组织管理措施。

矿井各煤层采用的煤巷掘进工作面和采煤工作面各种防突措施的效果和参数等都要经实际考察确定。

九、有突出危险的煤巷掘进工作面防突措施的要求

(1) 优先选用超前钻孔(包括超前钻孔预抽瓦斯、超前钻孔排放瓦斯),采取超前钻孔排放瓦斯措施的,应当明确排放的时间。

(2) 不得选用水力挤出(挤压)、水力冲孔措施;倾角在8°以上的上山掘进工作面不得选用松动爆破、水力疏松措施。

(3) 采用松动爆破或者其他工作面防突措施时，必须经试验考察确认防突效果有效后方可使用。

(4) 前探支架措施应当配合其他措施一起使用。

十、煤巷掘进工作面在地质构造破坏带或者煤层赋存条件急剧变化处采取的措施

煤巷掘进工作面在地质构造破坏带或者煤层赋存条件急剧变化处不能按原措施设计要求实施时，必须施工钻孔查明煤层赋存条件，然后采用直径为 42～75 mm 的钻孔排放瓦斯。

若突出煤层煤巷掘进工作面前方遇到落差超过煤层厚度的断层，应当参照石门揭煤的措施执行。

在煤巷掘进工作面第一次执行工作面防突措施或者措施超前距不足时，必须采取小直径超前排放钻孔防突措施，只有在工作面前方形成 5 m 及以上的安全屏障后，方可进入正常防突措施循环。

十一、煤巷掘进工作面采用超前钻孔作为工作面防突措施的要求

(1) 巷道两侧轮廓线外钻孔的最小控制范围：近水平、缓倾斜煤层两侧各 5 m，倾斜、急倾斜煤层上帮 7 m、下帮 3 m。当煤层厚度较大时，钻孔应当控制煤层全厚，或者在巷道顶部煤层控制范围不小于 7 m、巷道底部煤层控制范围不小于 3 m。

(2) 钻孔在控制范围内应当均匀布置，在煤层的软分层中可适当增加钻孔数量。钻孔数量、孔底间距等应当根据钻孔的有效抽采或者排放半径确定。

(3) 钻孔直径应当根据煤层赋存条件、地质构造和瓦斯情况确定，一般为 75～120 mm，地质条件变化剧烈地带应当采用直径为 42～75 mm 的钻孔。

(4) 煤层赋存状态发生变化时，及时探明情况，重新确定超前钻孔的参数。

(5) 钻孔施工前,加强工作面支护,打好迎面支架,背好工作面煤壁。

十二、煤巷掘进工作面采用松动爆破防突措施的要求

(1) 松动爆破钻孔的孔径一般为 42 mm,孔深不得小于 8 m。松动爆破应当至少控制到巷道轮廓线外 3 m 的范围。孔数根据松动爆破的有效影响半径确定。松动爆破的有效影响半径通过实测确定。

(2) 松动爆破钻孔的装药长度为孔长减去 5.5～6 m。

(3) 松动爆破按远距离爆破的要求执行。

(4) 松动爆破钻孔应当配合瓦斯抽采钻孔一起使用。

十三、煤巷掘进工作面采用水力疏松措施的要求

(1) 向工作面前方按一定间距布置注水钻孔,然后利用封孔器封孔,向钻孔内注入高压水。注水参数应当根据煤层性质合理选择,如未实测确定,可参考如下参数:钻孔间距为 4.0 m、孔径为 42～50 mm、孔长为 6.0～10 m、封孔长度为 2～4 m,注水压力不超过 10 MPa,注水时煤壁出水或者注水压力下降 30%后方可停止注水。

(2) 水力疏松后的允许推进度一般不宜超过封孔长度,其孔间距不超过注水有效半径的 2 倍。

(3) 单孔注水时间不少于 9 min。若提前漏水,则在邻近钻孔 2.0 m 左右处补充施工注水钻孔。

十四、前探支架用于松软煤层的平巷掘进工作面施工钻孔的要求

前探支架可用于松软煤层的平巷掘进工作面,一般是向工作面前方施工钻孔,孔内插入钢管或者钢轨,其长度可按两次掘进循环的长度再加 0.5 m,每掘进一次施工一排钻孔,形成两排钻孔交替前进,钻孔间距为 0.2～0.3 m。

十五、采煤工作面可以选用的防突措施

采煤工作面可以选用超前钻孔(包括超前钻孔预抽瓦斯和超前钻孔排放瓦斯)、注水湿润煤体、松动爆破或者其他经试验证实有效的防突措施。采取超前钻孔排放瓦斯措施的,应当明确排放的时间。

十六、采煤工作面采用超前钻孔作为工作面防突措施的要求

采煤工作面采用超前钻孔作为工作面防突措施时,钻孔直径一般为 75～120 mm,钻孔在控制范围内应当均匀布置,在煤层的软分层中可适当增加钻孔数量;超前钻孔的孔数、孔底间距等应当根据钻孔的有效排放或者抽采半径确定。

十七、采煤工作面采用松动爆破防突措施的要求

采煤工作面的松动爆破防突措施适用于煤质较硬、围岩稳定性较好的煤层。松动爆破孔间距根据实际情况确定,一般为 2～3 m,孔深不小于 5 m,炮泥封孔长度不得小于 1 m。应当适当控制装药量,以免孔口煤壁垮塌。松动爆破时,应当按远距离爆破的要求执行。

十八、采煤工作面采用浅孔注水湿润煤体措施的要求

采煤工作面浅孔注水湿润煤体措施可用于煤质较硬的突出煤层。注水孔间距和注水压力等根据实际情况考察确定,但孔深不小于 4 m,注水压力不得高于 10 MPa。当发现水由煤壁或者相邻注水钻孔中流出时,即可停止注水。

第三节　工作面防突措施效果检验

一、工作面执行防突措施后,对防突措施效果的检验

在实施钻孔检验防突措施效果时,分布在工作面各部位的检验钻

孔应当布置于所在部位防突措施钻孔密度相对较小、孔间距相对较大的位置，并远离周围的各防突措施钻孔或者尽可能与周围各防突措施钻孔保持等距离。在地质构造复杂地带应当根据情况适当增加检验钻孔。

工作面防突措施效果检验必须包括以下两部分内容：

(1) 检查所实施的工作面防突措施是否达到了设计要求和满足有关规章、标准等规定，并了解、收集工作面及实施措施的相关情况、突出预兆等(包括喷孔、顶钻等)，作为措施效果检验报告的内容之一，用于综合分析、判断。

(2) 各检验指标的测定情况及主要数据。

二、井巷揭煤工作面防突措施效果检验的要求

对井巷揭煤工作面进行防突措施效果检验时，应当选择《防突细则》第八十七条所列的钻屑瓦斯解吸指标法，或者其他经试验证实有效的方法，但所有用钻孔方式检验的方法中检验钻孔数均不得少于 5 个，分别位于井巷的上部、中部、下部和两侧。

如果工作面措施检验结果的各项指标都在该煤层突出危险临界值以下，且未发现其他异常情况，则措施有效；否则，判定为措施无效，必须重新执行区域综合防突措施或者局部综合防突措施。

三、煤巷掘进工作面执行防突措施后，对防突措施效果的检验

煤巷掘进工作面执行防突措施后，应当选择《防突细则》第八十九条所列的方法进行措施效果检验。

检验钻孔应当不少于 3 个，深度应当小于或者等于防突措施钻孔。

如果煤巷掘进工作面措施效果检验指标均小于指标临界值，且未发现喷孔、顶钻等突出征兆情况，则措施有效；否则，判定为措施无效，必须重新执行区域综合防突措施或者局部综合防突措施。

当检验结果为措施有效时，若检验钻孔与防突措施钻孔向巷道掘进方向的投影长度(以下简称投影孔深)相等，则可在留足防突措施超

前距(见《防突细则》第七十六条)并在采取安全防护措施的条件下掘进。当检验钻孔的投影孔深小于防突措施钻孔时,则应当在留足所需的防突措施超前距并同时保留有至少 2 m 检验钻孔投影孔深超前距的条件下,采取安全防护措施后实施掘进作业。

四、采煤工作面防突措施效果的检验要求

对采煤工作面防突措施效果的检验应当参照采煤工作面突出危险性预测的方法和指标实施。但应当沿采煤工作面每隔 10～15 m 布置 1 个检验钻孔,深度应当小于或者等于防突措施钻孔。

如果采煤工作面检验指标均小于指标临界值,且未发现喷孔、顶钻等突出征兆,则措施有效,为无突出危险工作面;否则,判定为措施无效,必须重新执行区域综合防突措施或者局部综合防突措施。

当检验结果为措施有效时,若检验钻孔与防突措施钻孔深度相等,则可在留足防突措施超前距(见《防突细则》第七十六条)并采取安全防护措施的条件下回采。当检验钻孔的深度小于防突措施钻孔时,则应当在留足所需的防突措施超前距并同时保留有 2 m 检验钻孔超前距的条件下,采取安全防护措施后实施回采作业。

第四节　安全防护措施

一、井巷揭穿突出煤层和在突出煤层中进行采掘作业时,必须采取的安全防护措施

井巷揭穿突出煤层和在突出煤层中进行采掘作业时,必须采取避难硐室、反向风门、压风自救装置、隔离式自救器、远距离爆破等安全防护措施。

二、突出矿井建设采区避难硐室的要求

突出矿井必须建设采区避难硐室,采区避难硐室必须接入矿井压风管路和供水管路,满足避险人员的避险需要,额定防护时间不低

于 96 h。

突出煤层的掘进巷道长度及采煤工作面推进长度超过 500 m 时，应当在距离工作面 500 m 范围内建设临时避难硐室或者其他临时避险设施。临时避难硐室必须设置向外开启的密闭门或者隔离门(隔离门按反向风门设置标准安设)，接入矿井压风管路，并安设压风自救装置，设置与矿调度室直通的电话，配备足量的饮用水及隔离式自救器。

三、在突出煤层的井巷揭煤、煤巷和半煤岩巷掘进工作面进风侧必须设置的通风设施

在突出煤层的井巷揭煤、煤巷和半煤岩巷掘进工作面进风侧，必须设置至少 2 道牢固可靠的反向风门。风门之间的距离不得小于 4 m。

工作面爆破作业或者无人时，反向风门必须关闭。

反向风门距工作面的距离和反向风门的组数，应当根据掘进工作面的通风系统和预计的突出强度确定，但反向风门距工作面回风巷不得小于 10 m，与工作面的最近距离一般不得小于 70 m，如小于 70 m 时应设置至少 3 道反向风门。

反向风门墙垛可用砖、料石或者混凝土砌筑，嵌入巷道周边岩石的深度可根据岩石的性质确定，但不得小于 0.2 m；墙垛厚度不得小于 0.8 m。在煤巷构筑反向风门时，风门墙体四周必须掏槽，掏槽深度见硬帮硬底后再进入实体煤不小于 0.5 m。

通过反向风门墙垛的风筒、水沟、刮板输送机道等，必须设有逆向隔断装置。

四、炮掘工作面安设挡栏的要求

为降低因爆破诱发突出的强度，可根据情况在炮掘工作面安设挡栏。挡栏可以用金属、矸石或者木垛等构成。金属挡栏一般是由槽钢排列成的方格框架，框架中槽钢的间隔为 0.4 m，槽钢彼此用卡环固定，使用时在迎工作面的框架上再铺上金属网，然后用木支柱将框架撑成 45°的斜面。一组挡栏通常由两架组成，间距为 6～8 m。可根据预

计的突出强度在设计中确定挡栏距工作面的距离。

五、井巷揭穿突出煤层和突出煤层的炮掘、炮采工作面采取的安全防护措施

井巷揭穿突出煤层和突出煤层的炮掘、炮采工作面必须采取远距离爆破安全防护措施。

井巷揭煤采用远距离爆破时，必须明确起爆地点、避灾路线、警戒范围，制定停电撤人等措施。

井巷揭煤起爆及撤人地点必须位于反向风门外且距工作面 500 m 以上全风压通风的新鲜风流中，或者距工作面 300 m 以外的避难硐室内。

在矿井尚未构成全风压通风的建井初期，在井巷揭穿有突出危险煤层的全部作业过程中，与此井巷有关的其他工作面必须停止工作。在实施揭穿突出煤层的远距离爆破时，井下全部人员必须撤至地面，井下必须全部断电，立井井口附近地面 20 m 范围内或者斜井井口前方 50 m、两侧 20 m 范围内严禁有任何火源。

煤巷掘进工作面采用远距离爆破时，起爆地点必须设在进风侧反向风门之外的全风压通风的新鲜风流中或者避难硐室内，起爆地点距工作面爆破地点的距离应当在措施中明确，由煤矿总工程师根据曾经发生的最大突出强度等具体情况确定，但不得小于 300 m；采煤工作面起爆地点到工作面的距离由煤矿总工程师根据具体情况确定，但不得小于 100 m，且位于工作面外的进风侧。

远距离爆破时，回风系统必须停电撤人。爆破后，进入工作面检查的时间应当在措施中明确规定，但不得小于 30 min。

六、突出煤层设置直通矿调度室的电话及压风自救装置的规定

突出煤层采掘工作面附近、爆破工操纵爆破的地点必须设有直通矿调度室的电话，并设置有能够满足工作面最多作业人数时供给压缩

空气的避险设施或者压风自救装置。工作面回风系统中有人作业的地点，也应当设置压风自救装置。

压风自救装置应当达到下列要求：

(1) 压风自救装置安装在掘进工作面巷道和采煤工作面巷道内的压缩空气管道上。

(2) 在以下每个地点都应当至少设置一组压风自救装置：距采掘工作面 25～40 m 的巷道内、爆破地点、撤离人员与警戒人员所在的位置以及回风巷有人作业处等地点。在长距离的掘进巷道中，应当每隔 200 m 至少安设一组压风自救装置，并在实施预抽煤层瓦斯区域防突措施的区域，根据实际情况增加压风自救装置的设置组数。

(3) 每组压风自救装置应当可供 5～8 人使用，平均每人的压缩空气供给量不得少于 0.1 m^3/min。

【复习思考题】

1. 局部“四位一体”综合防突措施的内容是什么？

2. 在工作面、采掘作业及钻孔存在哪些现象时，必须采取区域综合防突措施？

3. 采用钻屑瓦斯解吸指标法预测井巷揭煤工作面突出危险性时，应当怎样操作？

4. 预测煤巷掘进工作面的突出危险性可采用哪些方法？

5. 采用复合指标法预测煤巷掘进工作面突出危险性时，应当怎样操作？

6. 采用 R 值指标法预测煤巷掘进工作面突出危险性时，应当怎样操作？

7. 井巷揭煤防突专项设计应当至少包括哪些内容？

8. 煤巷掘进和采煤工作面防突专项设计应当至少包括哪些内容？

9. 有突出危险的煤巷掘进工作面防突措施选择应当符合哪些要求？

10. 煤巷掘进工作面采用松动爆破防突措施时，应当符合哪些要求？

11. 工作面防突措施效果检验必须包括哪两部分内容?

12. 井巷揭穿突出煤层和在突出煤层中进行采掘作业时,必须采取哪些安全防护措施?

13. 压风自救系统应当达到哪些要求?

第五章　岩石与二氧化碳(瓦斯)突出防治措施

第一节　一 般 规 定

(1) 在矿井井田范围内发生过煤(岩)与瓦斯(二氧化碳)突出的煤(岩)层或者经鉴定、认定为有突出危险的煤(岩)层为突出煤(岩)层。在矿井的开拓、生产范围内有突出煤(岩)层的矿井为突出矿井。

煤矿发生生产安全事故,经事故调查认定为突出事故的,发生事故的煤层直接认定为突出煤层,该矿井为突出矿井。

有下列情况之一的煤层,应当立即进行煤层突出危险性鉴定,否则直接认定为突出煤层;鉴定未完成前,应当按照突出煤层管理:

① 有瓦斯动力现象的;

② 瓦斯压力达到或者超过 0.74 MPa 的;

③ 相邻矿井开采的同一煤层发生突出事故或者被鉴定、认定为突出煤层的。

煤矿企业应当将突出矿井及突出煤层的鉴定结果报省级煤炭行业管理部门和煤矿安全监察机构。

新建矿井应当对井田范围内采掘工程可能揭露的所有平均厚度在 0.3 m 以上的煤层进行突出危险性评估,评估结论作为矿井初步设计和建井期间井巷揭煤作业的依据。评估为有突出危险时,建井期间应当对开采煤层及其他可能对采掘活动造成威胁的煤层进行突出危险性鉴定或者认定。

(2) 新建突出矿井设计生产能力不得低于 0.9 Mt/a,第一生产水平开采深度不得超过 800 m。中型及以上突出生产矿井延深水平开采深度不得超过 1 200 m,小型突出生产矿井开采深度不得超过 600 m。

(3) 突出矿井的防突工作必须坚持区域综合防突措施先行、局部综合防突措施补充的原则。

区域综合防突措施包括区域突出危险性预测、区域防突措施、区域防突措施效果检验和区域验证等内容。

局部综合防突措施包括工作面突出危险性预测、工作面防突措施、工作面防突措施效果检验和安全防护措施等内容。

突出矿井的新采区和新水平进行开拓设计前,应当对开拓采区或者开拓水平内平均厚度在 0.3 m 以上的煤层进行突出危险性评估,评估结论作为开拓采区或者开拓水平设计的依据。对评估为无突出危险的煤层,所有井巷揭煤作业还必须采取区域或者局部综合防突措施;对评估为有突出危险的煤层,按突出煤层进行设计。

突出煤层突出危险区必须采取区域防突措施,严禁在区域防突措施效果未达到要求的区域进行采掘作业。

施工中发现有突出预兆或者发生突出的区域,必须采取区域综合防突措施。经区域验证有突出危险,则该区域必须采取区域或者局部综合防突措施。按突出煤层管理的煤层,必须采取区域或者局部综合防突措施。在突出煤层进行采掘作业期间必须采取安全防护措施。

(4) 突出矿井必须确定合理的采掘部署,使煤层的开采顺序、巷道布置、采煤方法、采掘接替等有利于区域防突措施的实施。

突出矿井在编制生产发展规划和年度生产计划时,必须同时编制相应的区域防突措施规划和年度实施计划,将保护层开采、区域预抽煤层瓦斯等工程与矿井采掘部署、工程接替等统一安排,使矿井的开拓区、抽采区、保护层开采区和被保护层有效区按比例协调配置,确保采掘作业在区域防突措施有效区内进行。

(5) 有突出危险煤层的新建矿井及突出矿井的新水平、新采区的设计,必须有防突设计的内容。非突出矿井升级为突出矿井时,必须编制防突专项设计。

(6) 突出矿井的防突工作应当遵守下列规定:

① 配置满足防突工作需要的防突机构、专业防突队伍、检测分析仪器仪表和设备。

② 建立防突管理制度和各级岗位责任制，健全防突技术管理和培训制度。突出矿井的管理人员和井下作业人员必须接受防突知识培训，经培训合格后方可上岗作业。

③ 加强两个“四位一体”综合防突措施实施过程的安全管理和质量管控，实现质量可靠、过程可溯、数据可查。区域预测、区域预抽、区域效果检验等的钻孔施工应当采用视频监视等可追溯的措施，并建立核查分析制度。

④ 不具备按照要求实施区域防突措施条件，或者实施区域防突措施时不能满足安全生产要求的突出煤层、突出危险区，不得进行采掘活动，并划定禁采区。

⑤ 煤层瓦斯压力达到或者超过 3 MPa 的区域，必须采用地面钻井预抽煤层瓦斯，或者开采保护层的区域防突措施，或者采用井下顶(底)板巷道远程操控方式施工区域防突措施钻孔，并编制专项设计。

⑥ 井巷揭穿突出煤层必须编制防突专项设计，并报企业技术负责人审批。

⑦ 突出煤层采掘工作面必须编制防突专项设计。

⑧ 矿井必须对防突措施的技术参数和效果进行实际考察确定。

(7) 突出矿井的采掘布置应当遵守下列规定：

① 主要巷道应当布置在岩层或者无突出危险煤层内。突出煤层的巷道优先布置在被保护区域或者其他无突出危险区域内。

② 应当减少井巷揭开(穿)突出煤层的次数，揭开(穿)突出煤层的地点应当合理避开地质构造带。

③ 在同一突出煤层的集中应力影响范围内，不得布置 2 个工作面相向回采或者掘进。

(8) 突出煤层的采掘工作应当遵守下列规定：

① 严禁采用水力采煤法、倒台阶采煤法或者其他非正规采煤法。

② 在急倾斜煤层中掘进上山时，应当采用双上山、伪倾斜上山等掘进方式，并加强支护。

③ 上山掘进工作面采用爆破作业时，应当采用深度不大于1.0 m的炮眼远距离全断面一次爆破。

④ 预测或者认定为突出危险区的采掘工作面严禁使用风镐作业。

⑤ 在过突出孔洞及其附近30 m范围内进行采掘作业时，必须加强支护。

⑥ 在突出煤层的煤巷中安装、更换、维修或者回收支架时，必须采取预防煤体冒落引起突出的措施。

(9) 有突出危险煤层的新建矿井或者突出矿井，开拓新水平的井巷第一次揭穿(开)厚度为0.3 m及以上煤层时，必须超前探测煤层厚度及地质构造，测定煤层瓦斯压力及瓦斯含量等与突出危险性相关的参数。

(10) 在突出煤层顶、底板掘进岩巷时，必须超前探测煤层及地质构造情况，分析勘测验证地质资料，编制巷道剖面图，及时掌握施工动态和围岩变化情况，防止误穿突出煤层。

(11) 有突出矿井的煤矿企业应当填写突出卡片，分析突出资料，掌握突出规律，制定防突措施，在每年第一季度内，将上年度的突出资料报省级煤炭行业管理部门。

(12) 突出矿井必须编制并及时更新矿井瓦斯地质图，更新周期不得超过1年，图中应当标明采掘进度、被保护范围、煤层赋存条件、地质构造、突出点的位置、突出强度、瓦斯基本参数等，作为突出危险性区域预测和制定防突措施的依据。

(13) 突出煤层工作面的作业人员、瓦斯检查工、班组长应当掌握突出预兆。发现突出预兆时，必须立即停止作业，按避灾路线撤出，并报告矿调度室。

班组长、瓦斯检查工、矿调度员有权责令相关现场作业人员停止作业，停电撤人。

(14) 煤与二氧化碳突出、岩石与二氧化碳突出、岩石与瓦斯突出的管理和防治措施参照本章规定执行。

第二节　区域综合防突措施

(1) 突出矿井应当对突出煤层进行区域突出危险性预测(以下简称区域预测)。经区域预测后,突出煤层划分为无突出危险区和突出危险区。未进行区域预测的区域视为突出危险区。

(2) 具备开采保护层条件的突出危险区,必须开采保护层。选择保护层应当遵循下列原则:

① 优先选择无突出危险的煤层作为保护层。矿井中所有煤层都有突出危险时,应当选择突出危险程度较小的煤层作为保护层。

② 应当优先选择上保护层;选择下保护层开采时,不得破坏被保护层的开采条件。开采保护层后,在有效保护范围内的被保护层区域为无突出危险区,超出有效保护范围的区域仍然为突出危险区。

(3) 有效保护范围的划定及有关参数应当根据实际考察确定。正在开采的保护层采煤工作面,必须超前于被保护层的掘进工作面,其超前距离不得小于保护层与被保护层之间法向距离的 3 倍,并不得小于 100 m。

(4) 对不具备保护层开采条件的突出厚煤层,利用上分层或者上区段开采后形成的卸压作用保护下分层或者下区段时,应当依据实际考察结果来确定其有效保护范围。

(5) 开采保护层时,应当不留设煤(岩)柱。特殊情况需留(岩)柱时,必须将煤(岩)柱的位置和尺寸准确标注在采掘工程平面图和瓦斯地质图上,在瓦斯地质图上还应当标出煤(岩)柱的影响范围。在煤(岩)柱及其影响范围内采掘作业前,必须采取区域预抽煤层瓦斯防突措施。

(6) 开采保护层时,应当同时抽采被保护层和邻近层的瓦斯。开采近距离保护层时,必须采取防止误穿突出煤层和被保护层卸压瓦斯突然涌入保护层工作面的措施。

(7) 采取预抽煤层瓦斯区域防突措施时,应当遵守下列规定:

① 预抽区段煤层瓦斯区域防突措施的钻孔应当控制区段内整个

回采区域、两侧回采巷道及其外侧如下范围内的煤层:倾斜、急倾斜煤层巷道上帮轮廓线外至少 20 m,下帮至少 10 m;其他煤层为巷道两侧轮廓线外至少各 15 m。以上所述的钻孔控制范围均为沿煤层层面方向(以下同)。

② 顺层钻孔或者穿层钻孔预抽回采区域煤层瓦斯区域防突措施的钻孔,应当控制整个回采区域的煤层。

③ 穿层钻孔预抽煤巷条带煤层瓦斯区域防突措施的钻孔,应当控制整条煤层巷道及其两侧一定范围内的煤层,该范围要求与本条①的规定相同。

④ 穿层钻孔预抽井巷(含石门、立井、斜井、平硐)揭煤区域煤层瓦斯区域防突措施的钻孔,应当在揭煤工作面距煤层最小法向距离 7 m 以前实施,并控制井巷及其外侧至少以下范围的煤层:揭煤处巷道轮廓线外 12 m(急倾斜煤层底部或者下帮 6 m),且应当保证控制范围的外边缘到巷道轮廓线(包括预计前方揭煤段巷道的轮廓线)的最小距离不小于 5 m。当区域防突措施难以一次施工完成时可分段实施,但每一段都应当能够保证揭煤工作面到巷道前方至少 20 m 之间的煤层内,区域防突措施控制范围符合上述要求。

⑤ 顺层钻孔预抽煤巷条带煤层瓦斯区域防突措施的钻孔,应当控制的煤巷条带前方长度不小于 60 m,煤巷两侧控制范围要求与本条①的规定相同。钻孔预抽煤层瓦斯的有效抽采时间不得少于 20 天,如果在钻孔施工过程中发现有喷孔、顶钻或者卡钻等动力现象的,有效抽采时间不得少于 60 天。

⑥ 定向长钻孔预抽煤巷条带煤层瓦斯区域防突措施的钻孔,应当采用定向钻进工艺施工,控制煤巷条带煤层前方长度不小于 300 m 和煤巷两侧轮廓线外一定范围,该范围要求与本条①的规定相同。

⑦ 厚煤层分层开采时,预抽钻孔应当控制开采分层及其上部法向距离至少 20 m、下部 10 m 范围内的煤层。

⑧ 应当采取保证预抽瓦斯钻孔能够按设计参数控制整个预抽区域的措施。

⑨ 当煤巷掘进和采煤工作面在预抽防突效果有效的区域内作

业时，工作面距前方未预抽或者预抽防突效果无效范围的边界不得小于 20 m。

(8) 有下列条件之一的突出煤层，不得将在本巷道施工顺层钻孔预抽煤巷条带瓦斯作为区域防突措施：

① 新建矿井的突出煤层。

② 历史上发生过突出强度大于 500 t/次的。

③ 开采范围内煤层坚固性系数小于 0.3 的；或者煤层坚固性系数为 0.3～0.5，且埋深大于 500 m 的；或者煤层坚固性系数为 0.5～0.8，且埋深大于 600 m 的；或者煤层埋深大于 700 m 的；或者煤巷条带位于开采应力集中区的。

(9) 保护层的开采厚度不大于 0.5 m、上保护层与突出煤层间距大于 50 m 或者下保护层与突出煤层间距大于 80 m 时，必须对每个被保护层工作面的保护效果进行检验。

采用预抽煤层瓦斯防突措施的区域，必须对区域防突措施效果进行检验。检验无效时，仍为突出危险区。

检验有效时，无突出危险区的采掘工作面每推进 10～50 m 至少进行 2 次区域验证，并保留完整的工程设计、施工和效果检验的原始资料。

第三节　局部综合防突措施

(1) 突出煤层采掘工作面经工作面预测后划分为突出危险工作面和无突出危险工作面。未进行突出预测的采掘工作面视为突出危险工作面。当预测为突出危险工作面时，必须实施工作面防突措施和工作面防突措施效果检验。只有经效果检验有效后，方可进行采掘作业。

(2) 井巷揭煤工作面的防突措施包括预抽煤层瓦斯、排放钻孔、金属骨架、煤体固化、水力冲孔或者其他经试验证明有效的措施。

(3) 井巷揭穿(开)突出煤层必须遵守下列规定：

① 在工作面距煤层法向距离 10 m(地质构造复杂、岩石破碎的区域 20 m)之外，至少施工 2 个前探钻孔，掌握煤层赋存条件、地质构造、

瓦斯情况等。

② 从工作面距煤层法向距离大于 5 m 处开始，直至揭穿煤层全过程都应当采取局部综合防突措施。

③ 揭煤工作面距煤层法向距离 2 m 至进入顶(底)板 2 m 的范围，均应当采用远距离爆破掘进工艺。

④ 厚度小于 0.3 m 的突出煤层，在满足①的条件下可直接采用远距离爆破掘进工艺揭穿。

⑤ 禁止使用震动爆破揭穿突出煤层。

(4) 煤巷掘进工作面应当选用超前钻孔预抽瓦斯、超前钻孔排放瓦斯的防突措施或者其他经试验证实有效的防突措施。

(5) 采煤工作面可以选用超前钻孔预抽瓦斯、超前钻孔排放瓦斯、注水湿润煤体、松动爆破或者其他经试验证实有效的防突措施。

(6) 突出煤层的采掘工作面，应当根据煤层实际情况选用防突措施，并遵守下列规定：

① 不得选用水力冲孔措施，倾角在 8°以上的上山掘进工作面不得选用松动爆破、水力疏松措施。

② 突出煤层煤巷掘进工作面前方遇到落差超过煤层厚度的断层，应当按井巷揭煤的措施执行。

【复习思考题】

1. 什么是有突出危险的煤(岩)层为突出煤(岩)层？

2. 煤矿企业应当将突出矿井及突出煤层的鉴定结果报哪些部门？

3. 突出矿井开采深度有哪些规定？

4. 突出矿井的防突工作必须坚持什么原则？

5. 突出煤层突出危险区必须采取什么防突措施？严禁在什么情况下进行采掘作业？

6. 突出矿井的采掘布置应当遵守哪些规定？

7. 突出煤层工作面的哪些人员应当掌握突出预兆？发现突出预兆时，必须采取什么措施？

8. 选择保护层应当遵循什么原则？

9. 具备哪些条件之一的突出煤层,不得将在本巷道施工顺层钻孔预抽煤巷条带瓦斯作为区域防突措施?

10. 井巷揭煤工作面的防突措施包括哪些内容?

11. 煤巷掘进工作面应当选用哪些防突措施?

12. 突出煤层的采掘工作面,应当根据煤层实际情况选用防突措施,并遵守哪些规定?

第六章　矿井瓦斯抽采

第一节　瓦斯抽采与分类

一、瓦斯抽采基本知识

（一）矿井瓦斯抽采相关术语

随着矿井开采深度的增加和生产效率的提高，矿井瓦斯涌出量也随之增大，单纯采用通风方法将瓦斯浓度控制在安全限度内，在经济上和技术上都不尽合理。因此，许多矿井进行了瓦斯抽采，即将煤层、岩层和采空区内的瓦斯用钻孔或专门的抽采瓦斯巷道、管道、负压泵直接排至地面或井下安全排放地点。

瓦斯抽采的相关术语如下：

(1) 本煤层。通常将开采煤层称为本煤层。

(2) 上、下邻近层。位于开采煤层顶板之上和开采煤层底板之下的煤层，受开采煤层的采动影响，各煤层的应力降低，煤体膨胀变形，裂隙发育，煤体透气性增高数十到数百倍。位于开采煤层之上的煤层称为上邻近层，位于开采煤层之下的煤层称为下邻近层。

(3) 卸压区域。在本煤层中，由于采掘作业，煤岩体内的应力重新分布，应力小于原始应力的区域称为卸压区域。例如，采煤工作面前方和巷道周围煤体的部分区域为卸压区域。

(4) 边采边抽与边掘边抽。抽采采煤工作面前方卸压煤体的瓦斯，或厚煤层开采时，抽采未采分层卸压煤体瓦斯称为边采边抽。在掘进巷道的同时，抽采巷道周围卸压煤体的瓦斯称为边掘边抽。

(5) 卸压瓦斯抽采。抽采受采动影响和经人为松动卸压煤(岩)层的瓦斯称为卸压瓦斯抽采。

(6) 煤层瓦斯预抽。预抽煤层瓦斯在煤层未受到采动影响以前进行的瓦斯抽采称为煤层瓦斯预抽。

(7) 强化抽采。针对一些透气性差,采用常规的预抽方式难以奏效的煤层而采取的特殊抽采方式称为强化抽采。例如,采取深孔预裂控制爆破、水射流割缝和水力压裂等措施后,再进行煤体瓦斯抽采。

(8) 顺层钻孔。顺层钻孔是指煤层巷道内沿煤层布置的钻孔。

(9) 穿层钻孔。穿层钻孔是指岩石巷道或煤层巷道内向相邻的煤层施工的钻孔。

(10) 高位钻孔。高位钻孔是指在回风巷开采煤层顶板裂隙带施工的抽采钻孔。

(11) 高抽巷。高抽巷是指布置在采煤工作面上部采动影响裂隙带内并采用密闭方式抽采上邻近层卸压瓦斯或工作面采空区瓦斯的专用巷道。

(12) 瓦斯抽采巷。瓦斯抽采巷布置有钻场、钻孔并铺设抽采管路。

(13) 防回火装置。防回火装置是指在抽放瓦斯管路中,阻止火焰蔓延的安全装置。

(14) 老采空区。老采空区是指已经开采完毕的采区所留下的封闭空间。

(15) 现有采空区。现有采空区是指生产采区内已开采区域所留下封闭空间和正在开采的工作面后方尚未封闭空间。

(二) 矿井瓦斯抽采的分类

由于地域不同、煤层条件各异、巷道布置方式的多样化,以及抽采瓦斯的目的不同,人们实践了各种各样的瓦斯抽采方法。

(1) 按抽采瓦斯的来源,分为本煤层瓦斯抽采、邻近层瓦斯抽采、采空区瓦斯抽采。

(2) 按抽采瓦斯煤层是否卸压,分为未卸压煤层瓦斯抽采和卸压煤层瓦斯抽采。

(3) 按抽采瓦斯与采掘作业的先后顺序，分为煤层预抽采、边掘边抽和边采边抽。

(4) 按汇集瓦斯的方式，分为钻孔抽采、巷道抽采和钻孔巷道混合抽采。

(5) 按照瓦斯抽采作业场所不同，分为地面煤层气抽采和井下瓦斯抽采。

二、本煤层瓦斯抽采

本煤层瓦斯抽采就是在煤层开采之前或采掘的同时，用钻孔或巷道进行该煤层的瓦斯抽采工作，包括预抽和边采边抽。

本煤层顺层钻孔瓦斯预抽是经济有效、方法简单、容易实施的治理瓦斯的手段，特点是高负压低流量，不仅能降低煤层瓦斯含量，而且能消除煤与瓦斯突出的危险。在矿井选择瓦斯抽采方法时，应根据煤层瓦斯抽采的难易程度，优先选择顺层钻孔预抽煤层瓦斯的方法。顺层钻孔就是在开采层的运输巷或回风巷沿煤层倾斜方向施工顺层钻孔，也可以由采区上山或下山沿煤层走向施工水平钻孔。

(一) 预抽煤层瓦斯

预抽煤层瓦斯的方法包括工作面平行密集钻孔抽采、工作面交叉密集钻孔抽采、区域递进式瓦斯抽采、穿层钻孔瓦斯抽采等，属于未卸压煤层瓦斯抽采。进行未卸压煤层的瓦斯抽采时，钻孔抽采适用于渗透率较大的地质条件，预抽煤层瓦斯宜采用高负压瓦斯抽采系统，瓦斯钻孔的孔口负压应大于 13 kPa。

1. 工作面平行密集钻孔抽采

在工作面顺槽施工平行工作面的钻孔，钻孔间距根据抽采时间和煤层透气性确定，一般情况下为 2～5 m，钻孔直径为 75～200 mm。直径越大，抽采效果越好。对于突出煤层，钻孔直径应小于 120 mm。该抽采方法的优点是简单易行，适用于比较硬的煤层。

2. 工作面交叉密集钻孔抽采

在工作面顺槽施工上下两排钻孔，一排钻孔垂直于巷道，另一排钻孔与巷道成 70°角，两排钻孔之间的距离等于钻孔直径的 5～8 倍。排中钻孔间距为 4～10 m。根据煤层情况确定钻孔直径的大小，一般为 75～120 mm。

与平行钻孔相比，在钻孔密度相同的情况下，由于交叉钻孔增加了煤体塑性区体积，形成互相连通的钻孔网，增加了煤层渗透率，使得瓦斯流动互相补充，提高了瓦斯抽采的效果。

3. 区域递进式瓦斯抽采

利用正在回采的工作面通风巷道施工长钻孔，钻孔的终孔位置超过预掘巷道 20 m，当瓦斯抽采达标后，再掘进预掘巷道。通过预掘巷道再施工长钻孔，进行下一循环的瓦斯抽采。钻孔直径一般为 75～120 mm。该方法适用于煤体强度较高、可施工较长钻孔的容易抽采和可抽采煤层。其优点是巷道掘进作业在抽采达标的煤体中进行，瓦斯对掘进作业的影响小，可实现快速掘进。

4. 穿层钻孔瓦斯抽采

穿层钻孔瓦斯抽采是指在开采煤层的顶板或底板的岩石或煤巷内，向开采煤层施工抽采钻孔，连接抽采系统进行抽采瓦斯的方法。当煤层属于难抽采煤层，煤体松软，在煤层中施工钻孔困难，或者本煤层具有突出危险时，一般施工煤层底板岩巷作为专用抽采瓦斯巷，在专用抽采瓦斯巷内，每个钻孔均应穿透煤层，并进入煤层顶板不小于 0.5 m（下行孔一般都是 10 m 以上，预留积渣的空间）。钻孔在终煤点处的间距一般为 5～20 m。将钻孔与抽采系统连接，进行瓦斯抽采。当抽采卸压瓦斯时，钻孔间距较大，通常为 15～20 m。为了消除巷道条带的煤层突出危险，钻孔间距较小，通常为 3～10 m。

（二）边作业边抽采

边作业边抽采的方法包括采煤工作面浅孔抽采、采煤工作面斜交钻孔抽采和边掘边抽。边作业边抽采主要抽开采煤层卸压瓦斯，宜采用低负压瓦斯抽采系统进行抽采，瓦斯钻孔的孔口负压不低于 5 kPa。

1. 采煤工作面浅孔抽采

采煤工作面煤体在矿山压力作用下，煤壁前方煤体膨胀变形，裂隙增多，煤层透气性增加，在工作面间隔 3～5 m 施工一排垂直于工作面的浅孔，钻孔直径为 75～120 mm，钻孔深度为 8～10 m，可采用机械式封孔器封孔，将瓦斯抽采总管布置在工作面支架间，用软管连接钻孔和总管。

2. 采煤工作面斜交钻孔抽采

在工作面顺槽掘进的同时，滞后掘进工作面一定距离开始施工钻孔，使得钻孔与工作面成15°左右的角度，钻孔直径为75～120 mm，钻孔深度尽可能大，但孔底到巷道应留有不少于20 m的距离。将钻孔连接到工作面高负压系统进行预抽。在工作面回采过程中，工作面前方卸压煤体的透气性增加，煤体瓦斯解吸量增加，在钻孔没有被截割之前，是抽采卸压煤体瓦斯的最佳时期。采用斜交钻孔可以增加钻孔抽采瓦斯的时间，有利于工作面瓦斯抽采。

3. 边掘边抽

顾名思义，煤层瓦斯含量达到相关标准之后，在煤层中边掘边抽就是在掘进巷道的同时，不仅抽采掘进工作前方煤体的瓦斯，而且在巷道掘进期间能继续抽采巷道两帮的卸压煤体瓦斯，从而降低巷道两帮的瓦斯涌出量，保证了煤巷的安全掘进。在工程实践中，在巷道两侧间隔60～200 m施工6 m深的钻场，在钻场中向掘进工作面前方施工扇形钻孔，根据煤的厚度和巷道的高度不同，可布置1～3排钻孔，钻孔直径通常为75 mm。

三、邻近煤层瓦斯抽采

在煤层开采中，通常所说的邻近层瓦斯抽采是指邻近层卸压瓦斯抽采。由于煤层的顶、底板围岩发生冒落、移动和卸压，会造成邻近煤层透气性增加，使邻近煤层中的瓦斯向回采煤层的采、掘空间转移，降低后期邻近煤层开采时的瓦斯涌出量和煤与瓦斯突出风险。抽采邻近层瓦斯时，邻近层的卸压瓦斯不仅沿着煤层的裂隙，而且还通过围岩裂隙流向钻孔。利用这一原理，可以在煤层群开采中，使用本煤层的巷道，向上、下邻近煤层施工瓦斯抽采钻孔，对上、下邻近煤层的瓦斯进行抽采，提前释放，达到后期邻近煤层开采的安全。

位于开采煤层之上的邻近层称为上邻近层，位于开采煤层之下的邻近层称为下邻近层。邻近层瓦斯抽采的方法按邻近层与开采煤层的相互位置分为上邻近层抽采与下邻近层抽采;按汇集瓦斯的方法划分为钻孔抽采、巷道抽采和钻孔与巷道综合抽采。

(一) 上邻近层瓦斯抽采方法

上邻近层瓦斯抽采即邻近层位于开采煤层的上部,通过巷道或钻孔来抽采上邻近层的瓦斯。根据岩层的破坏程度与位移状态可将顶板划分为垮落带、裂隙带和弯曲下沉带,底板划分为裂隙带和变形带。垮落带高度一般为采厚的 5 倍,在距开采煤层近的处于垮落带内的煤层,随垮落带的垮落而垮落,瓦斯完全释放到采空区内,很难进行上邻近层抽采;裂隙带的高度为采厚的 8～30 倍,此带因充分卸压,瓦斯大量解吸,是抽采瓦斯的最好区带,抽采量大。因此,上邻近层取垮落带高度为下限距离,裂隙带高度为上限距离。上邻近层瓦斯抽采方法主要有以下几种。

1. 走向高抽巷抽采法

当上邻近层瓦斯涌出量大,用钻孔抽采瓦斯效果较差,不能解决工作面瓦斯问题时,可以采取工作面走向高抽巷抽采法。在采区进、回风巷之间的联络巷开口,掘进平巷后起坡掘进至采煤工作面顶板裂隙带高度,然后沿工作面走向,距工作面回风巷 20～40 m 掘进巷道,施工永久密闭墙,将瓦斯抽采管伸入密闭墙 0.5 m 以上,高度应大于巷道高度的 2/3,抽采管与永久瓦斯抽采管相连,由地面抽采系统进行抽采。

2. 倾斜高抽巷抽采法

在采煤工作面回风巷外侧相邻近的巷道开口,在两巷之间的煤柱中掘平巷 5 m 左右起坡,坡度为 30°,施工至工作面顶板裂隙带高度后掘平巷 20～40 m,施工完毕后,在坡底打密闭墙,将瓦斯抽采管伸入密闭墙 0.5 m 以上,高度应大于巷道高度的 2/3,抽采管与永久瓦斯抽采管相连,由地面抽采系统进行抽采。倾斜高抽巷沿工作面走向方向的间距主要取决于开采煤层采煤工作面采后所形成的卸压长度。随着工作面的推进,顶板由开始卸压到充分卸压,最后达到稳定。当工作面推过倾斜高抽巷约 20 m 时,即达到活跃期,有大量卸压瓦斯被抽出;当工作面推过倾斜高抽巷 150～200 m 时,由于采空区被逐渐压实,瓦斯抽采量逐渐减少，即邻近层瓦斯涌出达到衰退期。因此，倾斜高抽巷的间距一般情况为 150～200 m。

3. 穿层钻孔抽采上邻近层瓦斯法

在开采煤层与上邻近层之间工作面裂隙带中掘进巷道布置钻场，钻场可布置在开采煤层的准备阶段运输巷内，间距为 20～40 m。

向上邻近层打穿层钻孔，钻孔在煤层中的间距为 20～40 m，钻孔直径为 75 mm。当近距离煤层群开采时，钻孔应尽可能穿过工作面裂隙带内的所有煤层。

4. 工作面回风巷高位钻孔抽采法

在工作面回风巷间隔 40～60 m 处设钻场，迎着工作面推进方向打钻孔，钻孔直径为 75～91 mm，终孔高度在工作面顶板裂隙带的下部，通常施工上、下两排钻孔，每排钻孔数为 3～5 个，钻孔终孔点的水平投影间距在 5 m 左右，钻孔长度为 70～120 m，使得同一钻场的两排钻孔的终孔高度相同，在工作面走向上相差 15～30 m。

5. Y 形通风沿空留巷穿层钻孔抽采法

在 Y 形通风沿空留巷中，间隔 10～15 m 向顶板施工一组 3～8 个倾向钻孔，钻孔方位垂直于工作面顺槽，钻孔倾角大于顶板岩石垮落角，一般为 60°～70°，终孔落在邻近层顶板上，封孔长度超过垮落带并且不低于 20 m。为了防止穿层钻孔施工过程中受基本顶断裂影响成孔，钻孔一般滞后工作面基本顶垮落 20 m 才开始施工。

6. 地面钻孔抽采上邻近层卸压瓦斯

在地面施工垂直钻孔至受开采煤层影响的卸压邻近煤层，开采煤层采动后，处于开采煤层裂隙带中的邻近层，煤层透气性增加，大量解吸瓦斯沿裂隙或煤层流动，经地面钻孔抽出。钻孔一般布置在开采煤层卸压影响范围中部，钻孔间距为 120～300 m，钻孔穿过邻近层煤层底板 0.5 m。在基岩段以上的钻孔下套管，与抽采泵连接。

7. 顶板走向长钻孔抽采法

顶板走向长钻孔抽采法是在工作面回风巷掘 5 m 平巷，再掘进斜巷至开采层裂隙带，施工钻场，迎着工作面推进方向打平行于煤层的钻孔 5～6 个，钻孔直径为 75～120 mm，钻孔孔底与回风巷的水平投影最大距离应控制在 25 m 左右。平巷与平巷之间的距离 100～150 m。实践中也可在钻场中施工扇形孔，可以减少一半的巷道工程量，但抽采瓦斯效果基本相同。

（二）下邻近层瓦斯抽采方法

下邻近层瓦斯抽采即邻近层位于开采煤层的下部，通过巷道或钻孔来抽采下邻近层的瓦斯。根据上述三带原理，由于下邻近层不存在垮落带，所以不考虑上部边界，至于下部边界，一般不超过 80 m。下邻近层瓦斯抽采方法主要有以下几种。

1. 工作面进风巷穿层钻孔抽采法

对于煤层倾角较大的煤层群开采的情况，在工作面进风顺槽设钻场，钻场间距为 20～40 m，向下邻近层施工穿层钻孔，钻孔直径为 75～120 mm，在煤层底板处钻孔间距为 20～40 m，钻孔穿过煤层底板 0.5 m。钻孔与抽采系统连接，抽采下邻近层瓦斯。

2. 穿层钻孔抽采下邻近层瓦斯法

当下邻近层具有煤与瓦斯突出危险时，通常在开采解放层期间抽采下邻近层瓦斯。具体做法是在邻近层底板合适位置掘进抽采瓦斯巷道，在抽采瓦斯巷中每隔 20～40 m 设钻场，由钻场向邻近层施工穿层钻孔，钻孔在煤层中呈间距 20～40 m 的网格状，钻孔直径为 75～91 mm，将钻孔与抽采系统连接并进行瓦斯抽采。

3. 下邻近层平行钻孔抽采瓦斯法

当开采近距离煤层群时，如果下邻近层没有煤与瓦斯突出危险，距开采层较近，回采时，下邻近层的瓦斯大量涌入工作面，可采用下邻近层中施工平行于工作面的钻孔抽采下邻近层瓦斯。

在下邻近层中布置巷道并形成全负压通风系统，在巷道中施工平行于工作面的平行钻孔，钻孔间距为 5～10 m，钻孔直径为 75～120 mm。由于采煤工作面回采后，下邻近层应力释放，煤层透气性增加，煤层中的瓦斯在负压作用下，顺钻孔流入瓦斯抽采系统。

四、采空区瓦斯抽采

无论是老采空区还是生产工作面采空区，瓦斯抽采的特点都是低负压、大流量。抽采前应加固密闭墙、减少漏风。瓦斯抽采会增加采空区漏风，引起煤炭自然发火。抽采时要及时检查抽采负压、流量、一氧化碳浓度，以及抽采瓦斯的成分与浓度，当一氧化碳浓度升高或负压变化较大时，表明采空区有自然发火倾向，应立即停止抽采，采取措施。

（一）采空区插（埋）管抽采法

1. 采空区插管抽采法

采空区插管抽采法就是把带孔眼的管子在顶板垮落前直接插入采空区内进行抽采，通常情况插入采空区管子的直径为75～100 mm，采空区内管子长度为2～3 m。该管应尽量靠近煤层顶板，处于瓦斯浓度较高的地点。这种瓦斯抽采方法抽出的瓦斯浓度一般只有10%～25%，但简单易行、成本低。

2. 采空区埋管抽采法

采空区埋管抽采法是随着采煤工作面的推进，将抽采管路预埋在采空区的回风巷回风隅角位置，预埋抽采管吸气口距工作面切顶线的距离为30 m时投入抽采。抽采管口用木垛保护并安装立管，预埋管直径为300 mm左右。为了减少向采空区漏风和提高抽采效果，在工作面进风、回风隅角的巷道中应设置挡风墙，挡风墙距抽采管口5 m左右，挡风墙间距为15 m左右。为了确保抽采效果并对预埋管抽采管口进行控制，可采取以下方法中的一种。

（1）双埋管法

当第一条管路埋入采空区达30 m时，预埋第二条管路；在第一条管路的60 m处用三通和阀门与第二条管路相接，此时第二条管路处于关闭状态，当工作面推过第二条管路管口30 m时，打开第二条管路的阀门并投入抽采。该方法的优点在于控制简单，缺点是管材消耗较大。

（2）气动阀门控制法

气动阀门控制法即通过远控实现采空区内部各个抽采管口气动阀门的开闭。该方法的优点是可节省预埋管路管材，能够根据实际情况对瓦斯抽采口进行调节，但需要安设价格相对较高的气动阀门，且对施工工艺质量要求较高。

（二）密闭抽采法

密闭抽采法是抽采采空区瓦斯最常用和最简单的方法。采空区巷道抽采可以利用上阶段回风水平密闭接瓦斯管路进行抽采，首先将采空区或采煤工作面的进、回风巷加以密闭，密闭墙厚度为 1～3 m，严密不漏风。然后将抽采管穿过回风巷的密闭墙，伸入采空区内 10 m 以上，接入抽采系统进行瓦斯抽采。

（三）地面垂直钻孔抽采法

如果采空区距地表的距离较小时，可以从地表向采空区打钻孔进行抽采。其方法是：在地面施工垂直钻孔，钻孔一般布置在距工作面回风巷 30～50 m 处，钻孔间距为 120 m 左右，钻孔施工至开采煤层垮落带或裂隙带内，将钻孔与抽采系统连接，进行瓦斯抽采。

（四）高位钻孔抽采法

1. 高位走向钻孔抽采法

在厚煤层分层开采的条件下，工作面采空区的瓦斯主要来源于下分层煤体的瓦斯涌出，采用与抽采邻近层高位钻孔抽采法相同的方法，能够非常有效地治理工作面瓦斯超限问题。

2. 高位倾斜钻孔抽采法

预先掘出相邻工作面的顺槽，在相邻工作面的巷道内向生产工作面回风巷方向打倾斜钻孔，钻孔终孔进入工作面顶板裂隙带，终孔高度不小于 5 倍的采高。钻孔直径越大越好，通常为 75～120 mm，钻孔数量根据瓦斯量确定。钻场间距通常情况下为 20～30 m。

（五）内错顶板巷抽采法

采用放顶煤工艺回采的工作面，采用内错顶板巷抽采工作面采空区瓦斯可有效解决工作面瓦斯问题。

在距煤层顶板 5～10 m 的岩层或煤层中掘进一条与回风巷平行的巷道，该巷道与工作面回风顺槽水平投影距离为 15～20 m，采用低负压大流量的抽采系统进行瓦斯抽采。要求使用水环真空泵，在停采线附近的巷道中砌筑密闭墙，在密闭墙外 100 m 范围内的抽采管路要求采用钢管并连接水封泄爆装置和两组干粉抑爆器。干粉抑爆器的火焰传感器安设在密闭墙外的管路里面，干粉喷射器距离传感器 30～60 m。内错顶板巷道应采用锚杆支护。当用锚杆支护锚索补强时，在进行密闭之间应当对锚索实施退锚。

第二节　瓦斯抽采设备和施工工艺

一、瓦斯抽采设备及附属设施

在抽采瓦斯管路中造成一定负压，将瓦斯抽出并安全输送的专用机械设备称为瓦斯抽采设备。它主要由瓦斯抽采泵、抽采管路系统和抽采管路附属装置组成。

（一）瓦斯抽采泵

目前我国煤矿使用的瓦斯抽采泵有水环式真空泵、离心式鼓风机和回转式鼓风机。瓦斯抽采泵可分为干式和湿式两类。干式瓦斯抽采泵主要有离心式鼓风机和回转式鼓风机。湿式瓦斯抽采泵主要有水环式真空泵。采用干式瓦斯抽采设备时，瓦斯浓度不得低于 25%，瓦斯泵吸气侧管路中必须装设防回火、防回气和泄爆作用的安全装置。瓦斯抽采泵是整个瓦斯抽采系统中的重要设备，其形式和规格对瓦斯抽采的效果、安全性、抽采成本及瓦斯资源的利用率都会产生直接的影响。因此，在选择瓦斯抽采泵时，应与矿井的实际情况相结合，做到高效、安全、经济、环保。

1. 水环式真空泵

(1) 水环式真空泵工作原理

水环式真空泵的运转原理是工作叶轮偏心地装在泵体内，它旋转时，由于离心力的作用，泵内的水沿外壳流动形成水环，该水环也是偏心的，在水环的前半圈，水环的内表面逐渐离开叶轮轮毂，形成逐渐扩展的空腔，吸入瓦斯气体；在水环的后半圈，水环内表面逐渐靠近轮毂，形成逐渐压缩的空腔，把压缩的瓦斯排出泵体。

(2) 水环式真空泵的优点及适用条件

水环式真空泵的优点是真空度高，抽采负压大，结构简单，运转可靠;工作叶轮内充满水,可起到防爆阻燃作用,安全性好,因此没有瓦斯爆炸的危险。它适用于煤层透气性低、管路系统阻力大,需要高负压抽采瓦斯的矿井,特别适用于抽采低浓度瓦斯或瓦斯浓度变化大的抽采系统。

2. 离心式鼓风机

离心式鼓风机的运转原理是叶轮旋转带动瓦斯气体旋转并产生离心力,从而使得瓦斯经入口吸入叶轮,并经扩散器排出。

离心式鼓风机可以和电动机直接连接,高速运转,流量大,噪声低,且运行稳定可靠,供气均匀,不易出故障,便于维护和保养。整个机械几乎没有摩擦部分,使用寿命长。但因气体从叶轮进入扩压管过程中发生大的摩擦和撞击及气流方向变化造成能量损失,所以它效率低。多台瓦斯泵并联运转的性能较差,相比之下价格较高。

它既可抽出井下瓦斯,又可同时将瓦斯送至用户。它适用于抽采瓦斯量大,负压要求不高,瓦斯浓度大于25%的抽采系统。

3. 回转式鼓风机

回转式鼓风机的工作原理是它有两个转动叶轮,两个叶轮在转动过程中始终保持进气与排气空间处于隔绝状态,以防压出的瓦斯再被吸入进气侧。当左侧叶轮做逆时针转动时,右侧叶轮做顺时针转动,瓦斯从上端口吸入,随着旋转,工作容积减小,瓦斯气体受到压缩,最后从下端口排出。

回转式鼓风机的流量不受阻力变化的影响,流量大小接近一个常数。它运行稳定,供气均匀,效率较高,便于维护保养,可以同时兼作正压送气和负压抽气用,但更适合正压送气用。在功率、流量和压力相同时,其成本只是离心式鼓风机的50%~70%。

空气冷却的回转式鼓风机可以不用冷却水,适用于缺乏水源的地点。回转式鼓风机叶轮之间以及叶轮与机壳之间的间隙必须适当,间隙过小,易摩擦发热,间隙过大,漏气大,使效率降低,因此,对检修工艺要求高。回转式鼓风机运转时噪声大,且当压力高时,气体漏损较大,磨损较严重。它适用于流量要求稳定而阻力变化大,以及负压较高的瓦斯浓度高于25%的瓦斯抽采系统。

（二）抽采管路系统

井下敷设的用于瓦斯抽采的各种管路统称为矿井瓦斯抽采管路。

1. 瓦斯抽采管路材质

抽采管道分为金属管道和非金属管道两类。金属管道按成型工艺不同分为热轧无缝钢管、冷拔无缝钢管和螺旋焊管3种。非金属管道按材料构成不同分为PVC管、SEP管、PE管、SSPE管等。

金属管道的特点：强度高，抗负压和抗冲击能力强，具有较好的韧性，导电性强，运输、安装和使用过程中不易损坏，但质量大，运输、安装费时费力，安装工效低，不耐腐蚀。

非金属管道的特点：强度低，抗负压、抗冲击能力弱，具有较强的脆性，导电性差，运输、安装和使用过程中易损坏，长时间抽采摩擦易产生静电而发生事故；质量轻，运输、安装省时省力，安装工效高，耐腐蚀，使用寿命长。近年来，非金属管道发展很快，但虽然各种非金属管道入井手续合格，全国却已发生数起非金属管道在抽采低浓度瓦斯过程中因静电而引起抽采管内瓦斯爆炸和燃烧的事故。因此，非金属管道在使用前必须进行阻燃、抗静电性能试验。抽采管路必须采取管路接地措施。严禁使用玻璃管路。

2. 瓦斯抽采管路

瓦斯抽采管路根据作用大小分为主管、干管、支管、连接管和封孔管5类。担负一个矿井或一翼瓦斯抽采流量的管路称为主管；担负一个采区或一个阶段瓦斯抽采流量的管路称为干管；担负一个采、掘工作面瓦斯抽采流量的管路称为支管；连接管位于抽采钻场处，起到连接抽采支管与钻孔的作用；封孔管位于钻孔内，起到钻孔与外界连接的作用。

瓦斯抽采管路附属装置有放水器，除渣器，流量测量装置，测压、测温、测一氧化碳、测氧气、测甲烷等装置，防回火、防回气、抑爆、泄爆装置。放水器、除渣器主要安装在抽采主管、干管、支管上，也可安装在钻场处。流量测量装置主要安装在抽采主管、干管（分管）、支管及其与钻场连接处。测压、测温、测一氧化碳、测甲烷等装置一般与流量测量装置安装在同一地点。防回火、防回气、泄爆装置一般安装在抽采泵站进、排气端主管上。抑爆装置主要安装在放空管附近的管路中。采用水环式真空泵进行瓦斯抽采时，瓦斯抽采泵吸气侧管路可不安设防回气装置，但干式瓦斯抽采泵吸气侧管路系统必须安设防回气装置。

（三）抽采管路附属装置

抽采管路的附属装置有放水器、除渣器、管路流量测量装置及抽采管路安全装置（干粉抑爆阻火器、泄爆装置、防回火装置、防回气装置、避雷装置、放空管等）。

1. 放水器

放水器是瓦斯抽采管路中的重要附属装置之一，对消除管道积水、保证管路畅通、提高抽采效果具有重要作用。

（1）分类

放水器分为人工放水器和自动放水器两种。自动放水器一般有两种，一种为简易U型自动放水器，另一种为桶式放水器。

（2）放水器的工作原理

在管道抽采瓦斯过程中收集抽采气流中的水分，积水量越来越多，通过人工放水或压差自动放水将积水排出。人工放水器一般为箱式放水器，由集水箱、进水阀门、放水阀门和进气阀门组成。进行放水时，首先关闭进水阀门，然后开启放水口阀门和进气口阀门。水放尽后，关闭进气口阀门和放水口阀门，再开启进水阀门。自动放水器的工作原理是当水位达到设定高度时，放水器放出积水，而后继续收集管路中的积水。

（3）设置地点

放水器通常安设在抽采钻场、管道拐弯处、管路低洼处、管路温度突变处、管路直线段间隔200～300 m的位置。抽采负压较高地点，适宜用人工放水器；抽采负压较低地点，适宜用自动放水器。

2. 除渣器

除渣器的作用是收集、储存流经管道的矸石、泥土、铁锈等，防止矸石、泥土、铁锈堵塞管道，保证抽采效果。

除渣器和放水器的安装位置相同。

3. 管路流量测量装置

根据计量方式的不同,安装的管路流量测量装置也不同。计量方式分为人工计量和自动监测两类。

人工计量可以采用皮托管方式测定流量或安装流量装置人工读数计算。

4. 抽采管路安全装置

井下抽采瓦斯的条件比较复杂。有的抽采地点抽出的瓦斯浓度较低,抽采钻孔及抽采管路都有发生漏气的可能性。抽采管路内的瓦斯浓度下降到瓦斯爆炸范围的可能性也是存在的。而干式抽采泵的叶轮无水环封闭,产生机械摩擦火花引爆瓦斯的可能也是存在的。为防止干式抽采泵引爆瓦斯并沿管路向井下传播而破坏抽采系统和威胁矿井安全,在干式抽采泵吸气侧的管路中,必须装设防回火、防回气和泄爆作用的安全装置,通常称为瓦斯抽采系统的“三防装置”。而当湿式抽采泵抽采低浓度瓦斯时,放空管口排出的瓦斯由于雷击引爆的可能性也是存在的,因此在泵的两侧也必须装设水封式防回火、泄爆装置和自动喷粉抑爆装置。当利用瓦斯时,为了防止用户发生的瓦斯事故波及瓦斯抽采工作,必须在抽采系统的排气侧安设防回火、防回气和泄爆装置。

为了保证向用户供给的瓦斯的浓度高于30%,在系统的排气侧也必须安设放空管。

(1) 防回火装置

防回火装置有网式和盘式两种形式。为了检修和更换铜丝网或清除积灰而又不中断抽采瓦斯,一般安装旁通管,安装同等规格的防回火装置,并设置阀门。

① 网式防回火装置

网式防回火装置由4～6层13×13目/cm^2的铜丝网构成,装在抽采泵附近吸气侧和排气侧的管道内。它的作用是一旦泵站附近发生瓦斯燃烧或爆炸事故时,火焰与铜丝网接触,由于网的散热作用和网孔对链反应的破坏作用,火焰就不能透过铜网而中止蔓延。

② 盘式防回火装置

盘式防回火装置结构,其核心是由厚 0.2 mm、宽 20 mm 的不锈钢条带制成的阻火芯,其中一条为平带,另一条压成斜角 60°、垂高 0.7 mm、齿间距 2 mm 的波纹带,平带与波纹带重叠卷成厚厚的一个圆盘,中间形成众多的小三角形间隙。因为这些间隙小于甲烷最大不传爆间隙(1.14 mm)和甲烷最大熄火直径(2.5 mm),当管道中瓦斯燃烧或爆炸时,在阻火芯的分割作用下,能有效地防止甲烷爆炸的传播和阻止甲烷火焰的蔓延。

(2) 泄爆装置

泄爆装置是指当抽采站附近的管路中发生瓦斯爆炸时,将爆炸气体压力泄掉,并阻断火焰传播的装置。其基本形式有水封式泄爆防回火装置和铜网式泄爆防回火装置两种。

① 水封式泄爆防回火装置

水封式泄爆防回火装置的形式有多种,其工作原理如图 6-1 所示。正常工作时,井下瓦斯由入口瓦斯管 1 进入,从水内流出,再由出口瓦斯管 2 通往瓦斯泵。一旦泵站、泵体内或排气管发生瓦斯爆炸,爆炸波冲进箱体,会将安全盖胶皮板 4 冲开,使爆炸压力释放。同时箱体内的水可以阻隔爆炸火焰向入口瓦斯管方向的传播。

② 铜网式泄爆防回火装置

铜网式泄爆防回火装置的工作原理如图 6-2 所示。正常工作时,瓦斯从入口瓦斯管 1 进入,经过入口瓦斯管铜网 3 和出口瓦斯管铜网 4,从出口管 2 排出。一旦入口侧或出口侧管路或设备发生瓦斯爆炸,爆炸冲击波冲入箱体,将防爆胶皮板 6 冲开,爆炸压力消失。同时由于铜网的散热作用和网孔对链反应的破坏作用,火焰就不能透过铜网而中止蔓延。

(3) 防回气装置

防回气装置如图 6-3 所示,其工作原理是:当气体从 P 端进入,克服弹簧力和摩擦力使单向阀阀口开启,气体从 P 流向 A;当 P 端无气流时,在弹簧和 A 端余气压力作用下,阀口处于关闭状态,使得从 A 至 P 气流不通。

(4) 干粉抑爆阻火器

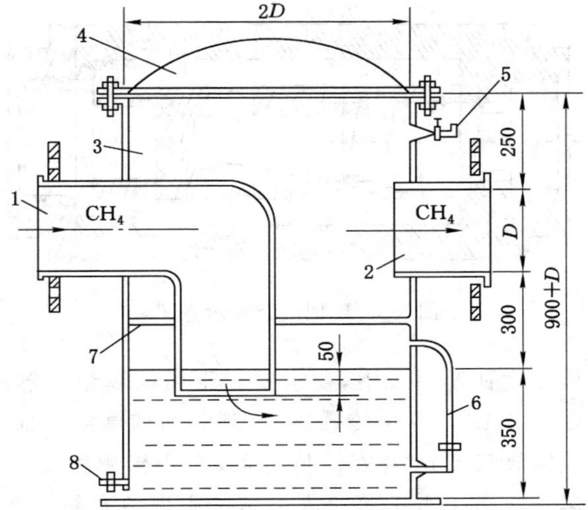

1—入口瓦斯管；2—出口瓦斯管；3—水封罐；4—安全盖胶皮板；
5—注水管口；6—水位计；7—支撑柱；8—放水管。

图 6-1　水封式泄爆防回火装置的工作原理(单位:mm)

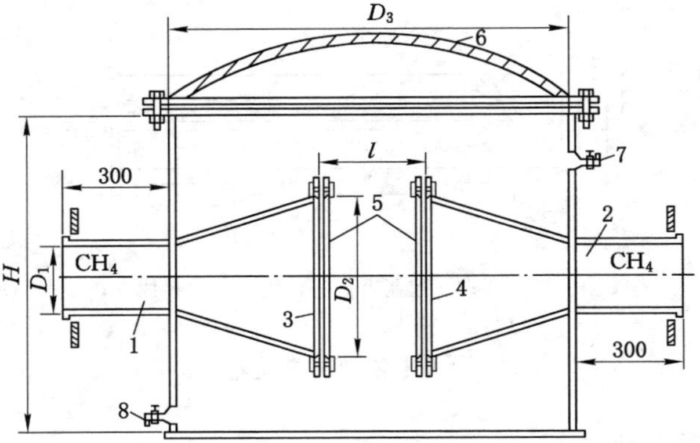

1—入口瓦斯管；2—出口瓦斯管；3—入口瓦斯管铜网；4—出口瓦斯管铜网；
5—铜丝网；6—防爆胶皮板；7—测压孔；8—放水管。

图 6-2　铜网式泄爆防回火装置的工作原理(单位:mm)

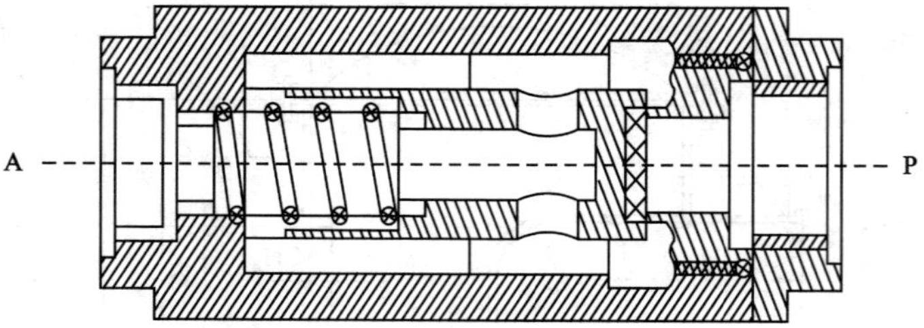

图 6-3　防回气装置示意图

在抽采低浓度瓦斯系统中，要求安设干粉抑爆阻火器。干粉抑爆阻火器结构如图 6-4 所示，由传感器、控制器和抑爆器三部分组成。在放空管内距放空管口 5 m 处安设传感器，在距传感器 30～60 m 的管路中安装抑爆器。由于雷击等原因引爆或引燃放空管排出的瓦斯时，传感器接收火焰信号，传送至控制器，控制器产生触发电压，使抑爆器的产气剂进行化学反应，迅速释放出大量气体，驱动抑爆器内的灭火剂从喷嘴喷出，形成足够浓度的灭火剂粉雾体，与火焰充分接触，扑灭火焰。

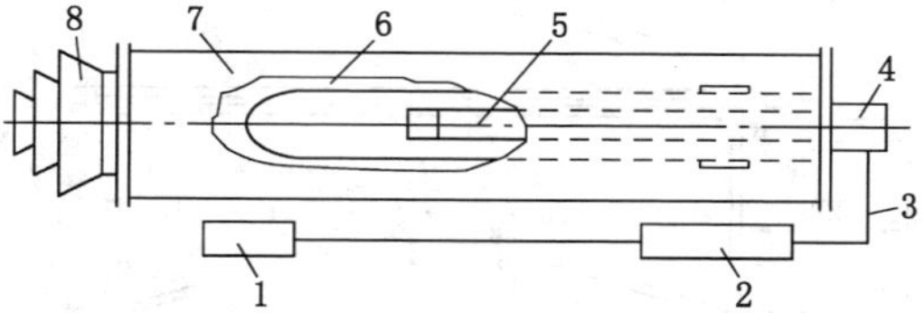

1—传感器；2—控制器；3—传输线；4—接线盒；
5—产气器；6—干粉灭火剂；7—储粉罐；8—喷嘴。

图 6-4　干粉抑爆阻火器结构

（5）避雷装置

根据瓦斯抽采站的具体情况，在瓦斯泵房和瓦斯罐附近较高大的建筑物周围或中心地带应设置避雷装置，其主要作用是防止雷雨天气雷电破坏建筑物或点燃排空管排出的瓦斯。避雷装置主要包括避雷针和避雷线。避雷针和避雷线要高于放空管，使瓦斯抽采站的设备处在避雷装置的保护范围内。

(6) 放空管

瓦斯抽采泵吸气侧、排气侧应安设放空管。瓦斯泵发生故障或检修时，可打开瓦斯泵进气口处的放空管阀门，使井下的瓦斯通过放空管排至大气。井下抽采的瓦斯浓度降低到不符合瓦斯利用要求时或者瓦斯利用系统发生故障时，可把利用管路上的阀门关闭，打开瓦斯泵出气口处放空管的阀门，使抽出的瓦斯排放至大气，而不影响井下瓦斯的正常抽采。放空管出口要高出泵房 3 m 以上，并在距放空管出口 5 m 处安设火焰探测传感器。放空管的安设应靠近泵房附近，以便于使用。

(四) 抽采系统中各设施连接关系

1. 抽采管路的连接方法

瓦斯抽采管路常见连接方法包括法兰盘连接、快速螺纹连接、承插连接、矿用卡箍式快速接头连接和焊接等几种。

(1) 法兰盘连接

法兰盘连接是利用一根抽采管道端部的法兰盘与另一根抽采管道端部的法兰盘通过螺栓进行连接的方法。连接时在连接的两法兰盘之间放入胶垫，以增加气密性。法兰盘连接又分为固定法兰盘连接和活动法兰盘连接两种。由于活动法兰盘价格较贵，一般在连接两端已固定的管道时采用。

(2) 快速螺纹连接

快速螺纹连接是利用抽采管道端部的公扣螺纹与另外的母螺纹套进行的连接，多是非金属管道采用。由于费用较高，大管道连接并不方便，很少应用。

(3) 承插连接

承插连接就是利用一根抽采管道端部的公扣圆筒插入另一根抽采管道端部的母扣圆筒进行连接的方法。连接时要在公扣圆筒内外壁涂胶水，以增加气密性。承插连接一般用于永久性安装的非金属抽采管道。

(4) 矿用卡箍式快速接头连接

矿用卡箍式快速接头连接就是利用卡瓦将具有法兰头的管路连接。安装时,先将密封垫套在某根管路上,将管路对正,调整密封垫,拧紧紧固螺栓。

(5) 焊接

焊接是利用热能加热焊件并熔化焊条而连接管道的一种方法。金属和非金属管道均可采用焊接。金属管道焊接分为电焊和氧焊两种。金属瓦斯抽采管一般采用电焊接。焊接设备为焊机,工具为焊枪,材料为焊条。

2. 钻孔与管路的连接

抽采钻孔与管路连接属于抽采系统的末端连接,是管道系统与抽采源头的具体连接。钻孔与封孔管的连接通常称为封孔。

抽采钻孔与管道的连接,实际上就是通过连接管将封孔管与支管连接。

(1) 钻孔与支管的连接方式

钻孔与支管的连接有两种形式:一种是单个钻孔与支管连接;另一种是成组钻孔与支管连接。

① 单个钻孔与支管连接

这种连接的特点是每一个钻孔都连接一个放水器,并与支管连接。它适用于抽采钻孔相距较远或一个钻孔抽采的瓦斯量比较大的情况。例如,一个千米钻机施工的钻孔,钻孔在煤层中的总长度可达到 2 000 m 以上,瓦斯抽采量大。

② 成组钻孔与支管连接

成组钻孔与支管连接是根据钻孔瓦斯抽采量的具体情况确定小组内的钻孔数,例如,一个钻场的钻孔为一组,采煤工作面连续 20～30 个钻孔为一组。这种连接方法的优点是一组钻孔只安设一个放水器,放水工作简单。

(2) 封孔管与连接管的连接方法

封孔管与连接管的连接方法有三种:扎紧法、卡套式快速接头法、插拔式快速接头法。

① 扎紧法

将软管套在封孔管上 50～100 mm，用 10# 铁丝或管箍扎紧软管接头处，这种连接方法称为扎紧法。它适用于蛇形软管的连接，是瓦斯抽采过程中普遍应用的连接方法。

② 卡套式快速接头法

卡套式快速接头法适用于硬管连接，已开发出瓦斯抽采新型连孔装置。它适用于采煤工作面密集钻孔预抽煤层瓦斯的钻孔与抽采系统的连接，易于实现管路连接的标准化及操作的规范化。

③ 插拔式快速接头法

该方法的具体做法是用法兰或焊接的方法将快速接头的母端固定在封孔管的管口处，将快速接头的公端与高压胶管连接，将快速接头的公端插入母端，完成瓦斯抽采钻孔的连接。

二、瓦斯抽采钻孔施工设备

（一）钻机

钻机按动力种类可分为液压动力钻机、电动力钻机和风动力钻机三种；按传动方式分为全液压传动钻机和机械液压传动钻机两种；按结构形式分为滑台动力头式钻机和立轴回转式钻机两种。国内目前进行瓦斯抽采钻孔施工所采用的钻机一般为液压动力钻机，由主机、泵站、操作台三部分组成，各部分之间用高压胶管连接，主机包括回转器和给进装置，操作台包括操作手柄和显示仪表。表示钻机能力的参数有钻杆直径，回转器的转矩、转速，给进装置的主轴倾角、最大给进/起拔力、给进/起拔行程、给进/起拔速度。钻机的工作方式有旋转钻进和孔底马达式钻进。普遍采用旋转钻进的钻机进行瓦斯抽采钻孔的施工。通常情况下，将矿井静压水与钻杆连接，用水排渣；也可把井下压风管与钻杆连接，用压风进行排渣；有时同时接入压风和静压水排渣。当采用螺旋钻杆时，机械排渣成为主要排渣方式。机械排渣的液压旋转钻机适宜松软破碎煤层钻孔的施工，目前国内的钻机可在坚固性系数 f 值等于 0.3～0.6 的煤层中形成长度在 80～200 m 的钻孔。孔底马达式钻机适宜在煤层坚固性系数 $f \geqslant 1$ 的中厚以上煤层中打水平长钻孔、枝状钻孔和扇形钻孔，单孔的钻孔总长度可达到 3 000 m 以上，主孔的长度能够达到 1 000 m 以上；钻孔的长度在 400～500 m 的成孔率和效率较高，能够满足区域递进式瓦斯抽采对钻孔长度的要求；在岩层中施工钻孔的效率低，但成孔率高。为了快速移动钻机，将钻机制造成自行走式（如履带式钻机），通常称为钻车，但它体积较大，不适宜在巷道断面小的地点施工。

（二）钻杆与钻头

1. 瓦斯抽采常用钻杆

用于煤矿井下瓦斯抽采钻孔施工的钻杆有光面钻杆、螺旋钻杆、三棱钻杆和内螺旋钻杆。根据施工的煤岩层的强度和破碎情况选择适宜的钻杆，能够提高成孔率和钻孔施工的速度。

（1）光面钻杆

光面钻杆是煤层钻进使用最为广泛的钻杆，采用流体动力（压风、静压水）排渣。常用的钻杆直径有 42 mm、50 mm、63.5 mm、73 mm。钻杆长度为 1～2 m。

在煤层条件较好的情况下，钻进效率较高。但对于高应力、高瓦斯的煤层，光面钻杆无能为力，在打钻过程中，经常出现“塌孔”“堵孔”等现象。一旦遇到“煤炮区”“严重喷孔区”“塌孔区”，其风力排渣通道容易被封堵，风力排渣失效，继续钻进往往会引起卡钻、夹钻，旋转退钻时又很容易引起钻孔高温，严重时发生燃烧。

光面钻杆水力排渣不仅存在用水量大、排渣效率低、清渣不便和容易塌孔等问题，而且会造成作业环境泥泞。

（2）螺旋钻杆

螺旋钻杆在地质钻杆扭矩性能的基础上，采用单螺纹叶片或者双螺纹叶片，经预应力缠绕工艺加工焊接而成。

螺旋钻杆常用的钻杆直径有 38 mm、69 mm、89 mm、98 mm。钻杆长度 1～2 m。

螺旋钻杆主要依靠机械螺旋输送作用实现排渣，在钻进过程中排渣效果好，施工中通过螺旋叶片将煤粉自动排出，在软煤层中施工或遇塌孔等排渣大的情况时，能够通过螺旋叶片不断将煤渣排出，使钻孔深度得到提升。它主要适用于软煤及破碎煤体的瓦斯抽采钻孔的施工。

（3）三棱钻杆

三棱钻杆采用锥螺纹式连接，排渣动力为水力或风力。

三棱钻杆外表面呈棱状结构，棱状钻杆在松散煤渣中旋转能够引起旋涡流动，依靠钻杆的棱边将沉积在钻孔底部的煤粉扬起，孔内煤粉一直处于运动状态，避免了煤粉在钻孔内出现堆积堵塞。三棱钻杆在钻进过程中，相对于麻花钻杆，对孔壁的破坏小，因此其出渣量远小于麻花钻杆，在钻机动力和压风动力一样的情况下，钻进效率较高。在转动过程中，三棱钻杆的三个棱能将钻屑颗粒进行再次粉碎，使得钻屑颗粒小，易从钻杆与钻孔壁之间形成的 3 个半圆形空间排出。即便是响煤炮塌孔时，也可以顺利排出煤粉，不会造成卡钻现象，基本可以消除钻进时发生瓦斯喷孔、垮孔、卡钻、顶钻的现象。三棱钻杆比圆钻杆抗弯性强，不仅减小了回转阻力，而且孔的直线性好。三棱钻杆适用于软煤层、地应力高的条件下的钻孔施工。

(4) 内螺旋钻杆(刻槽钻杆)

内螺旋钻杆是在光面钻杆表面刻制螺旋槽而成，钻杆螺旋槽的螺距为 76 mm，槽宽为 12 mm，槽深为 1.1 mm。将钻杆与压风管连接，实现了流体排渣与机械排渣的结合。在松软煤层钻进过程中，使用内螺旋钻杆不易出现塌孔、堵孔、卡钻、抱钻、夹钻等现象，适宜在地应力高的松软破碎煤层中使用。内螺旋钻杆是以厚壁管作为管体，在管体上加工铣槽。它具有排渣速度快、旋转阻力小、耐磨性好、寿命长的优点，主要应用于中硬煤层的深孔钻探。

2. 瓦斯抽采钻头

施工抽采瓦斯钻孔使用的钻头有合金片钻头、金刚石钻头、PDC 复合片钻头。抽采瓦斯钻孔施工大都采用硬质合金片钻头，在硬岩层钻进时常采用金刚石钻头，在钻进各种硬度的岩层时 PDC 复合片钻头的综合效益最高。

三、钻孔施工

(一) 瓦斯抽采钻孔基本参数

1. 瓦斯抽采钻孔的基本术语

用钻机在煤、岩层中钻进形成的孔称为钻孔；在岩层中施工的钻孔称为岩孔;在煤层中施工的钻孔称为煤孔;用于瓦斯抽采的钻孔称为瓦斯抽采钻孔。在煤层巷道内沿煤层布置的钻孔称为顺层钻孔。在岩巷或煤巷向相邻煤层施工的钻孔称为穿层钻孔。与工作面平行布置的顺层钻孔称为平行钻孔。与工作面成一定夹角布置的顺层钻孔称为斜交钻孔。成孔样式像树枝形状的钻孔称为枝状孔。成孔样式为单孔的钻孔称为一字孔。由平行钻孔和斜交钻孔组成的一组钻孔称为交叉钻孔。钻孔的孔底高于孔口的钻孔称为上向钻孔,反之称为下向钻孔。平面呈扇形布置的一组钻孔称为扇形钻孔。平面呈平行布置的一组钻孔称为平行钻孔。

2. 瓦斯抽采钻孔的布置方式

(1) 按钻孔与煤层相互关系的不同,钻孔布置方式可分为顺层钻孔和穿层钻孔。

(2) 按钻孔所处岩性的不同,钻孔布置方式可分为岩孔和煤孔。

(3) 按与工作面关系的不同,钻孔布置方式可分为平行钻孔和斜交钻孔。

(4) 按钻孔成孔样式的不同,钻孔布置方式可分为枝状孔和一字孔。

(5) 按一组钻孔平面样式的不同,钻孔布置方式可分为扇形钻孔、平行钻孔和交叉钻孔。

(6) 按钻孔倾斜方向的不同,钻孔布置方式可分为上向钻孔和下向钻孔。

3. 瓦斯抽采钻孔主要参数

决定瓦斯抽采钻孔的参数有钻孔的方位、钻孔开口位置、钻孔长度和钻孔直径。钻孔的参数与瓦斯抽采的效果有直接关系,按设计施工钻孔是非常必要的。

(1) 钻孔直径

钻孔直径越大,钻孔周围煤体暴露煤的面积越大,钻孔周围煤体卸压范围就越大,周围煤体的透气性越大,钻孔的瓦斯涌出量越大,越有利于瓦斯抽采。钻孔直径越大,施工钻孔的难度越大、成本越高。在煤与瓦斯突出的煤层中施工钻孔时,钻孔直径越大,引起煤与瓦斯突出的可能性越大，钻孔直径一般不应超过 120 mm。

(2) 钻孔长度

一般情况下，钻孔的瓦斯涌出量与钻孔的穿煤长度成正比。长度越长，钻孔瓦斯涌出量越大，越有利于瓦斯抽采。施工长钻孔受煤体强度的影响较大，在松软破碎的煤体中施工长钻孔的难度大。对于穿层钻孔而言，钻孔长度越长，钻孔穿过的煤层越多，越有利于抽采邻近层的瓦斯。

(3) 钻孔的方位

对于顺层钻孔而言，由于煤层的裂隙发育是有方向性的，垂直于裂隙方向的钻孔穿过的裂隙多，平行于裂隙方向的钻孔穿过的裂隙较少。煤体中的瓦斯沿裂隙方向的渗透性强，钻孔穿过的裂隙越多，越有利于瓦斯抽采。

对于倾斜和走向的高位钻孔而言，当钻机的位置确定以后，钻孔的方位决定了钻孔能否进入工作面顶板裂隙带中，并且也决定了钻孔有效抽采瓦斯的时间。如果钻孔进入工作面顶板垮落带中，钻孔抽出的瓦斯浓度非常低，将达不到瓦斯抽采的目的。

(4) 钻孔的开口位置

由于煤层的起伏变化，钻孔的开口位置决定了钻孔能否达到预定的瓦斯抽采地点。如果施工的钻孔没有达到预定位置，对于煤层的消突效果有较大的影响。对于成组布置的钻孔，钻孔的开口位置决定了钻孔的间距。所谓抽采钻孔的有效抽采半径，是指在规定的抽采时间内，在该半径范围内煤体的瓦斯压力或瓦斯含量降到安全允许值。矿井抽掘采的生产衔接决定了煤层允许抽采的时间，根据瓦斯治理的目的，就确定了停止抽采时的瓦斯含量或瓦斯压力，即安全允许值，通过现场测定确定煤层瓦斯含量。

这样，通过钻孔的瓦斯流量衰减规律能够确定该区域的瓦斯抽采半径，钻孔的间距小于两倍的瓦斯抽采半径。如果间距变大了，等于到生产时瓦斯没有降到安全允许值，必然会影响矿井的安全生产。

（二）抽采钻孔施工工序

1. 准备

（1）根据现场措施要求，调整钻机方位和倾角，钻机的安设要牢固、可靠、稳定，压柱要打齐全，且压实压牢。吊挂电缆及风水管路。将便携式甲烷报警仪和一氧化碳检测仪悬挂在孔口下风侧不超过 1 m 处，距离巷帮 200～300 mm。接好气、水、渣分离器。

（2）在油箱内加注清洁的液压油（一般用 N46 抗磨液压油，如果环境温度较高可用 N68 抗磨液压油）。钻机正常工作后，油面应在油位指示计的中上部约 2/3 处。

（3）检查钻机各部分的紧固件是否牢固。

（4）给需要润滑的部位加注润滑油或润滑脂。为保证回转器减速装置行星齿轮轴承的润滑，在初次使用前应通过回转器后盖上的变速箱回油口往箱体内注入液压油，油面应与回油口的高度相同。

（5）检查各油管是否连接正确，更正错误的连接。

（6）主油泵和副油泵的排量均调至额定排量的 25%左右（副油泵参照泵端部的指示牌；主油泵按变量手轮的箭头先将泵量调至最小，然后反转 5～8 圈即可）。

（7）将主操纵台上副油泵的功能转换手把置于前位（也就是调压阀工作的位置），其他的操纵手把均放在中间位置。减压阀、调压阀手轮调至压力最小的位置。马达变量手轮按需要调节，一般调至中等排量。

（8）打开油箱下方主、副油泵吸油管上的截止阀。

2. 启动钻机

（1）接通电源，试转电动机，注意其转向是否与主油泵的转向要求一致（右旋）。

（2）启动电动机，观察油泵是否正常运转（应无异常声响，操纵台上的回油压力表应有指示），检查各部件有无渗漏油现象。

（3）使主、副油泵空载运转 35 min 后再进行操作。如油温过低，空转时间应加长，待油温升高至 20 ℃左右时，才可调大排量进行工作。

3. 试运转

(1) 进行油马达正转、反转双向试验,运转应平稳,无杂音,最低转速时系统压力表读数不超过 4 MPa(主泵不超过 6 MPa)。

(2) 反复试验回转器的前进、后退,以排除给进油缸中的空气,直到运转平稳为止,此时系统压力不应超过 2.5 MPa。

(3) 试验卡盘、夹持器,开闭要灵活,动作要可靠。

(4) 检查各工作机构的动作方向与指示牌的指示方向是否一致,如不一致应及时调换相应油管。

(5) 在以上各项试运转过程中,各部分应无漏油现象,如发现应及时排除。

4. 开孔钻进

(1) 按设计要求选择钻孔开孔位置。将钻杆插入回转器和夹持器,并安装好防喷装置、扩孔钻头;开启供水阀门,待返水正常后,首先操纵钻机使得钻头与煤壁顶紧,再使钻机缓慢旋转钻进;待达到扩孔长度后,退钻杆,换钻头;安装套管及防喷装置;再将钻头下到孔底,待钻头运转平稳后,再逐渐增大压力进行钻进。

(2) 一根钻杆钻进完成后停机,关闭供风、供水阀门,用管钳卸下风管、水管接头。

(3) 上钻杆前检查钻杆,确保丝扣完好,并涂上黄油,人工拧至满扣。

(4) 接好压风和水接头,用管钳拧紧,开启供风、供水阀门。

(5) 开机、退回转器,待孔内煤粉返出后方可进钻。

(6) 必须保证滑道涂黄油,进入孔内钻杆合格并涂黄油,安装、拆卸钻杆时严禁戴手套。

(7) 必须使用钻机冷却水。

(8) 钻孔施工前 30 m 时,每 10 m 测量一次施工倾角,终孔时再测量一次,便于分析角度变化。

(9) 每安装一根钻杆都要做好记录,记清钻进深度。

(10) 在钻进过程中要随时注意观察各压力表的读数变化,发现异常情况及时处理。

(11) 在钻进过程中随时观察孔内返风、返水、返渣状况,若出现返风、返水、返渣不正常应及时处理。若需退钻,打开风水组合中的泄压三通泄去孔内及钻杆内压风压力,待压力泄尽后,方可卸下接头。

(12) 详细记录施工过程中的各种情况,必须清楚施工参数和见矸、见水等情况。

5. 冲孔

(1) 钻孔施工到设计深度时应对钻孔进行冲洗,排尽孔内煤渣后再旋转退钻。

(2) 冲孔时间不应少于 20 min。

6. 退钻

(1) 钻进到位后,待孔内煤粉吹洗干净后,方可停风、停水,停机卸掉风、水接头。

(2) 使用回转器与夹持器配合卸钻杆。

(3) 退出的钻杆必须分类摆放整齐。

(三) 孔内常见事故处理

1. 钻孔施工常见事故

在煤层中钻进过程中,常遇见喷孔、垮孔、堵孔、顶钻和卡钻、孔内燃烧问题,这些问题严重影响了钻进效率,甚至导致钻进终结。

(1) 喷孔

高压瓦斯气流携带煤粉向孔口喷出,并伴有煤炮声和气流冲击声,一般可持续几分钟,甚至数十分钟,通常以脉冲形式喷出。喷孔往往伴随着垮孔、堵孔和卡钻。

(2) 垮孔

垮孔是钻孔壁发生垮塌的现象,形成钻孔垮孔的原因主要有三个方面:

① 煤层松软,孔壁受震动后随钻进而崩塌。

② 钻孔深度增加,钻头下扎,孔壁不直。钻杆弯曲,钻进时钻杆发生摆动,破坏孔壁。

③ 喷孔时瓦斯流对孔壁的破坏。

(3) 堵孔

堵孔是钻进过程中，钻孔被煤岩粉渣充实造成无法排渣的现象。形成堵孔的原因主要是孔内排渣不净，并不断积存，造成钻孔前方的煤岩渣、煤岩粉无法排出。

(4) 顶钻和卡钻

顶钻往往是喷孔前的一种状态，由于涌出的瓦斯压力大，超过或接近钻机给进压力，出现暂时无法钻进的现象。卡钻是钻头既不能前进也不能后退的一种状况。它主要是由于喷孔、塌孔时未能及时退出钻杆，在破碎的煤体将钻杆和钻头箍紧、排渣不力、孔内渣粉增多的情况下，还在继续钻进，使堵孔、垮孔的范围不断扩大，从而造成钻杆无法进退。

(5) 孔内燃烧

在用压风排渣时，往往由于垮孔无法排出煤粉，使得钻杆与孔内煤粉摩擦生热，严重时造成煤粉燃烧，进而引燃钻孔周围煤体燃烧。

综上所述，虽然喷孔、垮孔、堵孔和卡钻是不同的现象，但它们又是相互联系的，其中卡钻是严重的钻孔事故，往往可能出现扭断钻杆丢失钻头，严重影响钻进的正常进行。因此，在钻进过程中要尽量避免这些事故的发生。

2. 预防钻孔事故的措施

在松软煤层钻进过程中，为了减少钻孔事故的发生，应采取有效的预防钻孔事故的措施。

(1) 尽量选择大功率的钻机

钻机的功率大，它的起拔力和推进力等都较大，有利于防止顶钻和卡钻。

(2) 选择适合的钻杆

根据施工地点的煤层硬度情况选择合适的钻杆。通常情况下，当煤层较硬时宜选用光面钻杆，煤层较软时宜选用内螺旋钻杆或三棱钻杆，当煤层特别软时宜选用螺旋钻杆。

(3) 采用合理的排渣方式

在较硬的煤层中钻进时宜选择水力排渣方式，在软煤层中钻进时宜采用风力排渣方式，在特别软的煤层中钻进时宜选用机械排渣方式。

(4) 稳固钻机

稳固车体处地面处理平整,钻机应固定在垫木上。要用立柱控制钻机位置,防止钻机在钻进过程中振动。钻机振动将会造成钻杆的摆动,形成的钻孔偏离中心,孔壁不平直,增加了钻进时的阻力,孔壁受钻杆摆动影响而破坏,增加了垮孔、堵孔的概率。如果是插接式接头会出现接头对接困难,增加了辅助时间,影响钻进效率。因此,稳固钻机是钻进的重要环节。

(5) 掌握给进压力和钻进速度

不同的地质条件应给予不同的给进压力。造成给进压力升高的原因有换层、孔内出现堵孔、钻具损坏以及钻头或钻杆断裂。

当给进压力突然升高时,必须采取果断措施,停止钻进,进行排渣或撤钻、退钻排屑或往返进退钻杆,待孔内动力现象平衡后再进行钻进。

钻进速度必须保持适当,在松软煤层钻进过程中,主要是降低钻速。通过降低钻速,达到充分排渣和减少沉渣的目的,同时也起到降低给进压力的作用。在实际工作中,应针对不同钻机、不同煤层特征和排渣条件进行试验和总结,真正掌握钻进速度和给进压力与地质条件之间的关系。

(6) 用风排粉方式钻进必须保证风压和风量

在钻进过程中,风量的大小直接关系到钻孔排渣效果的好坏。风量小,钻孔排渣效果不好,不仅造成堵孔、卡钻,而且会摩擦生热产生高温,甚至会导致钻孔内着火。风量大,携带煤粉能力强,孔底干净,有利于钻进。但风量不能过大,风量过大会冲塌孔壁,成孔困难。为了获得稳定的风压,应在钻场附近安设空压机和储能包。

(7) 安装防喷装置

为了防止喷孔造成的危害,可采取安装防喷装置的措施。扩孔前,在钻孔孔口采用速凝水泥将防喷装置前端 0.5～1 m 长的金属管固定,防喷装置的上口与抽采管路连接,防喷装置的下口与煤水分离器连接,从而实现气、水、渣分离,以防止瓦斯喷出。

（四）钻孔事故的处理方法

1. 发生孔内燃烧事故的处理方法

使用压风排渣工艺施工的地点应使用三通阀门，在钻场的下风侧安装一氧化碳传感器。当一氧化碳传感器检测到一氧化碳时，表明钻孔有钻燃的迹象，应立即关闭压风，开启供水阀门，将水送入钻孔中。

2. 发生堵孔事故的处理方法

在钻进时，当发现孔口排渣受阻或风量减少时，应停止向前钻进，直到钻孔掏空后方可继续钻进。尤其是在过软分层时，由于应力和高压瓦斯的作用，会造成瓦斯喷孔、钻杆和钻头前方周围的煤体失去应力平衡，煤粒大量溃散，瓦斯喷孔时所带来的煤粉一时难以排出，从而积聚并堵塞钻孔，造成孔口气流不畅。这时必须后退钻杆，必要时应后退并卸掉 1～2 根或更多的钻杆进行掏孔，只有在压风和排渣都畅通时才能钻进。严禁强打、硬拔、蛮进。

当钻孔向煤体深部推进时，由于钻孔的排渣距离长，排渣阻力也相应增加，滞留在钻孔内的沉渣就越多，孔内的空间也就越少。虽然这时孔内的风速增强，但是由于空间小，排渣也就少，因此只要发现孔口排渣量减少，必须停钻，不能蛮进，此时应将钻杆反复进退进行掏空。

鉴别孔内是否掏空的方法：

(1) 观察操纵台给进压力表上的数值是否超过规范。

(2) 观察孔内排渣是否减少。

(3) 观察孔内风压是否降低。

3. 发生卡钻事故的处理方法

当发生卡钻事故时，可采取钻机反钻或扩孔等方法进行处理。当无法取出钻头和钻杆时，应做好记录，标明卡钻的位置和施工过程中所遇到的实际情况，以便于将来进行处理。

4. 发生喷孔事故的处理方法

将抽采钻孔与抽采系统连接进行瓦斯抽采，当瓦斯压力降低后再进行钻进，或安装防喷装置，实行边钻边抽。

（五）钻孔施工安全注意事项

(1) 由熟练钻工或带班班长持证操作钻机，上岗时将工作服穿戴整齐，佩戴好护袖或将袖口扎紧。按照操作规程要求操作钻机，按钻孔施工措施规定的参数要求精心施工，严格控制钻进速度并全程值守。

(2) 施工前用适合巷道高度的撬棍进行敲帮问顶，确认作业地点 5 m 范围内支护完好。

(3) 检查确认防喷装置和瓦斯监测监控设备安装到位，以及作业地点通风良好。使用便携式甲烷报警仪检测瓦斯，严禁瓦斯超限作业。

(4) 安装钻杆时，先检查钻杆，确保不堵塞、不弯曲，丝口未磨损。连接钻杆时要对准丝口，避免歪斜和漏水。装卸钻头时，严防管钳夹伤硬质合金片、夹扁钻头和岩芯管。更换钻头时，应注意孔径与钻头直径匹配，以免卡死钻头。

(5) 采用清水排渣时，要先供水，观察钻孔的给排水情况，当水返回后才能施压钻进，并保证有足够的流量。孔内岩粉多时，应加大水量，延长开泵时间，切实冲好孔后方可停钻。

(6) 钻头送入钻孔开始钻进时，压力不宜太大，要轻压慢钻，以免崩刃或打坏变速齿轮，待钻头下到孔底且运转平稳后，再逐渐增大压力。注意观察轴承部位、液压油、电机、变速箱、轴套、横立轴齿轮等有无超温现象、有无异常声响，发现问题，立即停机，查明原因并进行处理。

(7) 发现煤岩松动、片帮、来压、渗水，或孔内水量、水压忽然增大或减小以及顶钻时，必须立即停止钻进，但不得拔出钻杆，监视水情，迅速向有关部门汇报。当发现有害气体增加时，要停钻，加强通风，用黄泥封孔，并向矿调度室汇报。

(8) 临时停钻时，要将钻头退离孔底一段距离，防止煤岩粉卡住钻杆，停钻超过 8 h 以上时要退出钻杆。

(9) 提出钻具前必须用清水冲孔，排净煤岩粉；在提钻过程中，钻工必须与其他工种密切配合，操作要轻而稳，不得猛刹、猛放，不得超负荷作业，不得用手去摸钢丝绳。其他工种人员必须站在钻具起落范围以外；岩芯管提出孔口后应立即盖好孔口，不准用手探视或用眼看管内岩芯；提出的岩芯必须清洗干净，摆放整齐有序；钻杆提出后要用棉丝缠住两端，以防钻杆孔堵塞或丝口被破坏。对于抽采瓦斯钻孔，钻杆提出后要用临时联抽管联抽钻孔，以防瓦斯涌出。

(10) 为了防止发生机械伤人事故，在钻孔施工过程中，施工人员要避免所在位置与孔口成一直线，钻杆前后不准站人，严禁用手托扶钻杆。机器运转时，禁止用手、脚或其他物件直接制动机器运转部位，禁止将工具或其他物品放在钻机和水泵电机的防护罩上。

(11) 在钻机正常运转时，不得任意拨动各种联动手柄，如需变速或变向时，必须停车后进行。在钻进施工过程中，人工装卸水龙头及钻杆时，钻机的控制开关必须处在停止位置。

(12) 采用无岩芯钻进时，发现钻头糊钻、憋泵、转速显著下降时，应立即退钻，不得随意加大压力强行钻进。

(13) 用压风排渣时，应安装钻孔孔口除尘器，防止粉尘飞扬。

(14) 在钻孔施工过程中，为了防止钻孔内发生的瓦斯燃烧、爆炸引起孔外的火灾事故，采用风力排渣时，必须保证排渣畅通，且施工地点应配备足够数量的灭火器材。

四、封孔工艺

(一) 封孔的基本要求

在瓦斯抽采全过程中，封孔是其中一个至关重要的环节。封孔质量的好坏，直接影响到瓦斯抽采效果。在煤层中施工钻场和钻孔，钻孔周围 5～8 m 深范围内的煤体，由于矿山压力的作用，煤体应力降低并产生新的裂隙，在抽采负压的作用下，巷道中的空气流入抽采钻孔，降低了抽采瓦斯的浓度。大多数矿井进行本煤层预抽采瓦斯的浓度在10%～20%，本煤层抽采效果比较好的矿井的瓦斯抽采浓度在 40%～60%，其根本原因就是封孔质量问题。

瓦斯抽采钻孔封孔时应注意以下几个方面的基本要求。

1. 封孔位置避开应力降低区

在煤岩中掘进巷道，巷道两边的煤岩体原始应力发生变化，自巷道壁向煤岩体中出现应力降低区。在应力降低区，煤岩体受到破坏，产生新的裂隙。在应力降低区封孔，抽采效果差，抽采的瓦斯浓度较低。为了节省封孔材料，通常情况下开始封孔的位置应避开孔口应力降低区，而选在应力升高区，一般在距孔口 5～8 m 的位置。

2. 封孔长度适当

瓦斯抽采钻孔封孔示意图如图 6-5 所示，充满封孔材料的钻孔长度称为封孔长度。封孔长度越长，密封的效果越好，封孔的成本越高，施工的难度越大。在实际封孔中，封孔长度应适当。在进行煤体瓦斯预抽时，岩石孔的封孔长度一般不少于 5 m，煤孔的封孔长度一般不少于 8 m。

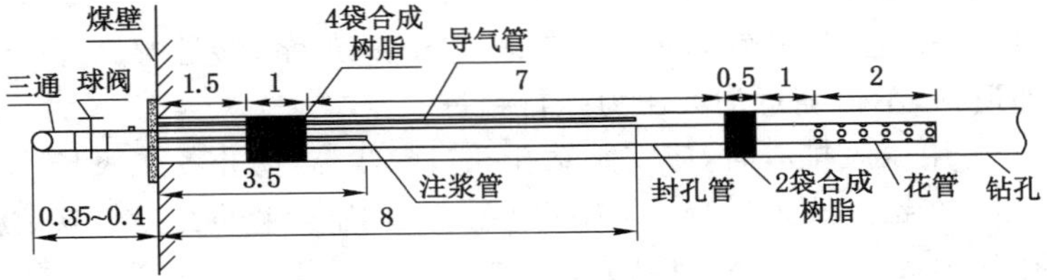

(a) 上行孔封孔示意图(钻孔倾角>0°)

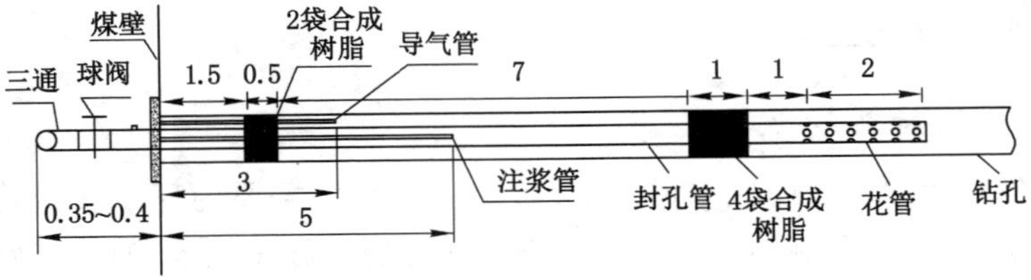

(b) 近水平下行孔封孔示意图(-5≤钻孔倾角≤0°)

图 6-5 瓦斯抽采钻孔封孔示意图(单位：m)

3. 封孔方法合理

封孔方法的选择主要根据钻孔受矿山压力的影响程度。一般情况下，在岩石中的钻孔，受矿山压力的影响较小，钻孔周围的岩体完整，密封性较好，可选择充填式封孔法。而在钻孔周围岩体受矿山压力的作用产生新的裂隙，漏风较大的情况下，应选择渗透式封孔方法。在抽采负压大、抽采浓度要求高的抽采孔进行封孔时，应采取注浆压力大于 1.5 MPa 的渗透式封孔法。

4. 封孔材料性质优良

封孔材料的粒度小，有利于渗透到煤岩体的裂隙中。凝固时具有膨胀性，可避免材料收缩变形形成漏气通道。凝固后强度高，有利于克服矿山压力破坏钻孔周围的煤岩体。黏结强度大，更有利于封孔管和煤岩体成为一体。

5. 封孔质量符合要求

对于本煤层预抽瓦斯钻孔封孔质量的要求是孔口抽采负压不低于13 kPa，瓦斯浓度大于40%。对于邻近层瓦斯抽采钻孔封孔质量要求是孔口负压不低于6 kPa，瓦斯浓度不低于30%。

6. 经济合理高效

封孔材料的价格相差大，在进行封孔时要充分考虑封孔成本，根据围岩体的具体情况，选择经济合理的封孔材料。优先选择劳动强度低、用人少、封孔速度快、投入抽采早的封孔方法。

（二）封孔方法

在矿井瓦斯抽采工作中，将一定长度的管道固定密封在钻孔中的工艺称为封孔，该管道称为封孔管。

钻孔围岩的应力分布示意图如图6-6所示。

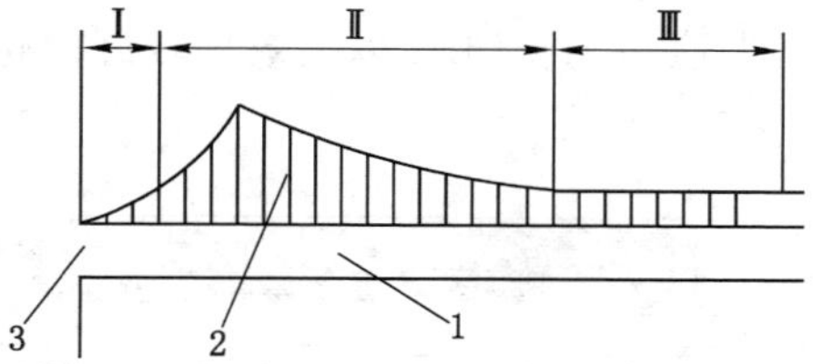

1—钻孔；2—应力分布；3—孔口。

图6-6　钻孔围岩的应力分布示意图

从图6-6中可以看出，钻孔孔口Ⅰ段的应力小于原始应力，称为泄压区，该区段的煤岩体受矿山压力的影响，煤岩体膨胀变形，产生裂隙。Ⅱ段应力高于原始应力，称为应力集中区。Ⅲ段为原始应力区。如果封孔长度大于泄压区，从煤岩体裂隙漏入钻孔的风量必然减少。封孔长度越长，封孔效果越好，在实际封孔时，孔口段长度应大于泄压区的宽度，一般为 5～8 m。

根据封孔的机理不同，将封孔方法分为两种形式。一是渗透式封孔，包括囊袋式封孔、注入普通水泥砂浆封孔、注入微膨胀封孔材料封孔。这类封孔的核心是封孔材料渗透到煤岩体裂隙中，将钻孔周围煤岩体与封孔管连接，提高了密封性能。二是充填式封孔，包括聚氨酯封孔、人工捣实封孔材料封孔、各种机械式封孔。这类封孔方法的核心是将抽采管与钻孔壁紧密连接，能实现钻孔壁与抽采管之间的密封。

1. 渗透式封孔

(1)“两头堵中间注”封孔法

① 化学堵头封孔法

用 12# 铁丝将注浆管、排气管和封孔管捆扎在一起，再用 12# 铁丝将海绵或棉纱捆绑在封孔管的两个不同位置，两处之间的距离为封孔长度，一般为 5～10 m。每段海绵或棉纱长度为 0.5～2 m，将聚氨酯黑白两种药液按 1∶1 的比例混合均匀并浸透海绵或棉纱后，把封孔管、注浆管和排气管一起插入钻孔中。连接注浆管与封孔泵，按水泥和水质量比为 1∶1 来制备水泥浆，启动注浆泵，将水泥砂浆注入封孔段。当排气管流出浆液后，及时关闭排气管上的控制阀门，封孔泵继续注入适量浆液，注浆压力达到 1.5 MPa 以上效果较好。化学堵头封孔法示意图如图 6-7 所示。

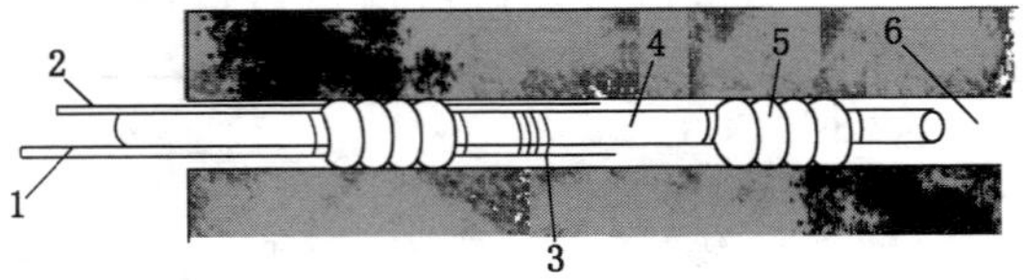

1—注浆管；2—排气管；3—金属丝；4—封孔管；5—化学堵头；6—钻孔。

图 6-7　化学堵头封孔法示意图

也可将聚氨酯、罗克休、ZK 高分子泡沫、发泡水泥、矿用封孔材料 PD、石膏封孔剂等注入封孔段，这些材料固化时具有膨胀性，不发生凝固收缩和塌陷的现象，在封孔效果和适用范围上比传统的水泥砂浆优越。

② 注管封孔法

根据瓦斯抽采钻孔直径选择封孔管，使得封孔管的内径大于抽采钻孔的直径，封孔管的长度为 10～15 m，将封孔管的一端接上法兰盘，另一端在封孔地点用速凝水泥封堵 300～500 mm。施工瓦斯抽采钻孔 10～15 m。更换钻头，进行扩孔，孔径大小允许插入封孔管、直径为 16～20 mm 的注浆管和直径为 16～20 mm 的排气管。用 12# 铁丝将注浆管和排气管捆扎在封孔管上，并一起插入钻孔，使得封孔管外露长度符合要求。用速凝水泥将钻孔孔口深度为 300～500 mm 的钻孔封堵严密。连接注浆泵和注浆管，启动泵，注入水泥浆。水泥浆的材料质量比例为 425 号水泥∶水∶速凝剂＝1∶1∶0.8。当浆液从排气管流出时，关闭排气管上的阀门，继续注浆，注浆压力达到 1.5 MPa 时停止注浆。等水泥浆凝固后，通过封孔管进行抽采钻孔的施工。水泥浆在压力作用下，渗透到钻孔周围煤体的裂隙中，使得封孔管和煤岩体成为一体。

由于封孔长度较长，避开了矿山压力作用所产生的裂隙带，封孔效果好，抽采瓦斯浓度高。当采用金属管时，由于金属管的抗变形能力强，使得封孔管段不产生新的裂隙，封孔效果更佳。注管封孔法示意图如图 6-8 所示。

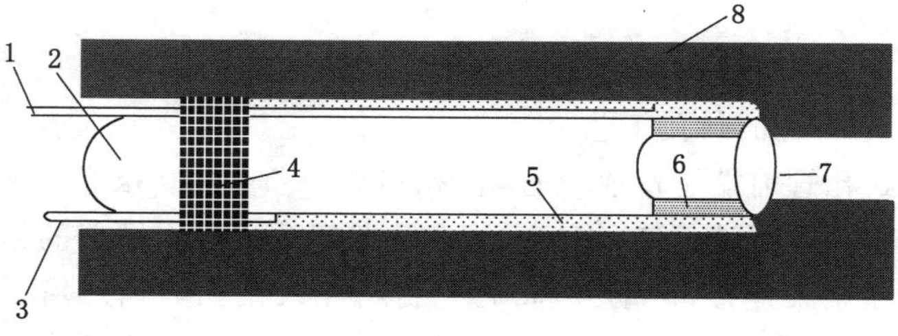

1—注浆管；2—封孔管；3—排气管；4—水泥堵头(或聚氨酯堵头)；
5—水泥砂浆；6—水泥；7—钻孔；8—煤岩体。

图 6-8　注管封孔法示意图

③ 囊袋式封孔法

囊袋封孔器工作原理示意图如图 6-9 所示。在封孔管上安装两个囊袋,囊袋之间的距离为封孔长度,一般为 5～8 m。通过一次注浆管给两个囊袋同时注浆,注浆压力为 0.3～0.5 MPa,使得囊袋膨胀封闭钻孔。通过二次注浆管向两囊袋之间注浆,注浆压力为 0.7～1.5 MPa。注浆材料为微膨胀超细水泥浆液。由于水泥的强度高于煤层的强度,对钻孔具有支撑作用,不产生收缩变形,抵抗钻孔周围岩体蠕变的能力强。囊袋注浆压力可以达到 1.5 MPa,封孔材料浆液渗透到煤岩体的距离较远,封孔质量较好。囊袋封孔器在工厂中加工,现场封孔时,将封孔器插入钻孔,用软管和快速接头将注浆管和注浆泵连接,启动注浆泵,使得注浆压力达到要求。当囊袋注浆完成后,就可以将封孔管连接到抽采系统,进行瓦斯抽采。

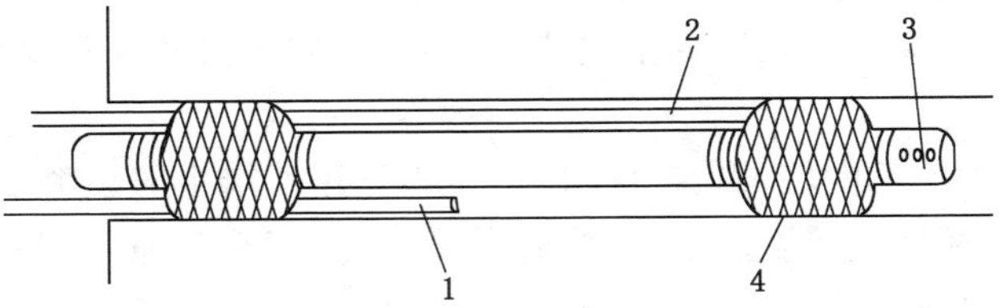

1—二次注浆管;2—一次注浆管;3—封孔管;4—囊袋。

图 6-9 囊袋封孔器工作原理示意图

(2) 重力渗透式封孔法

① 上行孔的封孔工艺

将封孔管前端制作成花管,将孔口处 0.5～1.0 m 的封孔管和注浆管卷缠聚氨酯类药液,将抽采管和注浆管插入向上倾斜的钻孔,将注浆管和注浆泵连接,启动泵,将封孔材料注入钻孔,当有封孔材料从封孔管流出时,停止注浆。这种封孔方法施加的渗透压力较小,最大压力等于钻孔封孔段的垂直高度乘以封孔材料的密度。上行孔重力渗透封孔法示意图如图 6-10 所示。

② 下行孔的封孔工艺

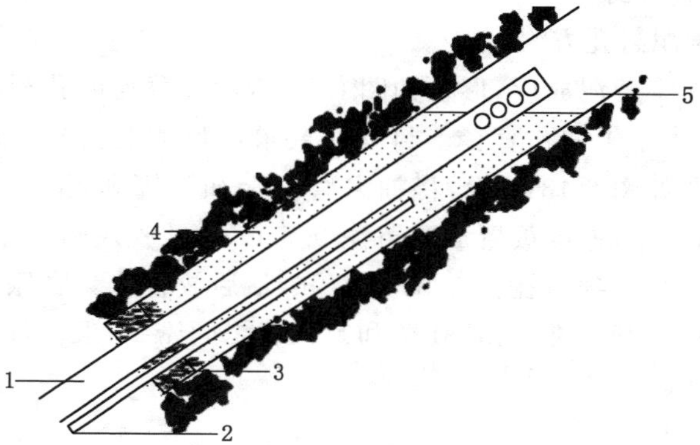

1—封孔管;2—注浆管;3—聚氨酯;4—封孔材料;5—钻孔。

图 6-10　上行孔重力渗透封孔法示意图

将封孔管前端 0.5～1.0 m 长卷缠聚氨酯材料后送入下行钻孔的预定位置,在聚氨酯材料凝固后,向钻孔中插入注浆管,将注浆管与注浆泵连接,启动泵,向钻孔中注入封孔材料,当封孔材料从钻孔中流出时,停泵,结束封孔。封孔材料浆液依靠重力作用向钻孔周围煤岩体的裂隙中渗透。下行钻孔重力渗透封孔法示意图如图 6-11 所示。

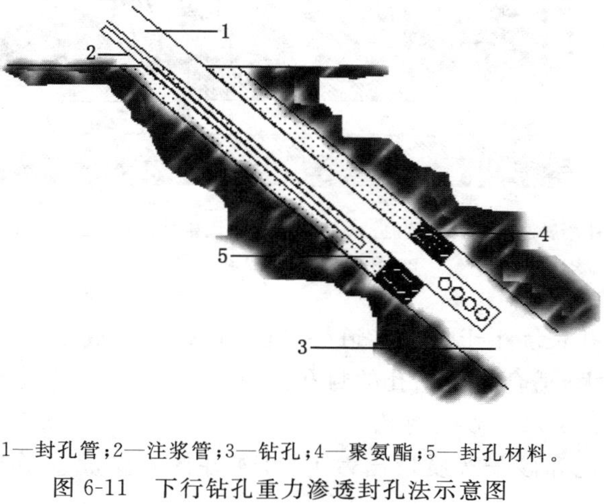

1—封孔管;2—注浆管;3—钻孔;4—聚氨酯;5—封孔材料。

图 6-11　下行钻孔重力渗透封孔法示意图

2. 充填式封孔

(1) 黄泥封孔方法

在地面将黄泥成形，形状如图 6-12 所示。黄泥内孔径略大于封孔管直径，外径小于钻孔直径。封孔时要求成形的黄泥外干内湿。黄泥封孔示意图如图 6-13 所示，将抽采管前端加工筛孔，筛孔段后焊接挡板，放置圆木塞，连续放置成形黄泥 0.5 m 后再放入圆木塞，尽可能捣实，反复多次，达到封孔长度 3～3.5 m，最后放置速凝膨胀水泥卷。捣实的黄土具有密封性，将钻孔壁和封孔管之间密封，但不能将钻孔周边的裂隙封闭。

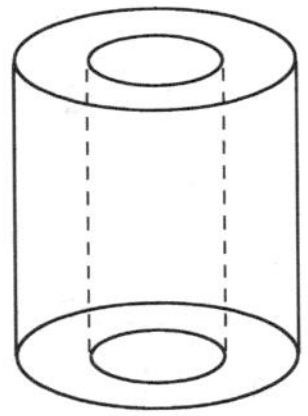

图 6-12　成形黄泥示意图

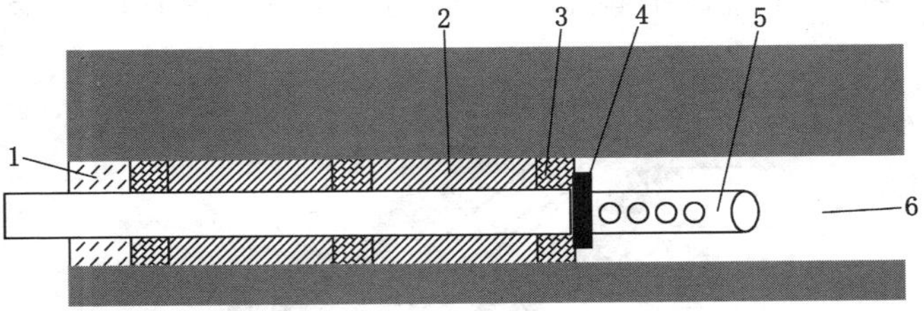

1—速凝膨胀水泥；2—黄泥；3—圆木塞；4—固定挡板；5—封孔管；6—钻孔。

图 6-13　黄泥封孔示意图

其封孔长度小于煤层巷道松动圈，封孔材料成本低，人工成本高，劳动强度大，适合岩石钻孔的封孔。

(2) 捣实水泥砂浆封孔

将水泥和砂子按质量比为 1∶2.4 并掺入少量速凝剂和石膏混合

均匀，砂子颗粒直径为 0.5～1.5 mm，掺水量达到手握成团状不散不渗水为标准。手工或利用注浆罐将水泥砂浆送入钻孔，每隔 0.5 m 打木楔将孔内浆体压实，完毕后 24～36 h 连管抽采。注浆罐输送水泥砂浆工艺如图 6-14 所示。将搅拌混合好的砂浆放入注浆罐并关紧阀门，开启压气阀门，将水泥砂浆压入钻孔中。

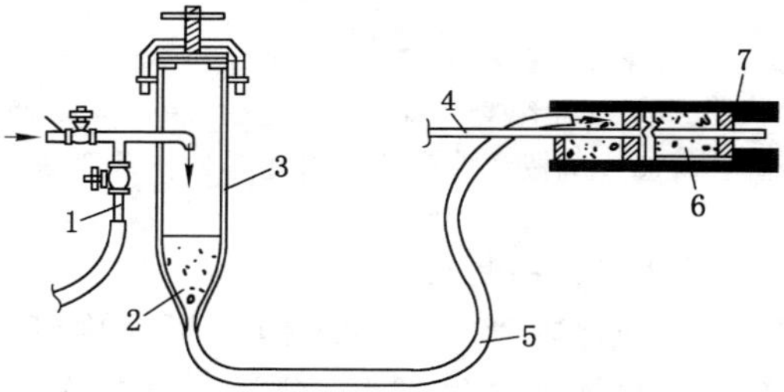

1—压气管；2—水泥砂浆；3—注浆罐；4—封孔管；
5—胶管；6—水泥砂浆；7—木塞档盘。
图 6-14　注浆罐输送水泥砂浆工艺

(3) 机械式封孔

机械式封孔就是采用机械封孔器进行封孔，通过外力的作用，使得弹性体变形，产生径向膨胀封堵钻孔。由于机械封孔器可以反复多次使用，操作简单，封孔速度快，通常用于工作面浅孔抽采瓦斯。对于成孔效果好、服务期短的抽采钻孔，特别是在岩石中开孔的瓦斯抽采钻孔，适宜采用机械式封孔。

① 机械弹性胀体式封孔器封孔

如图 6-15 所示，固定内管 1，转动手柄 3，通过内管 1 上的螺纹，手柄 3 向前移动，给传力垫 4 施加压力，通过短管 5 给传力垫 6 施加压力，通过传力垫 6 给外管 7 施加压力，外管 7 再将压力施加到弹性胀体 8 的后端，弹性胀体的前端受到挡板 10 的反作用力，于是弹性胀体径向膨胀，封堵钻孔。将内管连接到抽采管路上进行瓦斯抽采。当抽采结束时，反方向旋转手柄，弹性体恢复变形，从钻孔中取出封孔器，以备再次使用。

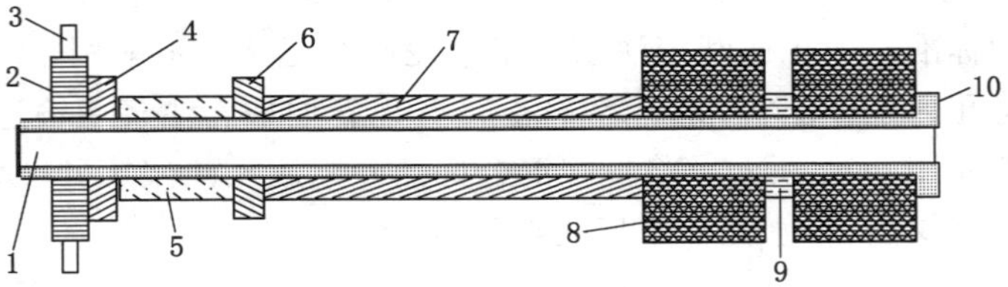

1—内管；2—螺母；3—手柄；4—传力垫；5—短管；
6—传力垫；7—外管；8—弹性胀体；9—传力垫；10—挡板。
图 6-15 机械弹性胀体式封孔器封孔示意图

② 机械弹性串球封孔器封孔

如图 6-16 所示，固定内管 1，转动手柄 3，通过内管 1 上的螺纹，手柄 3 向前移动，给传力垫 4 施加压力，通过短管 5 给传力垫 6 施加压力，通过传力垫 6 给外管 7 施加压力，外管 7 将压力施加到弹性串球 9 的后端，弹性串球的前端受到挡板 10 的反作用力，于是弹性串球径向膨胀，封堵钻孔。将内管连接到抽采管路上进行瓦斯抽采。当抽采结束时，反方向旋转手柄，弹性体恢复变形，从钻孔中取出封孔器，以备再次使用。

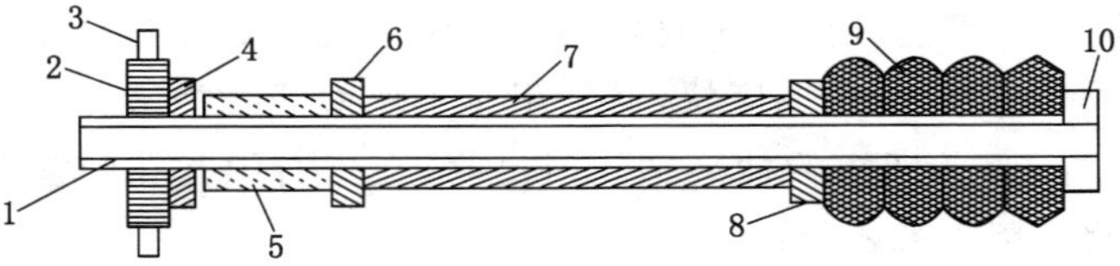

1—内管；2—螺母；3—手柄；4—传力垫；5—短管；
6—传力垫；7—外管；8—传力垫；9—弹性串球；10—挡板。
图 6-16 机械弹性串球封孔器封孔示意图

③ 推胀式封孔器封孔

推胀式封孔器封孔示意图如图 6-17 所示，将封孔器插入钻孔，通过框架 5、销轴 8 和煤壁限定了封孔器的内管。弹性体 6 的前端固定在内管上。当推动手柄 2 时，外管 4 向前移动，给弹性体 6 施加压力，弹性体 6 径向膨胀，将钻孔封闭。通过销轴 3 限制外管后移。通过快速接头将内管 1 连接到抽采系统，进行瓦斯抽采。抽采结束时，取下销轴 3，向后拉手柄，弹性体恢复形状后，从钻孔中拉出，以备再次使用。

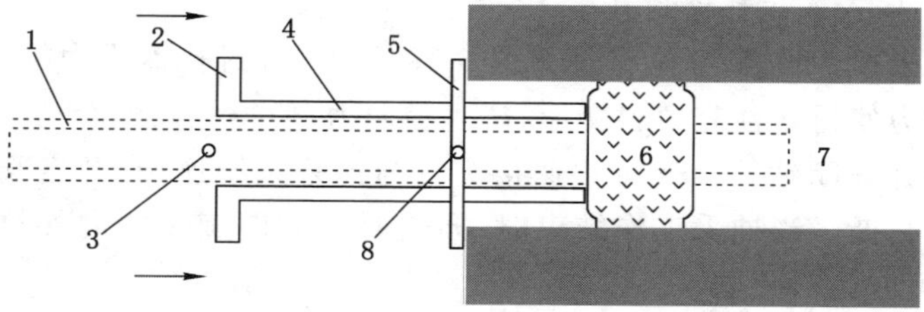

1—内管；2—手柄；3—销轴；4—外管；5—框架；
6—弹性体；7—钻孔；8—销轴。

图 6-17　推胀式封孔器封孔示意图

④ 充水式封孔器封孔

充水式封孔器一般由管箍将用尼龙帘子布缠绕或钢丝增强层缠绕的橡胶管固定在芯管上而成。其封孔示意图如图 6-18 所示。

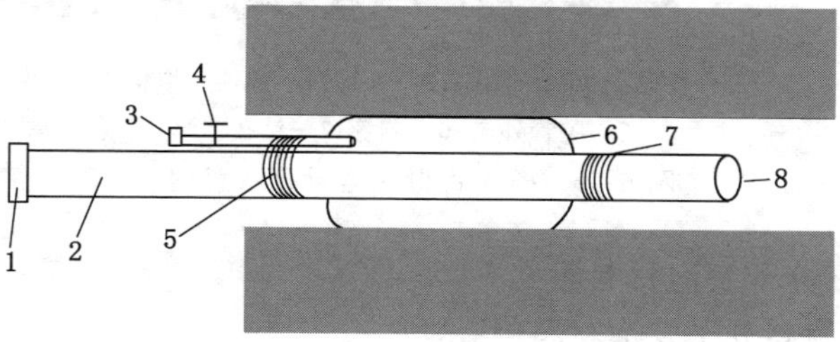

1—快速接头；2—芯管；3—快速接头；4—阀门；5—管箍；
6—尼龙帘子布缠绕的橡胶管或钢丝增强层缠绕的橡胶管；7—管箍；8—钻孔。

图 6-18　充水式封孔器封孔示意图

将封孔器插入钻孔 0.5～1.5 m，把水管与快速接头 3 连接，向封孔器注水，使得水压力达到要求，关闭阀门 4。通过快速接头 1 与抽采系统连接，进行瓦斯抽采。瓦斯抽采结束，开启阀门 4 放水后，取出封孔器以备使用。

⑤ 充气式封孔器封孔

充气式封孔器封孔的工艺过程与充水式封孔器基本相同，通过向封孔器注入压力气体，使得橡胶管膨胀，封闭钻孔。

⑥ 插入式封孔器封孔

插入式封孔器封孔工艺如图 6-19 所示，将封孔器用力插入钻孔，通过推力使得弹性充填料变形，产生径向力，使得橡胶外套与钻孔壁紧密接触并封闭钻孔。通过快速接头 1 与抽采系统连接，开启阀门 2 开始抽采瓦斯。当抽采工作结束时，向逆时针方向旋转并向外拉拔封孔器，即可取出封孔器。

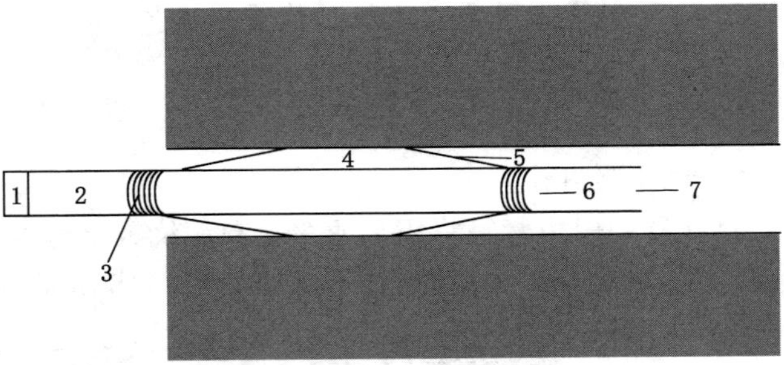

1—快速接头；2—阀门；3—管箍；4—弹性充填料；
5—胶管外套；6—芯管；7—钻孔。

图 6-19　插入式封孔器封孔示意图

(4) 高分子发泡材料封孔

① 卷缠高分子发泡材料封孔法

高分子发泡材料是以聚氨酯为主要材料，根据配方配料的差异，形成多种矿用封孔材料。卷缠高分子发泡材料封孔法的工艺如图 6-20 所示。在抽采管前端加工筛孔，筛孔段后固定挡盘，加工外径比钻孔直径略小中心带孔的圆木塞和橡胶垫圈，其孔径等于抽采管的外径。在抽采管挡盘后放置圆木塞和橡胶垫圈，并卷缠麻袋片或棉纱，然后再套上橡胶垫圈和圆木塞，用铁丝固定。将双组分高分子发泡材料按照体积比 1∶1 均匀混合，将混合液涂于缠在封孔管上的麻袋片或棉纱上，涂抹均匀后塞入钻孔中即可。封孔长度为 3～8 m。高分子发泡材料封孔具有操作简单的优点；但主要存在抗压强度低、可压缩量大的缺点。钻孔在蠕变的过程中，钻孔周围的煤体将会产生新的裂隙，高分子发泡材料的力学性能根本不可能阻挡钻孔变形和漏气通道的形成，封孔效果较差。特别是抽采 3～4 个月后，抽采的瓦斯浓度通常只有 10%～20%。有些矿井采取“二次封孔”的方法来提高抽采瓦斯浓度。

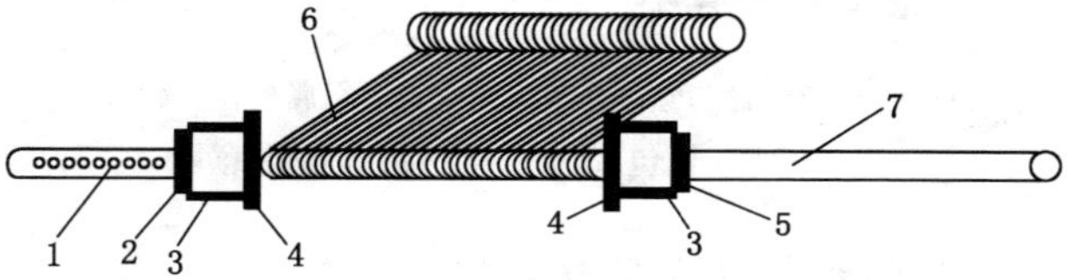

1—筛孔管；2—固定挡盘；3—木塞；4—橡胶垫圈；
5—金属丝；6—毛巾布；7—封孔管。

图 6-20　卷缠高分子发泡材料封孔法的工艺

② 袋包高分子材料封孔法

如图 6-21 所示，把直径为 200 mm 的阻燃抗静电材料编织筒套在封孔管上，用 12# 铁丝将编织筒两端绑紧。将 4 分软管插入编织筒内，用 12# 铁丝将软管和封孔管绑在一起。将封孔管放入钻孔中，利用专用泵或压气罐将黑白两种药液按 1∶1 的体积比注入编织筒内。两种药液发生反应后膨胀固化，起到封孔的目的。在钻孔孔口处，填充水泥固定封孔管。

(三) 封孔注意事项

(1) 在封孔前，对工作环境的安全性进行确认，要求顶板支护完好，瓦斯及有害气体浓度不超限，无煤与瓦斯突出和突水预兆。

(2) 用压风清除钻孔内的钻屑和水。

(3) 当采用注浆泵时，人体避免正对钻孔方向工作，防止浆液喷孔伤人。注浆泵与注浆管等连接牢固，注浆压力达到设计要求时，及时停泵。

(4) 采用高分子发泡材料时，药液配比要准确，混合均匀，棉纱或

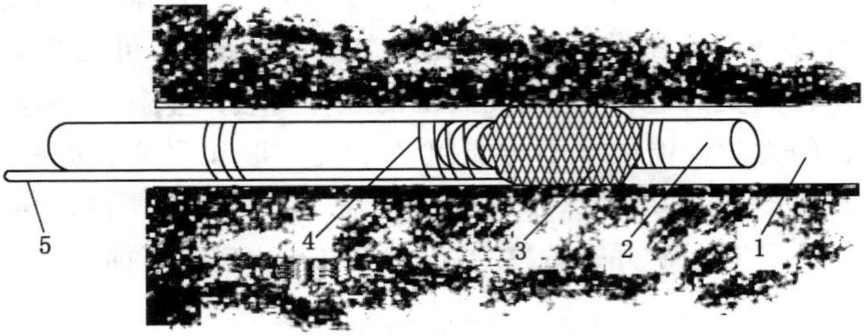

1—钻孔;2—封孔管;3—编织筒包;4—金属丝;5—软管。

图 6-21　袋包高分子材料封孔法示意图

麻袋片厚度要达到要求,药液涂抹均匀。

(5) 抽采管尺寸符合要求,筛孔管、挡盘、支撑木塞、橡胶垫圈、捆绑铁丝等齐全并符合要求。

(6) 水泥砂浆的水灰比符合设计要求。

(7) 所用材料必须阻燃抗静电。

(8) 高分子材料存放在通风良好、无易燃物、无高温的环境,两种药液分开一定距离存放。

(9) 钻孔孔口用不燃性材料封堵。

(10) 采用封孔器封仰角钻孔时,操作人员不得正对封孔器,以防封孔器下滑伤人。

【复习思考题】

1. 什么叫瓦斯抽采?
2. 什么叫本煤层?
3. 什么叫上、下邻近层?
4. 什么叫卸压区域?
5. 什么叫边采边抽与边掘边抽?
6. 什么叫卸压瓦斯抽采?
7. 什么叫煤层瓦斯预抽?
8. 什么叫强化抽采?

9. 矿井瓦斯抽采基本方法有哪些?
10. 水环式真空泵工作原理是什么?
11. 离心式鼓风机有什么优点?
12. 瓦斯抽采管路由哪些分管组成?
13. 抽采管路的附属装置有哪些?
14. 防回火装置有哪两种形式?
15. 泄爆装置有哪两种形式?
16. 瓦斯抽采管路常见连接方法包括哪几种?
17. 瓦斯抽采常用钻杆有哪几种?
18. 瓦斯抽采钻孔的布置方式有哪些?
19. 抽采钻孔施工工序有哪些?
20. 钻孔施工常见事故有哪些?
21. 钻孔施工安全注意事项有哪些?
22. 封孔方法有哪些? 封孔注意事项有哪些?

第七章　防突安全技能

第一节　突出资料收集及防突工作管理

瓦斯地质资料和突出资料的收集与整理是每个防突工的重要工作，资料的准确性对矿井研究、制订切实可行的防突措施具有十分重要的意义。因此，每个防突工必须做到全面、真实、可靠收集瓦斯地质资料和矿井发生煤与瓦斯突出事故后的第一手资料。

一、瓦斯地质资料的收集

高压瓦斯应力的存在，是煤与瓦斯突出发生的一个重要影响因素。瓦斯地质资料的收集，对于煤矿研究矿井瓦斯的突出规律，制定切实有效的防突措施有着积极重要的意义。地质资料的收集有如下内容：

（1）收集各个钻孔的开孔位置[包括距控制点（防突基点）的距离、距巷道两帮的距离和开孔的高度，竣工钻孔的方位和倾角]、钻孔位置、煤层位置、构造形态等数据，并填在平面图上。

（2）收集钻孔的长度，钻进长度内出现的喷孔、垮孔和顶（卡）钻现象，以及钻孔喷煤时喷出的距离，总结钻孔不到位的原因。实施防突措施前后和实施过程中的瓦斯变化情况。

（3）收集实施防突措施地点的煤层厚度、软分层厚度和煤层各分层的破坏类型。

（4）收集煤层的倾角、倾向，以及地质构造的产状、形态和落差。

（5）画现场的素描图，包括钻孔位置、煤层位置、构造形态等内容。

二、突出资料的收集

1. 收集资料时的注意事项

(1) 根据《防突细则》要求，发生突出事故后，防突工必须及时到现场收集突出资料。

(2) 必须经煤矿总工程师批准后才能进入突出现场，并且必须有2名防突工一起，同时必须携带压缩氧自救器和瓦斯检查仪及收集资料所需的地质罗盘、皮尺等工具。

(3) 必须待突出地点的瓦斯浓度下降后才能进入突出现场收集资料。特殊情况下需要及时收集数据时，必须根据现场实际情况经矿总工程师同意，并指派矿山救护队员或瓦斯检查工与防突工一起进入现场，并按指定的路线出入。

(4) 在进入现场时，要随时检查进入线路的瓦斯浓度。

(5) 到达突出现场后，要认真观察巷道支护和顶板岩石情况。

如顶板有悬矸，应及时处理；如巷道的支护被突出破坏，要认真观察围岩状况，只有在保证自身安全的前提下方可进入，如不能保证自身安全，则严禁进入。

2. 收集资料的内容

当突出事故发生后，应该及时收集以下数据，以便对事故做出正确的判断。

(1) 收集发生突出工作面进、回风巷道以及突出孔口、孔内的瓦斯浓度数据。

(2) 测算突出抛出的煤炭的距离、堆积高度和形态，以及煤炭堆积角度。

(3) 观察和评估所抛出的煤有无分选、堆积情况，特别注意观察有无煤粉及煤粉厚度和位置。

(4) 突出对巷道支护的破坏范围和破坏形态，以及对其他设施的损害状况。

(5) 突出后显示孔洞的位置、形态、大小、深度和高度以及孔洞的轴线方位和倾角等。

(6) 突出点附近的煤层产状要素(倾向、倾角)、结构、厚度、软分层厚度等。

(7) 突出孔邻近煤层的松软煤体范围,煤体内的孔隙、缝隙宽度、长度和方位等变化情况。

(8) 在资料收集完整并做好记录的同时,应做好素描图。

三、防突工作管理

《煤矿安全规程》要求:有突出矿井的煤矿企业应填写突出卡片、分析突出资料、掌握突出规律、制订有效防突措施,在每年第一季度内,将上年度的突出资料报省级煤炭行业管理部门。

(一) 防突管理图板

1. 突出煤层抽掘采动态图板

测量部门随着抽掘采工作的推进定时测量巷道的三维坐标、采煤工作面收尺计量,及时填绘抽掘采工程平面图,生成新的抽掘采动态图。新生成的抽掘采动态图能反映出已施工巷道的长度,了解设计剩余工程量和掘进工作面目前所处的位置、采煤工作面剩余可采长度和剩余储量、瓦斯抽采等内容。

2. 现场防突施工图板

采掘工作面制作一块带表格的牌板,其内容填写防突基点到工作面的距离、工作面预测指标、工作面允许推进度,还能记录当班实际推进度的施工牌板称为现场防突施工图板。现场防突施工图板的主要作用是指导采掘工作面每个班的打眼深度或切割深度,控制工作面安全屏障厚度,防止超采、超掘。

(二) 防突管理台账与卡片

1. 突出煤层考察基本参数台账

突出煤层基本参数台账是指突出矿井为煤层瓦斯治理而分水平、分区域建立的瓦斯基本参数考察记录簿。该台账需要保留到矿井开采结束为止。

突出矿井应建立突出煤层基本参数考察台账,考察煤层瓦斯基本参数。矿井开采新水平、新采区，或垂深增大达到50 m，或采掘范围扩大至新的区域时，应重新进行煤与瓦斯突出鉴定，测定煤层的瓦斯放散初速度Δp、煤层坚硬性系数f、煤层瓦斯压力p，观测煤的破坏类型；还应测定煤层瓦斯含量、煤层透气性系数、煤层瓦斯有效抽采半径等基础参数。

建立突出煤层基本参数台账的目的是用于分析评判煤与瓦斯突出危险性，为矿井瓦斯治理提供科学的依据。

2. 煤柱台账

煤柱台账是指突出矿井开采保护层过程中，建立一种由于地质构造、顶板破碎或地面有建筑物等经批准而留设煤柱的记录簿，专门为防治煤与瓦斯突出而建立。台账所记录的数据还可以应用到储量管理、煤炭储量计算中去。

保护层开采工作面应尽可能不留设煤柱，收净充填物，促使邻近煤层充分卸压，消除突出煤层的突出危险性。如因特殊原因必须留设煤柱时，应报告矿总工程师或技术负责人，经同意后方可留设，但必须将煤柱留设的位置、煤柱的大小以及影响范围及时录入煤柱台账，并填绘到瓦斯地质图上。

煤柱台账的主要作用是为开采巷道布置、煤层瓦斯抽采钻孔布置以及其他防突措施的实施，防止采煤工作面误入煤柱区提供可靠的依据。

3. 瓦斯抽采台账

矿井瓦斯抽采台账可分为抽采设备管理台账、瓦斯抽采钻孔施工管理台账、瓦斯抽采流量管理台账等3种台账。抽采设备管理台账至少应包括真空泵的型号、数量，钻机的型号、数量，各种管道的型号、长度，以及检测负压、浓度、流量的仪器仪表等；瓦斯抽采钻孔施工管理台账应包括工作面编号或巷道名称，钻场、钻孔编号，钻孔设计抽采半径、方位、倾角、长度、封孔长度等参数，钻孔实际验收的抽采半径、方位、倾角、长度等参数；瓦斯抽采流量管理台账应包括工作面编号、巷道名称，钻场、钻孔编号，始抽时间、钻孔单孔流量、工作面总流量、巷道总流量、矿井总流量等。

瓦斯抽采钻孔施工管理台账和抽采流量管理台账应以时间先后顺序分采掘工作面建立,以便进行抽采效果评估或预抽防突效果检验时使用。

抽采设备管理台账主要为抽采设备更新计划或抽采范围扩大新增设备计划,以及设备维护检修时所需零配件计划提供依据;瓦斯抽采钻孔施工管理台账的作用在于分析煤层瓦斯抽采效果,查找抽采设计、钻孔施工中存在的问题,改进下一步工作;抽采流量管理台账主要作用是分析评估煤层瓦斯抽采效果,或结合钻孔施工管理台账划分预抽防突检验单元和防突效果评估。

4. 防突设备仪表使用和完好台账

为确保突出危险预测仪器仪表完好、测试的数据准确,仪器仪表数量满足矿井突出危险性预测的需要、有适当的备用,防突部门应设专人负责仪器仪表的维护、管理和校核工作,并建立防突仪器仪表使用管理台账。所有仪器仪表均应编号、填写台账,其内容为仪器仪表编号、入井时间、仪表误差及携带仪表入井者的姓名。损坏的仪表不得继续使用,必须及时更换。

突出危险性预测仪器仪表应按规定的时间要求和技术标准定期进行校核,校核前应将待校核仪器仪表编号、允许误差、校核日期、校核人姓名等逐一登记记录。当校核误差大于或等于允许误差时即为不合格。不合格的仪器仪表应立即做好记录。

5. 突出台账

突出台账内容有:突出点位置(突出地点距石门或主要巷道的距离),突出点坐标,突出时间,突出类型(突出、喷出或压出),突出煤层名称,突出煤量,突出瓦斯量,突出伤亡情况,该煤层累计突出次数,突出前工作面使用的作业工具,突出前采取的防突措施,突出地点的煤层特征(倾角、厚度、软分层厚度),地质构造形态等。

6. 煤与瓦斯突出记录卡片

突出卡片除有突出台账的内容外,还应有突出前后工作面的瓦斯浓度、风量随时间的变化情况,煤种类型,顶(底)板岩性,邻近煤层开采情况,地质构造描述,工作面支护形式,空顶距离,棚间距离,支护质量,工作面通风方式，突出前采取的防突措施，突出预兆，突出前及突出时发生过程的描述，突出点距地表的垂直深度，巷道类型，突出孔洞形状，轴线方向，轴线倾角，突出煤抛出距离及堆积角，突出煤的粒度分级堆积情况，突出地点附近围岩及煤层破碎情况、动力效应（支架及其他物体破坏情况），突出孔洞及附近煤层平面图、剖面图，突出煤堆积的平面图、剖面图等。

煤与瓦斯突出记录卡片连同总结资料应按有关要求上报省级煤矿安全监管机构和驻地矿山安全监察机构。

煤与瓦斯突出记录卡片的主要作用是统计一个矿井、一个地区或全国煤与瓦斯突出次数、突出类型，分析煤与瓦斯突出的基本规律，统计分析各类防突措施的有效性等。矿井应每年对全年的防突技术资料进行系统分析总结，并提出整改措施。

（三）防突工作现场管理

1. 防治煤与瓦斯突出预测通知单与检验通知单

工作面预测通知单与检验通知单，是针对突出煤层采掘工作面突出危险性预测或局部防突措施效果检验而制作的一种便于预测工作落实，由有关部门和领导审批、施工单位执行的通知单。这种通知单在企业内部具有明确的责任和法律效力。现场预测人员必须对预测（检验）的数据、收集资料的真实性和可靠性负责；审批人必须对预测（检验）通知单中所反映突出资料内容的完整性、全面性以及可靠性负责；执行单位区队长必须按矿技术负责人批准的通知单和相应的技术要求组织施工；否则，必须负相应的法律责任。

在采掘工作面作业前，事先要知道采掘工作面是否具有突出危险，必须进行预测或进行措施效果检验。如果预测（检验）有突出危险时，应采取防突措施，消除突出危险性，以保障采掘工作面作业的安全。为使预测（检验）工作方便和不漏项，必须提前制作预测（检验）通知单。预测（检验）通知单制作要求，应将预测（检验）所要做的工作内容完整、齐全地记录在表格中，以便有关领导审查、批准，施工单位执行以及各监管部门监督检查。

2. 防突钻孔施工定位和检查

为确保预测钻孔达到设计的技术要求，在钻孔施工前应将巷道的中腰线延伸到工作面迎头，然后根据煤层赋存情况，以巷道的中腰线或轮廓线为基点，丈量基点到设计钻孔之间的距离，确定预测钻孔开孔的位置。然后在平行于眼口的适当距离，用钢钉钉入煤壁，将麻绳一端固定在钢钉上，麻绳的另一端拖到巷道后方适当位置并拽紧，用地质罗盘测好钻孔设计方位，用麻绳逐步调整地质罗盘所测的方位，然后将麻绳初步固定在巷道支架上。用地质罗盘紧靠麻绳测定以调整到钻孔设计倾角为准，最后将麻绳固定在巷道的支架上作为预测钻孔施工的参照物。当钻孔施工完后，在钻孔内插入一根不小于 1.5 m 长的炮棍。用地质罗盘校核钻孔的方位和倾角，施工好的钻孔应满足设计要求。

3. 防突基点及防突标志点的设置和检查

在工作面后方巷道的顶板或两帮上设置一个明显而固定的收尺标志点，该标志点随着采掘工作面的推进而不断前移。该基点用于每个措施循环复尺和每个掘进循环前后收尺，确定防突措施孔、掘进炮眼深度及控制掘进进尺和采煤工作面推进度，填写防突牌板，防止超采超掘的基础控制点，称为防突基点。防突基点可在工作面后方巷道的顶部或帮上打一个深度不小于 300 mm 的孔，并插入木桩打紧打牢。当防突基点距离工作面的距离太大时，预测人员应将防突基点向工作面移动，移动后必须重新丈量基点到工作面的距离，及时填入预测（检验）通知单，并作为新的防突基点，及时通知矿调度室和施工单位。

预测（检验）人员在每次预测（检验）钻孔施工前必须复核防突基点到工作面的距离，监督检查采掘队是否有超采和超掘现象，工作面突出危险性预测（检验）完成后，准确填写预测（检验）通知单。

为保证采掘工作面不超采超掘，每个工作面在进班时，打眼工和当班班长必须阅读防突牌板，丈量防突基点到工作面的距离，了解当班允许掘进进尺或推进度，确定打眼深度或切割深度。防突工作面工程结束前，当班班长必须收尺计量，填写防突牌板，并向矿调度室汇报当班的进尺或推进度。

四、突出资料的整理和分析

《防突细则》要求，收集的资料出井后，必须在地面将收集的资料整理成台账或卡片，并绘制成图纸，提交专题调查报告。所有有关突出工作的资料均应存档并长期保存，以便作为进行突出原因分析、突出事故处理的依据，并为以后在采掘生产活动中编制防突措施提供可靠的依据。

（一）突出资料的整理与统计

1. 突出煤量的计算

（1）根据突出孔洞的几何形状计算出突出的煤的体积（m^3），再乘以煤的平均密度。

（2）根据突出所抛出的煤在巷道中堆积的形态（长度、宽度、高度）计算出体积（m^3），再乘以松散煤的密度。

（3）根据突出后清理突出煤体的装车车数或胶带输送量，计算出突出煤量。

2. 突出瓦斯量的计算

突出瓦斯量是指从发生突出开始至瓦斯浓度下降到突出前工作面正常瓦斯浓度的这段时间的瓦斯量减去工作面这段时间内正常瓦斯涌出量。瓦斯量按下式计算：

$$瓦斯量(m^3)=风量(m^3/min)\times瓦斯浓度(\%)\div60\times时间(s)$$

测算突出瓦斯量时，利用瓦斯监测仪取得突出工作面回风流的瓦斯浓度和测定的风量进行计算。若工作面回风流的瓦斯监测仪被损坏，可利用该采区或矿井回风流的瓦斯监测仪对该采区或矿井回风量进行计算。

3. 进行煤矿突出汇总情况统计

《防突细则》要求，煤与瓦斯突出矿井，每年都必须对所有的突出现象进行汇总，并建立矿井突出汇总表。从表中能清晰地看出每年矿井发生突出的次数，各煤层发生突出的次数、突出量，回采、掘进及上山发生的突出次数等。能为矿井宏观掌握突出情况、分析突出原因、采取针对性的防突措施进行综合评价。

（二）突出资料的分析

在分析突出原因时，应从全方位考虑与突出有关的问题，最后得出分析结果。突出原因应从以下几方面进行分析。

1. 区域构造应力

如果发生突出的区域有较大地质构造（向斜、背斜及断层等）存在，突出点在构造部位的位置，煤层走向或倾斜方向有区域性的较大变化，区域内小构造复杂，区域两翼有大构造，那么该区域内就存在构造应力和产生构造应力倾向。

2. 区域矿山压力和采动应力

（1）区域矿山压力：突出部位越深、垂直于地表的岩石厚度越厚，矿山压力越大，越容易发生突出。

（2）采动应力：采掘工作面发生突出的部位邻近煤层或本煤层有无已停采和停掘的工作面，突出部位是否在采动应力的影响范围。采动应力影响范围最容易发生突出，特别是应力高峰值部位更易发生突出。

3. 邻近工作面突出情况

邻近工作面突出情况包括：突出工作面两翼和上、下部的本煤层以及邻近煤层是否发生过突出，突出点与构造的关系，构造延展与工作面突出点的关系。

4. 煤体结构对比

煤体结构对比包括突出点煤体与工作面正常区域的煤体结构（煤层厚度、各分层厚度、煤的光泽度、煤受破坏的类型等）是否存在差异。

5. 瓦斯情况

煤与瓦斯突出前，发现瓦斯忽大忽小、喷瓦斯、哨声和喷煤等瓦斯应力现象时，说明突出危险较大。

6. 防突措施

针对突出前实施的防突措施，包括突出前1～3个循环实施防突措施的突出危险性预测、防突措施的效果检验、防突措施的控制范围、实施防突钻孔时的异常情况，以及煤层结构、地质变化等进行分析。

7. 突出前的作业方式

突出前的作业方式包括落煤工具、炮眼个数和深度、装药量和支护情况等，也是影响突出的因素。

8. 发生突出的过程

发生突出的过程包括突出前工作面出现的瓦斯、地压显现以及煤体结构方面异常情况，突出后煤炭抛出情况和瓦斯涌出量情况等。

第二节　防突钻孔的监钻与验收

一、地面准备工作

(1) 熟悉、掌握钻孔控制范围内的地质走向、倾角、厚度、顶底板岩性、标志层层位及岩性。

(2) 学习、熟悉钻孔布置方式及参数(夹角、倾角、孔深、终孔层位)。

(3) 了解钻孔施工过程中瓦斯涌出情况(工作面顶板附近、回风、孔口、孔内瓦斯浓度)。

(4) 备齐完好的量具：坡度规、地质罗盘、放线绳、锤球(2 个)、钢卷尺、高浓度光学瓦斯检测仪及 1.5 m 长的取样软管、测杆和钻孔设计参数表、记录本、签字笔、红油漆、验孔杆(连接长度为 1.5 m/根)。

二、井下准备工作

(1) 在支护完好可靠、整洁的地点摆放好量具、记录本。

(2) 检查钻孔布置方式是否符合设计要求。

(3) 检查基准线是否齐全、清晰。高程基准线(腰线)长度应控制到所有施钻地点，不留死角。方向基准线应按钻孔设计分组编号布置，每组布置 2 个基准点，基准点高度不得大于 1.5 m。高程基准线和方向基准线的基准点可合并布置。

(4) 检查钻孔是否挂牌，编号是否与设计相符。

三、验孔

1. 瓦斯检测

将 1.5 m 长的取样软管绑在测杆上，采用高浓度光学瓦斯检测仪逐孔检查每个钻孔孔口内 1.5 m 深处的瓦斯浓度，对浓度低于 5.0% 的钻孔进行圆形红色标记，并做好记录。

2. 开口坐标测量

对照设计和现场基准线，采用钢卷尺、锤球、放线绳分组测量各钻孔的开口坐标，并做好记录。对开口坐标误差大于 500 mm 的钻孔进行正三角形红色标记，且不进入下步验收程序。

3. 倾角测量

连接 4 根验孔杆插入钻孔内，上下、左右摆动至与钻孔轨迹一致。采用地质罗盘测量钻孔倾角，并做好记录。对倾角误差大于 2°的钻孔进行倒三角形红色标记，且不进入下步验收程序。

4. 夹角测量

连接 4 根验孔杆插入钻孔内，上下、左右摆动至与钻孔轨迹一致。将放线绳拉在方向基准点上(必要时可采用钢卷尺测量、平移基准线)，采用锤球作钻孔轨迹的水平投影，用坡度规测量钻孔夹角，并换算成设计基准的夹角，做好记录。对夹角误差大于 2 的钻孔进行“X”形红色标记，且不进入下步验收程序。

5. 孔深测量

(1) 对孔内瓦斯浓度低于 5.0% 的钻孔采用钻机测量钻孔深度。验收人员现场监督进钻，采集煤层顶板岩石钻屑进行查验，确认无误后，加大水量冲洗孔内钻屑至返清水时，方可边撤钻杆边清点数量，并换算成钻孔深度。

(2) 对孔内瓦斯浓度不小于 5.0%，且经过第 2、3、4 步验收程序均合格的钻孔，采用验孔杆、钢卷尺测量钻孔深度，并做记录。对插入验孔杆时阻力大或孔深明显异常的钻孔，做好红色点标记，并在验孔人员监督下采用钻机送钻至煤层顶板。采集到煤层顶板岩石钻屑并确认无误后，加大水量冲洗孔内钻屑至返清水时，方可边撤钻杆边清点数量，并换算成钻孔深度。

四、打钻过程中异常情况记录

打钻时应随时记录打钻中出现的顶钻、夹钻、喷孔、气体异常涌出、空气气味及温度变化异常等情况。

五、资料收集和整理

(1) 验收资料现场必须及时记录。验收完毕后，参与验收的人员必须现场签字确认。

(2) 每次验收孔数不得大于 20 个。

(3) 验收人员出井后，立即将原始验收记录交防突部门，并在 4 h 内做完钻孔竣工图交防突负责人。

(4) 防突负责人审核后，如发现有空白区域(钻孔间距大于抽排放半径)，立即组织设计补孔，并交打钻孔工进行施工。

(5) 钻场所有钻孔施工完毕后，由防突负责人汇总原始验收记录，并与其他资料一起编排顺序目录，装订好后交档案室存档备查。

第三节　瓦斯压力测定

煤层的瓦斯压力是矿井瓦斯基本参数之一，它对煤层突出危险性预测、确定煤层瓦斯赋存规律、进行瓦斯抽采，以及煤与瓦斯突出的防治等工作均具有十分重要的意义。煤层瓦斯压力是预测突出的主要指标之一，又是间接法预测煤层瓦斯含量的必备参数，其大小取决于煤生成后煤层瓦斯排放条件。煤层瓦斯压力分为原始瓦斯压力和残存瓦斯压力；当煤层未受采动影响而处于原始赋存状态时，煤中平衡瓦斯压力称为煤层原始瓦斯压力；当煤层受采动影响涌出一部分瓦斯后，煤层中残留瓦斯压力称为煤层残存瓦斯压力。

煤层瓦斯压力测定方法可分为两种，即直接测定法和间接测定法。间接测定法是根据煤层瓦斯流动规律、煤层透气系数、瓦斯解吸规律、煤层瓦斯含量系数曲线，以及在测压地点附近测定的煤层瓦斯涌出量或统计采掘中的涌出量等参数，进行计算推测出需要测定地点的瓦斯压力。目前，国内外主要采用直接测定法获取煤层瓦斯压力参数。下面介绍直接测定法。

一、测定原理和方法

（一）原理

通过钻孔揭露煤层，安设测定仪表并密封钻孔，利用煤层中瓦斯的自然渗透原理测定在钻孔揭露处达到平衡的瓦斯压力。

（二）方法

按测压方式分为主动测压法和被动测压法。

1. 主动测压法

钻孔封完孔后，通过钻孔向被测煤层充入补偿气体达到瓦斯压力平衡而测定煤层瓦斯压力的测压方法称为主动测压法。补偿气体可选用高压氮气（N_2）、高压二氧化碳气体（CO_2）或其他惰性气体。补偿气体的充气压力应略高于预计煤层瓦斯压力。

2. 被动测压法

钻孔封完孔后，通过被测煤层瓦斯的自然渗透，达到瓦斯压力平衡而测定其瓦斯压力的测压方法称为被动测压法。

二、瓦斯压力测定工艺

（一）测定地点的选择原则

根据《防突细则》要求，测定煤层瓦斯压力测试点在不同地质单元内根据其范围、地质复杂程度等实际情况和条件分别布置；同一地质单元内沿煤层走向布置测试点不少于 2 个，沿倾向不少于 3 个，并确保在预测范围内埋深最大及标高最低的部位有测试点；钻孔距离应在其相互影响范围外，其见煤点的距离除石门测压外应不小于 20 m；测定地点应选择在石门或岩巷中；测压见煤点应避开地质构造裂隙带、巷道、采动及抽采等的影响范围；选择瓦斯压力测定地点应保证有足够的封孔长度；瓦斯压力测定地点宜选择在进风系统，行人少且便于安设保护栅栏的地方。

（二）封孔方式及测定方法的选择

（1）测压处岩石坚硬、少裂隙，可采用黄泥、水泥封孔测压法。

（2）在松软岩层及煤巷中测定煤层的瓦斯压力时，钻孔长度≤15 m时应采用胶囊-密封黏液封孔测压法，钻孔长度＞15 m时应采用注浆封孔测压法。

（3）竖井揭煤可采用注浆封孔测压法。

（4）测定邻近煤层的瓦斯压力或煤层群分层测压应采用注浆封孔测压法。

（5）测压时间充足时，宜采用被动测压法；测压时间较短时，应采用主动测压法。

（三）钻孔施工要求

（1）钻孔的开孔位置应选在岩石（煤壁）完整的位置。

（2）钻孔施工应保证钻孔平直、孔形完整，穿层测压钻孔宜穿煤层全厚。

（3）钻孔施工好后，应立即清洗钻孔，保证钻孔畅通。

（4）在钻孔施工中应准确记录钻孔方位、倾角、长度、钻孔开始见煤长度、钻孔在煤层中长度，以及钻孔开钻时间、见煤时间、钻毕时间。

（四）封孔

测压结果的准确与否取决于封孔效果的好坏，不同地质条件及钻孔质量对封孔方法和材质要求不同，各单位根据自己的实际情况选择适合自己的封孔方法和材质。测压的封孔方法有填料法和封孔器法或者两者组合封孔。

（1）钻孔施工完后应在 24 h 内完成封孔工作。

（2）封孔前准备及检查。封孔前按选用的封孔方法准备好封孔材料、仪表、工具等；检查测压管是否通畅及其与压力表连接的气密性；钻孔为下向孔时应将钻孔水排除。

（3）不同材质其封孔长度及适用条件。

封孔长度应超过钻孔施工地点巷道的影响范围，并满足以下要求：

黄泥(水泥)封孔测压法的封孔长度应不小于 5 m;胶囊-密封黏液封孔测压法测定本煤层瓦斯压力的封孔长度应不小于 10 m;注浆封孔测压法的封孔长度不小于 12 m,煤层群分层测压时则应封堵至被测煤层在钻孔侧的顶板或底板;应尽可能加长测压钻孔的封孔长度;本煤层测压孔封孔应保证其测压气室长不小于 1.5 m,穿层测压孔的封孔不宜超过被测煤层在钻孔侧的顶板或底板。

(五) 瓦斯压力观测

(1) 观测次数。主动测压法应每天观测一次,被动测压法应至少 3 天观测一次。在观测中发现瓦斯压力值变化较大,则应增加观测次数。

(2) 观测时间。采用主动测压法时,当煤层的瓦斯压力小于 4 MPa 时观测时间需 5～10 天;当煤层的瓦斯压力大于 4 Pa 时,则观测时间需 20～40 天。

采用被动测压法时,则视煤层的瓦斯压力及透气性大小的不同,需 30 d 以上。

(六) 瓦斯压力的确定

(1) 将观测结果绘制在以时间 t(d)为横坐标、瓦斯压力 p(MPa)为纵坐标的坐标图上,当测压时间达到以上规定,若压力变化小于 0.005 MPa/d,测压工作即可结束;否则,应延长测压时间。

(2) 对于上向测压钻孔,在结束测压工作、撤卸表头时(撤表头时应制订相应的安全措施),应测量从钻孔中放出的水量,根据钻孔参数、封孔参数计算出钻孔水的静水压力,并从测定压力中扣除。

(3) 对水平及下向测压孔则以测定值作为瓦斯压力值。

(4) 同一地点以最高瓦斯压力作为测定结果。

实践表明,封孔测压技术不能保证每次测压都能成功。这不仅与封孔测压工艺条件有关(如孔未清除干净、填料未填紧密、水泥凝固产生收缩裂隙、接头漏气等),还主要取决于测压地点岩体(或煤体)的破裂状况。当岩体本身完整性破坏时,煤层中瓦斯会经破坏岩体产生流动,这时测到的瓦斯压力实际上是瓦斯流经岩柱的流动阻力。因此,应尽可能选择在致密岩石地点测压，并适当增大封孔段长度，才可能测出煤层的原始瓦斯压力。

第四节　煤层瓦斯含量测定

煤层瓦斯含量是煤层瓦斯主要参数之一，是矿井进行瓦斯涌出量预测和煤与瓦斯突出预测的重要基础参数。

煤层未受采动影响时的瓦斯含量称为煤层原始（或天然）瓦斯含量。如煤层受采动影响，已部分排放了瓦斯，则煤层中剩余的瓦斯含量称为残余瓦斯含量。

一、测定方法分类

煤层瓦斯含量测定方法根据其应用范围分为地质勘探钻孔中应用的方法和煤矿井下应用的方法两大类；根据方法本身的特点，又可分为直接法和间接法。

直接法较简单，应用该方法时，直接从煤体内采取煤样，在井下现场解吸，然后将煤样送到实验室，用真空泵抽取瓦斯，并分析其瓦斯成分，然后进行煤质工业分析，计算确定煤层瓦斯含量。该法的优点是瓦斯含量是直接测定的，避免了间接法测定许多参数时的测定误差；缺点是在试样采取过程中难免有部分瓦斯逸散，需要用数学模型推算其瓦斯损失量。

间接法比较复杂，它是先在井下实测或根据赋存规律推算煤层瓦斯压力，并在实验室测定煤的孔隙率、吸附等温线和煤的工业分析，然后再计算煤层瓦斯含量。该法的优点是煤样无须密封，采样方法简单，且如果已知煤层各个不同区域的瓦斯压力，则可根据吸附等温线推算各个不同区域的煤层瓦斯含量；该法的缺点是需要在井下实测煤层瓦斯压力。

煤矿一般用直接测定法来确定煤层的瓦斯含量。

二、直接测定法基本原理和所用器具

（一）基本原理

在钻进预定位置采集煤样，装入特制密封罐并进行气体成分分析和解吸瓦斯规律测定，通过精确估计装入密封罐前各时段瓦斯损失量，通过瓦斯解吸速度测定仪（简称解吸仪）测定瓦斯解吸量，通过加热真空脱气和粉碎后脱气确定的瓦斯量，计算出各段瓦斯含量，取和之后即得总的瓦斯含量。

解吸法直接测定煤层瓦斯含量的关键在于精确估计煤样从钻孔采集起至装入密封罐前这段时间内的瓦斯损失量。煤样在装罐前瓦斯损失量取决于煤样在孔内及空气中的暴露时间、孔内及空气介质状态、煤的物理机械性质及该煤层的瓦斯含量。井下解吸法不适用于严重漏水钻孔、瓦斯喷出钻孔及岩芯钻孔瓦斯含量测定。实验证明，通过从钻孔中采取煤样进行瓦斯解吸量的测定，得出瓦斯损失量 V 与煤样暴露时间 t 的平方根成正比关系。

当解吸时间在 10 h 内，正比关系仍然存在。

当煤样装入密封罐后，用专用的解吸仪测定煤样瓦斯解吸量随时间的变化。当测定进行 2 h 后，对煤样进行脱气与气样分析。

（二）测定用的仪器和器具

（1）密封罐：容积以能装约 400 g 煤样为宜，在 1 500 kPa 下能保持气密性，易装卸，见图 7-1(a)。

（2）煤样瓦斯解吸仪见图 7-1(b)：量管容积为 800 mL，最小分度值为 2 mL。

（3）空盒气压计。

（4）秒表。

（5）温度计：测量范围为 0～50 ℃，最小分度值为 1 ℃。

（6）穿刺针头或阀门。

（7）煤样脱气设备：有真空脱气装置、球磨机、托盘天平、恒温器、真空泵、干燥塔等。

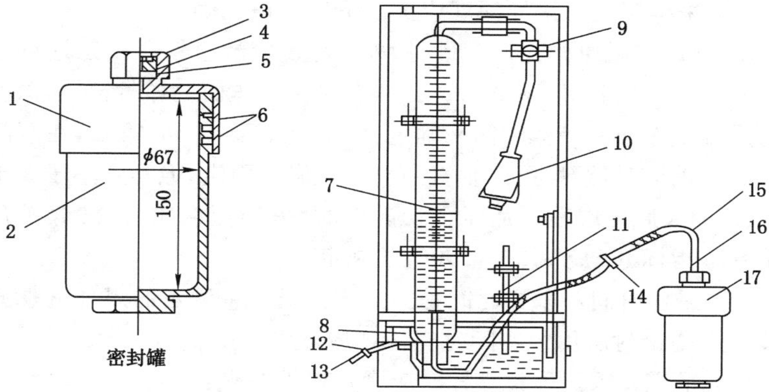

1—罐盖；2—罐体；3—压紧螺丝；4—压垫；5—密封垫；6—“O”形密封圈；7—量管；8—水槽；9—螺旋夹；10—吸气球；11—温度计；12，14—弹簧夹；13—排水管；15—排气管；16—穿刺针头；17—密封罐。

图 7-1　煤样瓦斯解吸仪

三、采制煤样

（一）采取煤样前的准备工作

（1）煤样罐使用前的气密性检测。可通过向煤样罐注空气至表压在 1.5 MPa 以上，关闭后搁置 12 h，压力不降方可使用。不应在丝扣及胶垫上涂润滑油。

（2）解吸仪使用前，应用吸气球提升量管内的水面至零点，关闭螺旋夹放置 10 min 后，量管内的水面不下降为合格。

（二）煤样的采取

（1）采样钻孔布置。同一地点至少应布置 2 个取样钻孔，钻孔间距不小于 5 m。

（2）采样方式。在岩石或石门巷道打穿层钻孔采取煤样，在新暴露的煤巷中首选煤芯采取器（简称煤芯管）或其他定点取样装置定点采取煤样。

(3) 采样深度。采样深度应按以下两种情况确定：

① 测定煤层原始瓦斯含量时，采样深度应超过钻孔施工地点巷道的影响范围，并满足以下要求：第一，在采掘工作面取样时，采样深度应根据采掘工作面的暴露时间来确定，但不应小于 12 m；第二，在石门或岩石巷道采样时，距煤层的垂直距离应视岩性而定，但不应小于 5 m。

② 抽采后煤层残余瓦斯含量测定时，采样深度应符合《煤矿瓦斯抽采基本指标》(AQ 1026—2006)的规定。

(4) 采样时间。采样时间是指用于瓦斯含量测定的煤样从暴露到被装入煤罐密封所用的实际时间，不应超过 5 min。

(5) 采样要求。采集煤样时应满足以下要求：

① 对于柱状煤芯，采取中间不含矸石的完整部分；

② 对于粉状及块状煤芯，要剔除矸石及研磨烧焦部分；

③ 不应用水清洗煤样，保持自然状态装入密封罐中，不可压实，罐口保留约 10 mm 空隙。

【复习思考题】

1. 瓦斯地质资料包括哪些内容？
2. 发生突出事故后应该收集哪些资料？
3. 现场防突施工图板应该填写哪些内容？
4. 煤柱台账的主要作用是什么？
5. 抽采设备管理台账包括哪些内容？
6. 突出台账内容有哪些？
7. 煤与瓦斯突出记录卡片应该填写哪些内容？
8. 工作面预测通知单与检验通知单的作用是什么？
9. 打钻过程中有哪些异常情况应该记录？
10. 采取煤样前应该准备哪些工作？

第八章　防突新技术、新装备

第一节　防突新技术

一、水力扰动抽采瓦斯技术

（一）技术简介

煤矿井下水力扰动抽采瓦斯技术是指以瓦斯抽采地质为基础、抽采钻孔为通道、高压水为载体、煤层及其顶底板围岩为改造对象、卸压和增透为手段，以高效抽采煤层瓦斯为目的的一套区域瓦斯治理技术。

水力扰动抽采瓦斯技术体系是以"精细地质设计优化、钻压冲修扰动强化、封联抽排工艺细化、瓦斯抽采评价量化"为主线形成的成套理论、技术及装备。其核心技术及装备包含瓦斯抽采地质保障技术、单一低透煤层煤与瓦斯共采设计、钻冲一体化抽采技术及装备、冲/压一体化抽采技术及装备、瓦斯抽采孔修复增透技术及装备、定长定位封孔技术等10项。

（二）技术优势与特点

(1) 精细地质设计优化。重点分析与评价为瓦斯抽采工程服务的抽采地质条件，在精细地质分析基础上，结合井下巷道部署，优化以煤与瓦斯高效共采为目的瓦斯抽采设计，做到地质条件明晰，抽采设计方案适宜。

(2) 钻冲压修扰动强化。重点研究抽采钻孔的定向钻进、钻孔轨迹随钻检测和以高压水为载体、钻孔为通道的煤岩体卸压增透等技术，强化抽采煤层瓦斯，做到抽采钻孔可靠，卸压增透手段综合高效。

(3) 封联抽排工艺细化。重点开展抽采钻孔的定长定位带压封孔、高质量标准化联孔和合理抽采制度研究等工作，细化井下瓦斯抽采各工艺环节。

(4) 瓦斯抽采评价量化。重点开展自地质到抽采的全过程各工艺技术环节评价和瓦斯利用工作，尤其是抽采地质条件、煤岩体卸压增透效果和抽采效果评价等工作，量化评价井下瓦斯抽采各工艺技术环节效果。

二、气驱法瓦斯抽采技术

(一) 气驱增透理论

20 世纪末，美国圣胡安盆地将 CO_2 注入煤层以提高煤层气采收率(CO_2-ECBM)的试验取得成功，试验证明，通过向煤层压注一定数量的 CO_2 或 N_2，可延长气井的寿命，与储层压力衰竭法相比，气井的煤层气采收率提高了 15%～20%。我国在"十五"科技攻关中已率先在沁南盆地开展了 CO_2-ECBM 技术的基础性研究和微型先导性试验，近年来该技术已得到广泛应用，其理论和应用技术已日趋成熟。

煤层注气后，注气端的压力迅速上升，气流将游离 CH_4 不断地携带出来，打破了原来的吸附平衡状态，不断有 CH_4 解吸，达到促排煤层 CH_4 的目的。同时，煤层注气后，在气体渗流化扩散的过程中，气体压力对渗流裂隙起到一定的膨胀支撑作用，缓解煤层收缩，维持渗流通道，增加煤层透气性。

另外，煤对气体的吸附能力之中 CO_2 最强，N_2 最弱，朗缪尔吸附理论认为，固体表面存在着能够吸附气体分子的吸附位，吸附平衡时吸附速度与解吸速度相等。注入另一种气体，这种气体就会和原来的 CH_4 分子产生竞争吸附。然而 N_2 的注入，增加了煤体内部气体的总压力，在煤层中 CH_4 总量不增加的情况下，N_2 的注入导致 CH_4 的分压力下降，促使 CH_4 从煤中解吸出来。即使 CH_4 的分压力不变，其他气体的注入也会导致 CH_4 吸附量减小而解吸。从宏观上来讲，也可以

理解为 N_2 置换了煤中的 CH_4。

（二）气驱增透技术（增透半径描述参照焦煤赵固二矿）

井下煤层注气驱替的目的是有效地减少瓦斯，促进安全生产。考虑煤层注气驱替/置换 CH_4 的过程中，注入气体对 CH_4 的“携载”“驱替”作用占主导地位，而气体之间的“竞争吸附”“置换吸附”起次要作用，且对于突出煤层而言，煤层气压力要求控制在 0.74 MPa 之内才能消除突出危险性。因此，井下煤层注气压力不宜过大，长时间注气压力不应超过 0.74 MPa。

就煤层注气增加 CH_4 产气率或促排煤层瓦斯而言，CO_2 是一种十分理想的注气气源，因为 CO_2 注入煤层后，不仅可以大量地置换吸附状态的 CH_4，增加 CH_4 的采出率，还能将 CO_2 这一温室气体埋藏在地层中，避免其对大气的污染。但是吸附大量 CO_2 的煤层具有更强的突出危险性，多余的 CO_2 气体进入抽采管路会严重影响煤层瓦斯的燃烧利用效果，煤层压注 CO_2 时，井下气源的运输或制取均存在较大的困难，因此，从注气气源的获取考虑，井下煤层注气促排/促抽瓦斯的工程技术应考虑 N_2（或空气，N_2 含量为 79.8%）比较合适。

赵固二矿在 11060 工作面实施了定向穿层长钻孔预抽煤层瓦斯的区域防突措施，65 m 煤巷条带范围施工 4 个主孔，13 个分支钻孔，钻孔间距为 5 m，采用气驱法进行瓦斯抽采增效试验，连续观测说明，通过气驱钻孔抽采纯量提高了 20%～30%，增透效果较好。

三、深孔定点密闭取样技术

目前，国内外很多科研机构、大专院校以及大型煤炭企业纷纷开展了深孔定点取样装置的研究与开发，但是绝大多数研发成果停留在 100 m 左右深度的钻孔取样，取样方式为普通螺旋钻进方式。针对中硬煤层采用千米钻机螺杆马达钻进超深钻孔定点取样装置，目前西安研究院设计生产的取芯装置还在进一步完善过程中，美国泰格钻探工程公司用孔底马达定点定向取芯，深度大于 1 000 m，取芯长度为 1.0～1.5 m；北京中澳公司的取芯装置也能达到 500 m 以上，但该类装置只是取芯而不是密闭取样，煤样长时间暴露，瓦斯损失量较大。合理有效的深孔定点取样技术成为制约千米钻机大规模区域瓦斯治理措施在河南省推广应用的瓶颈。

(一) 煤层瓦斯含量测定方法及原理

煤层瓦斯含量的测定目前都是采用在煤层打钻孔采集煤芯，测定和补偿计算打钻取芯时的瓦斯损失量 Q_1，加上装入煤样罐后，从罐中抽出的瓦斯量 Q_2，再加上在罐中球磨破碎后抽出的瓦斯量 Q_3。则煤层瓦斯含量 $W=(Q_1+Q_2+Q_3)/G$。这种测定方法的 Q_2 和 Q_3 都是可靠的，因为这是在煤芯采集器封闭条件下，在实验室中测定的，瓦斯损失量可控。问题在于占到总量约一半的 Q_1，很难测算准确，瓦斯的损失受煤层瓦斯特性和人为打钻取芯的操作过程影响，难于正确补偿计算。

如何减少取芯过程的瓦斯损失，尤其是降低或避免长钻孔定点取芯结束至装罐解吸过程，煤样长时间暴露而持续逸散的瓦斯损失，是进行煤层瓦斯含量测定装备设计的关键。因此，深孔定点密闭取样装置的研制，一方面通过装置前端的球阀密封，将煤芯密闭在取芯装置内避免瓦斯逸散，另一方面在装置后端增设解吸嘴，实现煤样在取芯装置内直接进行井下解吸，最大限度避免了瓦斯损失。

(二) 定点密闭取芯装置结构设计

1. 基本结构

按照以上技术思路，设计的定点密闭取芯装置主要由取芯钻头、薄壁钻头(取芯)、取芯外套、取芯中筒、取芯内筒、球阀开关、截断阀、止回阀等结构件组成。其中，取样装置整体长度为 760 mm，取样钻头直径为 100 mm，薄壁钻头内径为 22 mm，取样外筒直径为 85 mm，取样内筒容积为 475 mL。取芯装置结构示意图如图 8-1 所示。

该装置采用内、中、外三筒结构，解体性好，便于拆卸和维护，与各种钻机、钻具、泥浆泵、瓦斯解吸仪等设备的配套和衔接十分方便，取芯过程操作简单，可准确、完整、快速地提取高质量煤芯样品。同时能够在孔底通过取芯内筒前端球阀旋转割断煤芯，保证取芯后煤芯及时完全封闭在取芯内筒中，并实现解吸仪与取样装置直接相连完成井下解

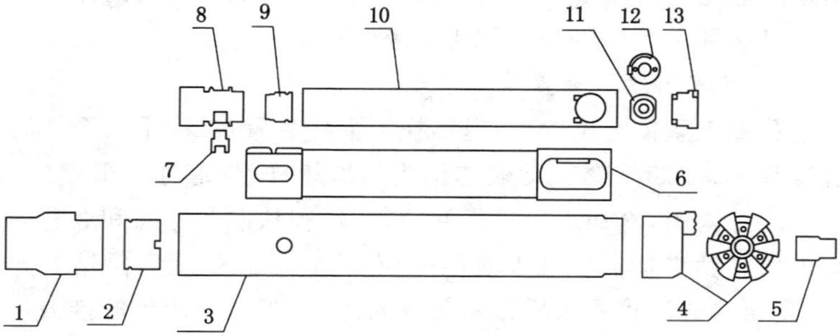

1—止回阀；2—截断阀；3—取芯外筒；4—取芯钻头；5—薄壁钻头；6—取芯中筒；7—固定螺母；8—取芯内筒底座；9—取芯内筒下密封；10—取芯内筒；11—球阀；12—球阀开关；13—取芯内筒上密封。

图 8-1　取芯装置结构示意图

吸，最大限度避免瓦斯逸散损失。

取芯外筒：前端与取芯钻头连接，末端通过逆止阀与钻杆连接，通过固定螺母与取芯内筒连为一体。取芯外筒一方面保护内置的取芯结构，另一方面连接钻杆并传递扭矩，带动钻头取芯钻进。

取芯中筒：前端开圆弧齿槽，后端开椭圆槽，宽度允许固定螺母穿过，长度为一个球阀关闭行程，并留设 6 个截断销槽，通过截断销与取芯内筒底座保持位置相对固定。取芯中筒前端卡位固定球阀开关，在截断阀推动作用下传递推力，剪断截断销，带动球阀开关旋转，实现球阀开启、闭合。同时取芯中筒与取芯外筒之间的间隙作为过水通道，供水满足冷却钻头、排渣需要。

截断阀：外径、厚度与取芯中筒一致，中间开带螺纹的过水孔，通过增减螺母调节过水断面。截断阀可以在取芯外筒内先后滑动，在高压水流冲击下产生推力，推动取样中筒前移。

取芯内筒：主要由内筒、底座、上密封、球阀等组成。在取芯过程中，取芯内筒主要作用是收集煤芯，取芯结束后，将煤芯密闭在筒内。取芯内筒底座安装有解吸气嘴，煤样无须装罐即可与解吸仪直接相连完成井下解吸，这样在很大程度上降低了瓦斯气体损失。前端球阀通过高强度尼龙垫挤压密封，具有剪切煤芯、密闭取芯内筒的作用。其密封压力可达到 1.5 MPa，持续 24 h 密封密闭。

2. 定点密闭取芯装置操作原理

钻孔施工至预定位置后，退钻换装取样装置，二次下钻至孔底。在取芯过程中，取芯外套带动取芯钻头钻取煤样，煤芯通过薄壁钻头、球阀进入取芯内筒，冷却水通过止回阀、切断阀从取芯外筒和取芯内筒间隙进入取芯钻头且不会进入取芯内筒，达到取芯长度后停钻。开通高压水，高压水通过止回阀后作用在截断阀上，当水压产生的推力足够大切断截断销后，截断阀及取芯中筒前移，前移带动球阀齿轮旋转从而关闭球阀，截断取芯煤柱，将煤样及瓦斯气体封存在取芯内筒中。取芯结束后，提钻至孔口卸下密闭取芯装置，连接井下解吸仪，即可现场解吸。

在煤层中直接钻进取芯，实现了深孔煤样定点采集及密闭，同时避免了煤样暴露期间瓦斯气体的逸散，最大限度地减少了直接测定瓦斯含量的煤芯暴露时间，增加了煤层瓦斯含量值且提高了瓦斯含量的精度。

3. 定点密闭取芯施工步骤

取芯装置施工由 3 步组成。

(1) 非取芯钻进

按步骤完成取样装置组装，保证球阀开关卡放到位，取样中筒移动顺畅，取样内筒上密封压实。在钻前准备完毕后，架设钻机并安装钻头对煤层进行非取芯钻进，钻进过程给进均匀，避免大的角度调整，保证钻孔成孔完整。达到设计孔深后停钻并快速退出钻具，退钻过程要充分冲洗钻孔，减少孔内残留煤渣。

(2) 密闭取芯

换装密闭取芯装置时应迅速送至孔底，并进行取芯钻进，取芯过程为水力排渣，达到取芯长度后停止钻进。通过乳化液泵调高供水压力，驱动取芯中筒关闭球阀，然后提钻至孔口，完成密闭取芯。在此过程中，详细记录换装密闭取芯装置时间、取芯钻进时间和取芯装置密闭时间。

(3) 井下直接解吸

提钻至孔口，检测取芯内筒气密性并进行井下解吸瓦斯量测定，详细记录各阶段用时及测定参数等。

（三）密闭取芯装置关键技术测定

1．取芯装置内压力测定

针对定点密闭取样装置结构特点，分别加工相应测试管路（带压力表），考察了取样前、后装置的密闭效果。即取样装置组装完成后，在不安装剪钉的状态下关闭密封球阀，连接测试管路，将井下压风（压力为0.6 MPa左右）直接通过解吸气嘴向取芯装置内注气，待压力稳定后进行密闭观测：将装置前端（球阀端）浸没在水中，观察是否有漏气现象、压力表是否下降。

取芯钻进结束后，配合BMW400/31.5型乳化液泵提供高压水（压力大于10 MPa）关闭球阀，并提钻至孔口。进行取样后气密性检测：一是卸下取芯钻头观测球阀是否完全关闭；二是卸下取芯装置并将其浸没在测试水槽中，观测是否有气泡冒出；三是井下解吸前，连接测试管路对装置内气体进行压力测定。取样结束后，密闭于装置内的煤样由于瓦斯解吸将产生一定压力（另取样装置高压水密闭过程也可能产生高压水汽），需要在井下解吸前对装置内压力进行测定，同时也是对取样后装置气密性的二次验证。

为了不影响下一步井下解吸气体体积计量，在解吸管路上增加压力测试仪器及控制阀门。该测试管路由针头、耐压胶管、精密压力表（量程为0～6 MPa，最小刻度为0.025 MPa）、控制阀门组成。测试管路已在实验室进行气密性测试，0.5 MPa稳压20 min。

测压过程：首先关闭阀门，将针头插入取样座上的螺纹堵头（橡胶材质），观测压力表变化，待压力表稳定后记录数值。因整个测压管路内空间很小（约4 mL），较取样内筒空间可忽略不计，故认为压力表稳定时数值即为取样装置内压力值。

2．取芯装置解吸气体体积测定

取芯装置内解吸气体体积V测定分为三部分：取样装置直接解吸气体体积V_1，将煤样换装到小煤样罐过程中逸散的气体体积V_2，换装到小煤样罐中再次解吸气体体积 V_3。

$$V = V_1 + V_2 + V_3$$

(1) 取样装置直接解吸气体体积 V_1

取样装置直接解吸气体体积 V_1 采用解吸仪测定。取样装置通过排气管与解吸仪连接测压结束后，打开控制阀门，随即有从煤样泄出的瓦斯进入量管，用排水集气法将瓦斯收集在量管内。每间隔一定时间记录量管读数 V_{t_1} 及测定时间 T_1，连续观测直至不再有气泡冒出时解吸完毕，并继续观测 10 min。开始观测前 30 min 内，间隔 1 min，以后每隔 2～5 min 读数一次；将观测结果填写在记录纸上，同时记录气温、水温及大气压力。

该阶段测试得到的气体总体积记作 V_1。

(2) 将煤样换装到小煤样罐过程中逸散的气体体积 V_2

因为取样装置体积、质量较大，不能直接送至实验室进行化验分析，固煤样经取样装置直接解吸后，需要换装到小煤样罐中。在换装过程中，气体直接暴露在空气中，解吸环境发生变化，煤样可能进一步解吸。该过程解吸气体逸散到空气当中，无法直接测量，只能通过换装小煤样罐后的煤样解吸规律进行反推。因此，换装过程需准确记录时间，若换装小煤样罐后进行自然解吸有气体量，则通过自然解吸规律并反推气体体积 V_2；若换装小煤样罐后进行自然解吸无气体量，则认为换装过程没有气体逸散，即 V_2 为 0。

(3) 换装到小煤样罐中再次解吸气体体积 V_3

换装小煤样罐后进行自然解吸，每间隔一定时间记录量管读数 V_{t_2} 及测定时间 T_2，连续观测直至不再有气泡冒出时解吸完毕。开始观测前 30 min 内，间隔 1 min，以后每隔 2～5 min 读数一次；将观测结果填写在记录纸上，同时记录气温、水温及大气压力。

该阶段测试得到的气体总体积记作 V_3。

3. 密闭取芯钻进工艺

(1) 取芯钻头

合适的取芯器配用钻头是提高煤芯采取质量的关键因素之一。受密闭球阀内径尺寸限制，取芯钻头内径必须小于 24 mm。为了使钻具回转稳定，钻进效率高，有利于煤芯的采取，取芯钻头设计为小尺寸取芯薄壁钻头＋大尺寸钻进钻头二阶梯式。取芯薄壁钻头主体材料选用硬质合金，钻头端面为垂直镶嵌金刚石。金刚石钻头耐磨性强，钻头内径不易磨损，能保证取芯的可靠性。同时钻头壁厚仅 5 mm 左右，易于切削煤体，获得棒状煤芯。

大尺寸钻进钻头留设出水孔，能够在钻进过程冷却钻头，同时避免冷却水冲刷煤芯。

（2）取芯钻进工艺

在取样地点进行了浅孔取芯试验，考察不同钻进取芯转速、给进速度等工艺对取芯效果的影响。分别考察了 35～40 r/min、60～70 r/min、90 r/min、100～110 r/min 等转速在给进速度一定（20 cm/min）时，钻进 80 cm 的取芯效果。试验结果表明，不同转速条件下，取芯煤量总量上区别不大，均小于 100 g，取芯煤量受转速影响但不明显，在转速为 100～110 r/min 时取芯煤样完整度最好。

试验发现，浅孔情况下，转速为 110 r/min、给进速度为 10 cm/min（给进压力最小）时取芯效果最好。在钻进 1 m 深度，取芯煤量为 320 g，且大部分为多节棒状（累加长度超过 60 cm，质量约为 240 g），单个棒状最大长度为 6 cm。

经过多次取芯对比试验发现：当转速越高时取芯煤样完整度越好，当转速大于 100 r/min 时能够取到多节棒状煤样；取芯煤样效果受给进速度影响明显，随给进压力增大，给进速度加快，煤样采取率大幅下降。主要原因为给进压力较大时，薄壁钻头快速钻进，粉状煤样黏附在钻头内壁，并逐渐塞满、压实（类似岩芯管取芯钻进），阻碍了煤样采集。最终确定，使用定点密闭取芯装置采取煤样期间，钻杆旋转速度控制在 110 r/min 左右，钻进给进压力控制在最小，钻进速度控制在 10～15 cm/min。

四、可控冲击波增透技术

（一）增透技术原理

以脉冲功率技术为基础，利用水中高压放电的脉冲大电流或金属丝电爆炸，在局部范围内形成能量的快速沉积，产生等离子体，使放电通道剧烈膨胀扩张，从而推动水介质形成冲击波。冲击波对煤体的作用主要包括以下三个方面。

(1) 破裂煤层的作用。在钻孔周围区域，冲击波幅值超过煤层的抗压强度，可直接使煤层破裂，破裂程度与冲击波的幅值和冲量相关。当幅值和冲量足够强大时，冲击波会挤压孔周围的煤层形成空腔，并在空腔外缘区域形成高密度的壳层；当冲击波幅值和冲量减小时，煤层以破碎模式形成破碎区，可致孔壁垮塌，这一区域称为冲击波作用区。在此区域，需控制冲击波的幅值和作用区域，一方面保护煤层结构和钻孔结构，另一方面在钻孔周围煤层中形成裂缝网络，沟通钻孔与更多的煤层。

(2) 撕裂煤层的作用。冲击波破裂部分煤层衰减演化成压缩应力波，其幅值低于煤层抗压强度，但仍高于煤层的抗张、抗剪强度。这一阶段冲击波到达的区域，以剪切、撕裂的模式导致煤层破裂，形成多方向的多条裂隙，这一区域称为应力波作用区。

(3) 高强声波的作用。随着冲击波在煤层中的继续传播，进一步衰减为高强弹性声波，即地震波，其幅值低于煤层抗张、抗剪强度，这一区域为弹性波区域。在这一区域的煤层中，高强声波在不同介质界面上产生剪切力。对长期生产的煤储层可剥离渗流通道表面的附着煤粉，疏通渗流通道。新开采煤层在高强声波强烈扰动下，能够改善毛管力、偶电层的吸附滞留效应，减小表面张力，提高储层的渗流能力，促进吸附气体解吸。

在煤层钻孔中，冲击波以柱面波定向作用于周围煤储层，煤层既是冲击波的作用对象，也是传播冲击波的介质。煤层中的每一个区域，因冲击波作用而改变性质或状态，消耗部分冲击波能量，并传播剩余能量到下一区域。在钻孔周围不同区域，分别以冲击波、压缩波和弹性声波的模式形成冲击裂隙带和冲击解吸带。

(二) 可控冲击波增透装置

为了适应钻孔煤层增透作业，将脉冲功率驱动源设计成棒状，主要由升压变压器、整流硅堆、储能电容器、能量控制器、能量转换器部件组成。初级电源被升压整流后为储能电容器充电蓄能，当蓄能达到能量控制器的设定阈值后，能量控制器迅速接通储能电容器与能量转换器，储存在电容器中的电能通过能量转换器产生冲击波。

第二节　防突新装备

一、大功率定向钻进系列钻机

大功率定向钻进系列钻机是煤炭科学研究总院西安研究院近年来研制的专供煤矿瓦斯抽采打钻使用的系列新装备，在全国各地煤矿得到了普遍推广应用，取得了良好的瓦斯治理效果。

（一）ZDY12000LD型全液压坑道定向钻机

ZDY12000LD型全液压坑道定向钻机是为了满足煤矿井下本煤层超深定向钻孔及大直径顶底板定向长钻孔施工需要而研制的新产品。其相关参数见表8-1，实物图如图8-2所示。

表8-1　ZDY12000LD型全液压坑道定向钻机相关参数

名称	参数
额定转矩/(N·m)	12 000～3 000
额定转速/(r/min)	50～150
额定压力/MPa	28
最大给进/起拔力/kN	250
配套钻杆直径/mm	73/89
整机质量/kg	9 000
运输状态外形尺寸/mm	4 200×1 600×1 900
运输状态外形尺寸/mm	3 250×1 300×1 760

（二）ZDY15000LD型全液压坑道定向钻机

ZDY15000LD型全液压坑道定向钻机是为了满足煤矿井下本煤

图 8-2 ZDY12000LD 型全液压坑道定向钻机实物图

层超深定向钻孔及大直径顶底板定向长钻孔施工需要而研制的最新产品。相关参数见表 8-2,实物图如图 8-3 所示。

表 8-2 ZDY15000LD 型全液压坑道定向钻机相关参数

名称	参数
额定转矩/(N·m)	15 000～3 500
额定转速/(r/min)	40～135
额定压力/MPa	28
最大给进/起拔力/kN	300
配套钻杆直径/mm	89
整机质量/kg	1 200
外形尺寸/mm	4 200×1 600×1 900

(三) ZDY20000LD 型全液压大功率定向钻机

ZDY20000LD 型全液压大功率定向钻机是基于模块化、系列化和同平台开发的系列大功率定向钻机,解决系列大功率定向钻机功能模块共享和配件通用需要的最新产品。额定给进力为 300 kN,最大给进力为 350 kN,满足超长距离定向钻进高效给进需要,兼顾卡埋钻时强力起拔钻具需要,为"以孔代巷"施工提供装备保障。大开口复合式夹持器的最大开口距离为 20 cm,满足方便下放套管要求。配套液压吊

图 8-3　ZDY15000LD 型全液压坑道定向钻机实物图

装装置用于解决现场大直径与大重量的钻具起吊、加装难题，工人劳动强度低。ZDY20000LD 型全液压大功率定向钻机相关参数如表 8-3 所示，其实物图如图 8-4 所示。

表 8-3　ZDY20000LD 型全液压大功率定向钻机相关参数

技术参数	数值
额定转矩/(N·m)	20 000～4 300
额定转速/(r/min)	30～130
给进/起拔力/kN	300
最大给进/起拔力/kN	350
主轴通孔直径/mm	135
电机功率/kW	132
外形尺寸/mm	4 200×1 600×1 900
主轴倾角/(°)	－10～＋20
操作方式	手动
配套钻杆长度/mm	3 000

（四）ZDY25000LD 全液压大功率定向钻机

ZDY25000LD 全液压大功率定向钻机配套 ϕ127 mm 钻杆实现 ϕ200 mm 以上大直径顶板高位定向钻孔施工，用于井下救援、通风、电

图 8-4　ZDY20000LD 型全液压大功率定向钻机实物图

缆孔等各类大直径钻孔，以及本煤层横贯工作面大直径钻孔施工，为“以孔代巷”施工提供装备保障。ZDY25000LD 全液压大功率定向钻机相关参数如表 8-4 所示，其实物图如图 8-5 所示。

表 8-4　ZDY25000LD 全液压大功率定向钻机相关参数

技术参数	数值
额定转矩/(N·m)	25 000～4 500
额定转速/(r/min)	25～110
给进/起拔力/kN	300
最大给进/起拔力/kN	350
主轴通孔直径/mm	135
电机功率/kW	160
外形尺寸/mm	4 200×1 600×1 900
主轴倾角/(°)	0～+20
操作方式	手动
配套钻杆长度/mm	3 000

图 8-5　ZDY25000LD 全液压大功率定向钻机实物图

二、ZDY7350LQY 煤矿用履带式全液压坑道钻机

ZDY7350LQY 煤矿用履带式全液压坑道钻机是铁福来装备制造集团股份有限公司研制的多功能打钻新装备，主要用于煤矿井下钻进瓦斯抽(排)放孔、注水灭火孔、煤层注水孔、放顶卸压孔、探放水孔、地质勘探孔及其他工程孔，适用于岩石硬度系数 $f\leqslant 10$ 的各种煤层岩层。钻机独立行走，原地转弯，要求巷道高度大于 3.1 m，宽度大于 3.0 m。ZDY7350LQY 煤矿用履带式全液压坑道钻机基本性能参数如表 8-5 所示，其结构示意图如图 8-6 所示。

表 8-5　ZDY7350LQY 煤矿用履带式全液压坑道钻机基本性能参数

基本性能参数		参数
整机	外形尺寸(长×宽×高)/mm	6 100×1 200×2 400
	工作状态稳车方式	液压缸垂直支撑方式
	质量/kg	10 000
动力系统	类型特征	液压回转
	额定转矩/(N·m)	1 700～7 350
	额定转速/(r/min)	60～200
	钻孔直径/mm	94/113/133
	钻杆长度/mm	850

表 8-5(续)

基本性能参数			参数
导轨机构	类型特征		液压缸推进
	推进行程/mm		1 200
	推进力/kN		120
	起拔力/kN		180
	导轨垂直摆角/(°)		±180
行走机构	行走方式		液压驱动履带式
	驱动机构类型		液压马达驱动
	爬坡能力/(°)		20
	制动方式		液压制动+机械制动
动力系统	行走方式		液压驱动履带式
	电动机	型号	YBK3-280S-4
		额定功率/kW	75
		额定电压/V	660/1 140
		额定电流/A	79.5/45.9
		额定转速/(r/min)	1 480
	油泵	类型	柱塞泵
		排量/(mL/r)	130
		额定压力/MPa	30
	油箱	容量/L	320

三、ZYWL-Y 系列煤矿用双履带式全自动钻机

煤矿用全自动系列钻机是中煤科工集团重庆研究院有限公司研制的新型高科技产品，具有自动化程度高、操作简单、下井人数少、劳动强

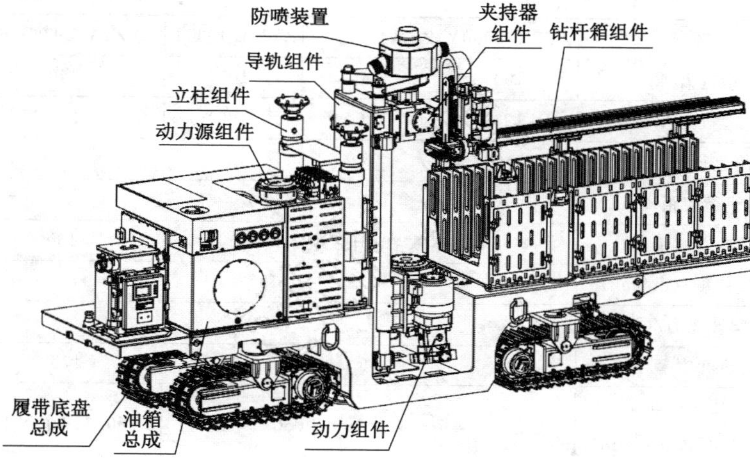

图 8-6　ZDY7350LQY 煤矿用履带式全液压坑道钻机结构示意图

度低、安全系数高等优点。ZYWL-Y 系列煤矿用履带式全自动钻机可用于施工瓦斯抽采孔、注浆灭火孔、煤层注水孔、防突卸压孔、地质勘探孔及其他工程孔,尤其适用于高危环境下的钻孔施工。ZYWL-Y 系列煤矿用履带式全自动钻机基本性能参数如表 8-6 所示,其实物图如图 8-7 所示。

表 8-6　ZYWL-Y 系列煤矿用履带式全自动钻机基本性能参数

项目	ZYWL-2000Y	ZYWL-3200Y	ZYWL-4000Y	ZYWL-6000Y
最大理论钻孔深度/m	150	320	400	600
终孔直径/mm	94/113			133
钻杆规格/mm	ϕ73×1 000			ϕ89×1000
钻孔倾角/(°)	−40～+90			
钻孔方位角/(°)	−90～+90			
额定输出转速/(r/min)	90～260	70～220	50～240	70～230
额定输出转矩/(N·m)	2 000～540	3 200～800	4 000～1 050	6 000～1 050

表 8-6(续)

项目	ZYWL-2000Y	ZYWL-3200Y	ZYWL-4000Y	ZYWL-6000Y
给进力/kN	100	100	100	140
起拔力/kN	120	120	120	200
给进行程/mm	1 160	1 180		
无线遥控距离/m	≤50			
钻杆箱容量/根	基本款 70;升级款 120			100
行走速度/(m/min)	15			
爬坡能力/(°)	<20			
电动机功率/kW	37	45	55	75
外形尺寸(长×宽×高)/mm	4 750×2 600×2 050			5 350×2 800×2 150
钻机质量/kg	约 8 000	约 8 500	约 9 500	约 11 500

图 8-7　ZYWL-Y 系列煤矿用履带式全自动钻机实物图

【复习思考题】

1. 什么是煤矿井下水力扰动抽采瓦斯技术?

2. 水力扰动抽采瓦斯技术体系包括哪些内容?

3. 气驱增透法的原理是什么? 气驱增透法对气井的煤层气采有什么作用?

4. 定点密闭取芯装置主要由哪些结构件组成?

5. 增透技术原理是什么?

6. 脉冲功率驱动源由哪些部件组成?

第九章　防突各级岗位责任制

第一节　各级人员岗位责任制

岗位责任制是明确规定各种工作岗位的职能及其责任并予严格执行的管理制度。它要求明确各种岗位的工作内容、数量和质量,应承担的责任等,以保证各项业务活动能有秩序地进行。岗位责任制有领导干部岗位责任制、技术人员岗位责任制、管理人员岗位责任制、工人岗位责任制等。《防突细则》第四条规定:煤矿企业主要负责人、矿长是本单位防突工作的第一责任人。有突出矿井的煤矿企业、突出矿井应当设置防突机构,建立健全防突管理制度和各级岗位责任制。做到职责分明,责任落到实处。

一、矿级领导防突管理岗位责任制

(1) 矿长防突管理岗位责任制;
(2) 矿总工程师防突管理岗位责任制;
(3) 安全副矿长防突管理岗位责任制;
(4) 生产副矿长防突管理岗位责任制;
(5) 机电副矿长防突管理岗位责任制;
(6) 防突副矿长防突管理岗位责任制;
(7) 通防副总工程师防突管理岗位责任制;
(8) 地测副总工程师防突管理岗位责任制。

二、各业务科室、科长、副科长、技术员防突管理岗位责任制

(1) 通防科防突管理岗位责任制；
(2) 通防科科长防突管理岗位责任制；
(3) 通防科副科长防突管理岗位责任制；
(4) 通防科技术员防突管理岗位责任制；
(5) 生产技术科防突管理岗位责任制；
(6) 生产技术科科长防突管理岗位责任制；
(7) 生产技术科副科长防突管理岗位责任制；
(8) 生产技术科技术员防突管理岗位责任制；
(9) 机电科防突管理岗位责任制；
(10) 机电科科长防突管理岗位责任制；
(11) 机电科副科长防突管理岗位责任制；
(12) 机电科技术员防突管理岗位责任制；
(13) 地测科防突管理岗位责任制；
(14) 地测科科长防突管理岗位责任制；
(15) 地测科副科长防突管理岗位责任制；
(16) 地测科技术员防突管理岗位责任制；
(17) 安检科防突管理岗位责任制；
(18) 安检科科长防突管理岗位责任制；
(19) 安检科副科长防突管理岗位责任制；
(20) 安检科技术员防突管理岗位责任制；
(21) 调度室防突管理岗位责任制；
(22) 调度室主任防突管理岗位责任制；
(23) 调度室副主任防突管理岗位责任制；
(24) 调度室技术员防突管理岗位责任制。

三、区队级区队长、技术员、班组长防突管理岗位责任制

(1) 综采队队长防突管理岗位责任制；

(2) 综采队技术员防突管理岗位责任制；
(3) 综采队班组长防突管理岗位责任制；
(4) 开拓队队长防突管理岗位责任制；
(5) 开拓队技术员防突管理岗位责任制；
(6) 开拓队班组长防突管理岗位责任制；
(7) 煤巷掘进队队长防突管理岗位责任制；
(8) 煤巷掘进队技术员防突管理岗位责任制；
(9) 煤巷掘进队班组长防突管理岗位责任制；
(10) 机运队队长防突管理岗位责任制；
(11) 机运队技术员防突管理岗位责任制；
(12) 机运队班组长防突管理岗位责任制；
(13) 抽采队队长防突管理岗位责任制；
(14) 抽采队技术员防突管理岗位责任制；
(15) 抽采队班组长防突管理岗位责任制；
(16) 通风队队长防突管理岗位责任制；
(17) 通风队技术员防突管理岗位责任制；
(18) 通风队班组长防突管理岗位责任制。

四、相关岗位工种防突岗位责任制

(1) 通风工防突岗位责任制；
(2) 测风工防突岗位责任制；
(3) 瓦斯检查工防突岗位责任制；
(4) 防突工防突岗位责任制；
(5) 监测值班员防突岗位责任制；
(6) 监测维护工防突岗位责任制；
(7) 抽采泵司机防突岗位责任制；
(8) 抽采泵检修工防突岗位责任制；
(9) 抽采系统维护工防突岗位责任制；
(10) 调度员防突岗位责任制；
(11) 爆破工防突岗位责任制；

（12）瓦斯抽采工防突岗位责任制；

（13）采掘电钳工防突岗位责任制；

（14）安全检查工防突岗位责任制；

（15）开拓掘进工防突岗位责任制；

（16）煤巷掘进工防突岗位责任制；

（17）采煤工防突岗位责任制。

第二节　岗位责任制示例

本节列举了突出矿井部分管理人员、技术人员及岗位工种的防突岗位责任制范例。

一、矿长防突管理岗位责任制

（1）矿长是防治煤与瓦斯突出、瓦斯抽采工作的第一责任人，对全矿的煤与瓦斯突出治理工作全面负责。

（2）负责贯彻上级颁布的有关煤与瓦斯突出治理的技术政策、规范规定等，并认真组织实施。

（3）负责建立健全防治煤与瓦斯突出的组织机构，配齐专业人员。

（4）每月至少进行一次防突专题研究，专门分析研究煤与瓦斯突出治理的工作形势，提出问题，制定整改措施和进度，推进煤与瓦斯突出治理工作，建立防突技术管理制度，避免重大事故发生，检查、部署防突工作，保证防突科研工作的投入，解决瓦斯抽采、防突所需的人力、财力、物力；确保抽、掘、采平衡，确保防突工作和措施的落实。

（5）定期检查分管副矿长煤与瓦斯突出治理工作的执行情况，并落实有关奖惩办法。

（6）审阅瓦斯日报表。

（7）负责每月至少一次组织检查综合防突措施的实施情况，并协调解决存在的问题。

（8）组织矿井防突规划、计划的编制、实施工作。

（9）每年组织一次矿井灾害预防和处理计划的演习和反风演习，

当矿井发生煤与瓦斯突出事故时，启动矿井应急预案，指挥事故的抢救工作。

二、矿总工程师防突管理岗位责任制

(1) 在矿长领导下，负责全矿煤与瓦斯突出治理技术管理工作。

(2) 负责贯彻落实上级下达的煤与瓦斯突出治理方面有关技术政策、规范、规定等，并组织实施。

(3) 负责组织制定本矿煤与瓦斯突出治理方面的(通风、抽采、防突、监控)的规划、计划，审批，督促落实。

(4) 负责把好设计关，在开采设计、技术装备和工程施工设计中，必须满足煤与瓦斯突出治理的要求。

(5) 负责矿井合理生产布局，平衡好“抽、掘、采”关系，搞好煤与瓦斯突出治理，为煤与瓦斯治理创造良好条件，避免采掘接替失调。

(6) 负责矿井防突安全技术措施的审批。

(7) 负责煤与瓦斯突出治理专业人员的配备和技术培训。

(8) 负责组织矿井煤与瓦斯突出治理检查和隐患排查，及时发现、解决和处理现场煤与瓦斯突出治理问题与隐患。

(9) 负责每月组织召开一次煤与瓦斯突出治理工作例会，总结上月工作，布置下月任务。

(10) 负责审签瓦斯日报，对出现的通风、瓦斯、防突、瓦斯异常，要及时组织分析，采取措施，及时处理，并对处理情况进行督促检查。

(11) 负责煤与瓦斯突出治理科研攻关，以及新技术、新设备、新工艺、新材料和先进经验的推广应用工作。

(12) 负责每月至少一次组织检查综合防突措施的实施情况，并协调解决存在的问题。

(13) 接受防突专项培训。

(14) 当矿井发生煤与瓦斯突出灾害事故时，协助矿长投入事故抢救工作。

(15) 负责矿井应急预案的制定工作。

三、通防科科长防突管理岗位责任制

（1）在矿总工程师的领导下，负责矿井煤与瓦斯突出综合治理的技术管理工作。

（2）负责国家有关法律、行政法规、行业技术标准和上级公司的煤与瓦斯突出防治的安全理念、指令、规定的贯彻落实。

（3）参与煤与瓦斯突出综合防治的政策、规划、计划和技术管理制度的制定，并督促落实。

（4）负责编制或审查煤与瓦斯突出防治的各项设计、安全技术措施，并经常检查落实。

（5）负责编制矿井年、季、月度防突和抽采计划，并监督防突、抽采计划工作的落实。

（6）负责对防突措施落实和管理。

（7）负责编制矿井防治突出专门设计工作，并组织落实。

（8）负责防突和抽采的标准化管理，组织本系统每月自查和考核工作，不断提高本系统管理水平。

（9）负责组织煤与瓦斯突出专项会议，经常深入生产现场对存在的问题督促整改落实。

（10）组织召开防突办公会议，对会议提出的问题、制定的措施组织落实。

（11）提出防突材料、仪表、装备和人员需求计划，掌握煤与瓦斯突出治理专项资金的使用情况。

（12）负责编制煤与瓦斯突出综合防治维检工程和装备计划，并督促落实。

（13）审签煤与瓦斯突出防治的各类报表、记录、图纸等资料。

（14）负责煤与瓦斯突出方面的事故分析，认真吸取教训，制定或落实防突措施，防止类似事故再次发生。

四、防突技术员防突管理岗位责任制

（1）熟悉掌握防突知识，认真执行上级有关防突的各项规定、指令、方针，协助通防科科长搞好防突各项工作。

(2) 负责防突各项技术业务工作，保证各种报表的按时、准确审批，以及各种制度、措施的出台。

(3) 负责矿井瓦斯地质图的填写、绘制、更换，以及瓦斯地质图说明书的修编工作。

(4) 根据采掘生产情况，监督防突设施安装、安全防护设施建造等技术指导工作。

(5) 深入现场对采掘面防突预测指标抽查，检查防突方面的各类隐患，并及时督促进行处理。

(6) 积极完成领导交办的其他临时性工作。

五、综采、采煤区队长防突管理岗位责任制

(1) 区队长是本单位防突第一责任人。

(2) 坚持煤矿安全生产方针，牢固树立“瓦斯为天”的思想，严格落实煤与瓦斯突出防治的规章制度及各项安全措施。

(3) 每个采煤工作面开工前，必须由技术员负责编制、修订、补充防突措施，向职工贯彻。

(4) 严格落实两个“四位一体”综合防突措施，认真组织防突措施的施工，正确使用和维护安全防护设施，遇到瓦斯异常情况及时督促区队技术员补充或修订措施，严禁违章指挥组织生产。

(5) 经常深入一线，检查煤与瓦斯突出防治方面的安全装备、设施的完好状况，检查瓦斯管理、防突措施，对查出的煤与瓦斯突出防治方面的隐患立即或限期整改。

(6) 参加矿井煤与瓦斯突出防治方面的安全检查和煤与瓦斯突出隐患的处理，积极组织自查自纠工作。

(7) 参加煤与瓦斯突出防治方面的事故分析会，认真吸取教训，落实防范措施，预防类似事故发生。

(8) 负责辖区内防突设备的日常维护和管理工作。

(9) 负责区队职工培训工作，向区队员工贯彻落实矿井灾害应急救援预案。

(10) 将防突措施及管理制度层层分解，落实到班组和个人，对因“四位一体”防突措施落实不到位等原因造成的煤与瓦斯突出事故负直接责任。

(11) 落实专人携带钻孔参数表、皮尺、半圆仪等工具，负责按防突措施要求对三孔(措施孔、预测孔、效检孔)进行施工和注水，并协助防突测试工搞好防突参数测定，支持其工作。

(12) 负责看管所管辖巷道范围内的防突及瓦斯抽采设备。

(13) 确保安全防护设施完好，设专人管理防突设施。

(14) 负责补充采煤工作面专项防突安全技术措施。

(15) 压风自救实施挂牌管理，标明组数、位置(距开口距离)、自救袋数量及责任人，责任人负责保证其完好有风能用。

(16) 负责领取、保管爆破母线，由当班班长按防突措施要求停电撤人，遵守躲炮位置及时间规定，爆破母线接头必须使用符合防爆标准的接线盒连接。

(17) 负责辖区抽采管路的安装、维护、防水、回收及日常管理等各项工作。

六、采煤班组长防突管理岗位责任制

(1) 班组长是本班组安全生产的第一责任者，应牢固树立“瓦斯为天”的思想，严格落实“一通三防”和煤与瓦斯突出治理的规章制度及各项安全措施。

(2) 了解和掌握辖区内通风系统、通风设施、瓦斯灾害治理、粉尘灾害防治和矿井防灭火等有关情况。

(3) 掌握煤矿“一通三防”和煤与瓦斯突出灾害治理的基础知识，熟悉矿井的避灾路线。

(4) 严格落实两个“四位一体”综合防突措施，认真组织防突措施的施工，遇到瓦斯异常情况及时汇报和采取措施组织职工撤离现场。

七、抽采队技术员防突管理岗位责任制

(1) 熟悉掌握防突知识，在业务上接受科长、队长领导，负责及时

汇报井下瓦斯抽采和抽采效果情况。

(2) 负责抽采的各项技术档案的建立、钻孔登记,以及打钻角度的悬挂。

(3) 负责抽采系统图的填报和绘制工作,保证及时有效。

(4) 负责按照瓦斯抽采规范,完善相关内容。

(5) 深入现场,检查瓦斯抽采系统和钻孔抽采情况,并及时督促进行处理。

(6) 负责自己管辖内所查出隐患的回查排查工作。

(7) 完成领导交办的其他工作任务。

八、瓦斯检查工防突岗位责任制

(1) 认真学习《防突细则》《煤矿安全规程》及上级有关规定,掌握防治煤与瓦斯突出基本知识。

(2) 携带仪表齐全并灵敏可靠,测定准确。

(3) 熟知所管辖范围内的通风、瓦斯、防尘、防灭火设施以及通风瓦斯有关规定和措施。

(4) 按规定检查、汇报瓦斯、温度及"一通三防"设施、装备的完好情况,发现作业地点有异常情况时,必须立即通知作业场所负责人停止作业或停电撤人,并及时汇报矿有关业务科室。

(5) 严格执行"一炮三检"和"三人连锁"爆破制度。

(6) 局部通风机停电停风时,立即会同掘进工作面负责人撤出所有人员,并向通防科及矿调度室汇报。

(7) 负责工作面瓦斯监测传感器显示数值的校对和"一通三防"问题的汇报。

(8) 负责监督管辖范围内防突措施的落实情况,认真执行各项防突措施的规定。

(9) 认真填写瓦斯记录手册、瓦斯牌板和瓦斯记录台账,做到数据"三对照",严格执行现场交接班制度,严禁空班漏检。

(10) 负责辖区内防突、瓦斯治理以及"一通三防"隐患的排查及落实整改,发现有突出预兆时,协助班组长按避灾路线撤退,并报告矿调度室。

九、防突工防突岗位责任制

(1) 熟知所在突出工作面的防突技术措施、检验指标和临界值。

(2) 效验前认真检查效检仪器，确保在仪器完好的状态下进行防突工作。

(3) 效检前必须首先进行验孔，不符合标准的不得进行效检，严格按照措施要求进行效检，并做好记录。

(4) 负责填写防突牌板、效检报表，及时移动效检允许进尺标记。效检结果及时通知施工单位和各业务管理科室。

(5) 熟知突出预兆，在措施孔施工过程中工作面若出现突出预兆时，停止钻孔施工和效检，撤出人员。

(6) 负责检查防治突出措施的现场落实情况。

(7) 对所在工作面存在的隐患，及时责令相关单位立即整改。

十、煤巷掘进工防突岗位责任制

(1) 熟知煤(岩)与瓦斯突出方面的预兆，懂得一般瓦斯事故的处理方法、汇报程序，以及当发生煤(岩)与瓦斯突出、爆炸等方面的事故时的应急自救、互救及紧急避险措施。

(2) 熟知避灾路线，掌握各种标牌、标识以及瓦斯防治方面的常识。

(3) 知道安全硐室、压风自救等安全防护设施的作用及使用方法，会正确佩戴并使用自救器。

(4) 熟知本工作面防突措施的施工参数及抽采情况，会检查、排除防治瓦斯及抽采系统的一般故障。

(5) 作业时严禁任意用铁器敲打铁器或其他行为造成火花。

十一、采煤工防突岗位责任制

(1) 牢固树立“安全第一，预防为主”的思想，严格遵守综采工艺的回采作业工序和安全生产标准化标准，搞好自我保安和互相保安。

(2) 坚持持证上岗,进入工作面后先检查工作场所内的安全情况,发现问题及时解决。

(3) 积极参加法律法规、规程、措施和防突技术的学习,增强法律意识、个人技术素质和现场实际操作技能水平。

(4) 工作时严格按照安全生产标准化标准和验收标准搞好工作面工程质量,减少安全隐患,为自己和工友们创造一个安全的工作环境。

(5) 严格按照规程、措施进行施工,杜绝违章现象。

(6) 做好自主保安、相互保安,杜绝“三违”事故和各类人为责任事故,保证安全生产。

第十章　煤与瓦斯突出事故应急救援预案

第一节　煤矿生产安全事故应急预案的编制

一、《生产经营单位生产安全事故应急预案编制导则》(GB/T 29639—2020)

《生产经营单位生产安全事故应急预案编制导则》于2013年由行业标准AQ/T 9002—2006升级为国家标准GB/T 29639—2013，再到GB/T 29639—2020的修订发布，是在认真分析应急预案体系建设阶段性特点和问题的基础上修订的，其颁布实施对指导生产经营单位做好生产安全事故应急预案编制工作，解决部分生产经营单位应急预案存在的问题，提高生产经营单位应急预案的编制质量，起到重要的推动作用。

《生产经营单位生产安全事故应急预案编制导则》(GB/T 29639—2020)规定了生产经营单位编制生产安全事故应急预案的编制程序、体系构成和综合应急预案、专项应急预案、现场处置方案的主要内容以及附件信息，适用范围为生产经营单位生产安全事故应急预案(简称应急预案)编制工作，核电厂、其他社会组织和单位的应急预案编制可参照执行。

(一) 应急预案编制程序

应急预案编制的程序包括成立应急预案编制工作组、资料收集、风险评估、应急资源调查、应急预案编制、桌面推演、应急预案评审和批准实施8个步骤。

1. 成立应急预案编制工作组

结合本单位职能和分工，成立以单位有关责任人为组长，单位相关部门人员（如生产、技术、设备、安全、行政、人事、财务人员）参加的应急预案编制工作组，明确工作职责和任务分工，制订工作计划，组织开展应急预案编制工作。预案编制工作组中应邀请相关救援队伍以及周边相关企业、单位或社区代表以及有现场处置经验的人员参加。

2. 资料收集

应急预案编制工作组应收集与应急预案编制工作相关的法律法规、技术标准、属地政府及周边企事业单位应急预案、国内外同行业企业事故资料，同时收集本单位安全生产相关技术资料，周边地质、地形、环境情况，气象、水文、交通影响及应急资源等有关资料。

3. 风险评估

风险评估的主要内容包括但不限于：

(1) 辨识生产经营单位存在的危险有害因素，确定可能发生的生产安全事故类别；

(2) 分析各种事故类别发生的可能性、危害后果和影响范围；

(3) 评估确定相应事故类别的风险等级。

4. 应急资源调查

在全面调查和客观分析本单位以及周边单位和政府部门可请求援助的应急队伍、装备、物资等应急资源状况基础上，撰写应急资源调查报告，其内容包括但不限于：

(1) 本单位可调用的应急队伍、装备、物资、场所；

(2) 针对生产过程及存在的风险可采取的监测、监控、报警手段；

(3) 上级单位、当地政府及周边企业可提供的应急资源；

(4) 可协调使用的医疗、消防、专业抢险救援机构及其他社会化应急救援力量。

5. 应急预案编制

应急预案编制应当遵循以人为本、依法依规、符合实际、注重实效的原则，以应急处置为核心，体现自救互救和先期处置的特点，做到职责明确、程序规范、措施科学，尽可能简明化、图表化、流程化。应急预案的编制应当符合下列基本要求：

(1) 有关法律、法规、规章和标准的规定；

(2) 本地区、本部门、本单位的安全生产实际情况；

(3) 本地区、本部门、本单位的危险性分析情况；

(4) 应急组织和人员的职责分工明确，并有具体的落实措施；

(5) 有明确、具体的应急程序和处置措施，并与其应急能力相适应；

(6) 有明确的应急保障措施，满足本地区、本部门、本单位的应急工作需要；

(7) 应急预案基本要素齐全、完整，应急预案附件提供的信息准确；

(8) 应急预案内容与相关应急预案相互衔接。

应急预案编制工作包括但不限于：

(1) 依据事故风险评估及应急资源调查结果，结合本单位组织管理体系、生产规模及处置特点，合理确立本单位应急预案体系；

(2) 结合组织管理体系及部门业务职能划分，科学设定本单位应急组织机构及职责分工；

(3) 依据事故可能的危害程度和区域范围，结合应急处置权限及能力，清晰界定本单位的响应分级标准，制定相应层级的应急处置措施；

(4) 按照有关规定和要求，确定事故信息报告、响应分级与启动、指挥权移交、警戒疏散方面的内容，落实与相关部门和单位应急预案的衔接。

6. 桌面推演

按照应急预案明确的职责分工和应急响应程序，结合有关经验教训，相关部门及其人员可采取桌面推演的形式，模拟生产安全事故应对过程，逐步分析讨论并形成记录，检验应急预案的可行性，并进一步完善应急预案。

7. 应急预案评审

(1) 评审形式

应急预案编制完成后，生产经营单位应按法律法规有关规定组织评审或论证。参加应急预案评审的人员可包括有关安全生产及应急管理方面的、有现场处置经验的专家。应急预案论证可通过推演的方式开展。

(2) 评审内容

应急预案评审内容主要包括风险评估和应急资源调查的全面性、应急预案体系设计的针对性、应急组织体系的合理性、应急响应程序和措施的科学性、应急保障措施的可行性、应急预案的衔接性。

(3) 评审程序

应急预案评审程序包括下列步骤：

① 评审准备。成立应急预案评审工作组，落实参加评审的专家，将应急预案、编制说明、风险评估、应急资源调查报告及其他有关资料在评审前送达参加评审的单位或人员。

② 组织评审。评审采取会议审查形式，企业主要负责人参加会议，会议由参加评审的专家共同推选出的组长主持，按照议程组织评审；表决时，应有不少于出席会议专家人数的三分之二同意方为通过；评审会议应形成评审意见(经评审组组长签字)，附参加评审会议的专家签字表。表决的投票情况应以书面材料记录在案，并作为评审意见的附件。

③ 修改完善。生产经营单位应认真分析研究，按照评审意见对应急预案进行修订和完善。评审表决不通过的，生产经营单位应修改完善后按评审程序重新组织专家评审，生产经营单位应写出根据专家评审意见的修改情况说明，并经专家组组长签字确认。

8. 批准实施

通过评审的应急预案，由生产经营单位主要负责人签发实施。

(二) 应急预案体系

生产经营单位的应急预案体系主要由综合应急预案、专项应急预案和现场处置方案构成。生产经营单位应根据有关法律、法规和相关标准，结合本单位组织管理体系、生产规模和可能发生的事故特点，科学合理确立本单位的应急预案体系，并注意与其他类别应急预案相衔接。

1. 综合应急预案

综合应急预案是生产经营单位应对各种生产安全事故而制定的综合性工作方案，是本单位应对生产安全事故的总体工作程序、措施和应急预案体系的总纲。

2. 专项应急预案

专项应急预案是生产经营单位为应对某一种或多种类型生产安全事故，或者针对重要生产设施、重大危险源、重大活动防止发生安全生产事故而制定的专项工作方案。专项应急预案与综合应急预案中的应急组织机构、应急响应程序相近时，可不编写专项应急预案，相应的应急处置措施并入综合应急预案。

3. 现场处置方案

现场处置方案是生产经营单位根据不同生产安全事故类型，针对具体的场所、装置或设施所制定的应急处置措施，主要包括事故风险描述、应急工作职责、应急处置和注意事项等内容，应体现自救互救、信息报告和先期处置的特点。事故风险单一、危险性小的生产经营单位可只编制现场处置方案。

（三）综合应急预案内容

1. 总则

(1) 适用范围

说明应急预案适用的范围。

(2) 响应分级

依据事故危害程度、影响范围和生产经营单位控制事态的能力，对事故应急响应进行分级，明确分级响应的基本原则。响应分级不必照搬事故分级。

2. 应急组织机构及职责

明确应急组织形式（可用图示）及构成单位（部门）的应急处置职责。应急组织机构可设置相应的工作小组，各小组具体构成、职责分工及行动任务应以工作方案的形式作为附件。

3. 应急响应

(1) 信息报告

信息接报:明确应急值守电话、事故信息接收、内部通报程序、方式和责任人,向上级主管部门、上级单位报告事故信息的流程、内容、时限和责任人,以及向本单位以外的有关部门或单位通报事故信息的方法、程序和责任人。

信息处置与研判:① 明确响应启动的程序和方式。根据事故性质、严重程度、影响范围和可控性,结合响应分级明确的条件,可由应急领导小组做出响应启动的决策并宣布,或者依据事故信息是否达到响应启动的条件自动启动。② 若未达到响应启动条件,应急领导小组可做出预警启动的决策,做好响应准备,实时跟踪事态发展。③ 响应启动后,应注意跟踪事态发展,科学分析处置需求,及时调整响应级别,避免响应不足或过度响应。

(2) 预警

预警启动:明确预警信息发布渠道、方式和内容。

响应准备:明确做出预警启动后应开展响应准备工作,包括队伍、物资、装备、后勤及通信。

预警解除:明确预警解除的基本条件、要求及责任人。

(3) 响应启动

确定响应级别,明确响应启动后的程序性工作,包括应急会议召开、信息上报、资源协调、信息公开、后勤及财力保障工作。

(4) 应急处置

明确事故现场的警戒疏散、人员搜救、医疗救治、现场监测、技术支持、工程抢险及环境保护方面的应急处置措施,并明确人员防护的要求。

(5) 应急支援

明确事态无法控制情况下,向外部(救援)力量请求支援的程序及要求、联动程序及要求,以及外部(救援)力量到达后的指挥关系。

(6) 响应终止

明确响应终止的基本条件、要求和责任人。

4. 后期处置

明确污染物处理、生产秩序恢复、人员安置方面的内容。

5. 应急保障

(1) 通信与信息保障

明确应急保障的相关单位及人员通信联系方式和方法,以及备用方案和保障责任人。

(2) 应急队伍保障

明确相关的应急人力资源,包括专家、专兼职应急救援队伍及协议应急救援队伍。

(3) 物资装备保障

明确本单位的应急物资和装备的类型、数量、性能、存放位置、运输及使用条件、更新及补充时限、管理责任人及其联系方式,并建立台账。

(4) 其他保障

根据应急工作需求而确定的其他相关保障措施(如能源保障、经费保障、交通运输保障、治安保障、技术保障、医疗保障及后勤保障)。

以上应急保障相关的资料内容应尽可能在应急预案的附件中体现。

(四) 专项应急预案内容

1. 适用范围

说明专项应急预案适用的范围,以及与综合应急预案的关系。

2. 应急组织机构及职责

明确应急组织形式(可用图示)及构成单位(部门)的应急处置职责,应急组织机构以及各成员单位或人员的具体职责。应急组织机构可以设置相应的应急工作小组,各小组具体构成、职责分工及行动任务建议以工作方案的形式作为附件。

3. 响应启动

明确响应启动后的程序性工作,包括应急会议召开、信息上报、资源协调、信息公开、后勤及财力保障工作。

4. 处置措施

针对可能发生的事故风险、危害程度和影响范围，明确应急处置指导原则，制定相应的应急处置措施。

5. 应急保障

根据应急工作需求明确保障的内容。

（五）现场处置方案内容

1. 事故风险描述

简述事故风险评估的结果（可用列表的形式列在附件中）。

2. 应急工作职责

明确应急组织分工和职责。

3. 应急处置

包括但不限于下列内容：

（1）应急处置程序。根据可能发生的事故及现场情况，明确事故报警、各项应急措施启动、应急救护人员的引导、事故扩大及同生产经营单位应急预案的衔接程序。

（2）现场应急处置措施。针对可能发生的事故从人员救护、工艺操作、事故控制、消防、现场恢复等方面制定明确的应急处置措施。

（3）明确报警负责人、报警电话及上级管理部门、相关应急救援单位联络方式和联系人员，以及事故报告基本要求和内容。

4. 注意事项

包括人员防护和自救互救、装备使用、现场安全等方面的内容。

（六）附件

1. 生产经营单位概况

简要描述本单位地址、从业人数、隶属关系、主要原材料、主要产品、产量，以及重点岗位、重点区域、周边重大危险源、重要设施、目标、场所和周边布局情况。

2. 风险评估的结果

简述本单位风险评估的结果。

3. 预案体系与衔接

简述本单位应急预案体系构成和分级情况，明确与地方政府及其有关部门、其他相关单位应急预案的衔接关系(可用图示)。

4. 应急物资装备的名录或清单

列出应急预案涉及的主要物资和装备名称、型号、性能、数量、存放地点、运输和使用条件、管理责任人和联系电话等。

5. 有关应急部门、机构或人员的联系方式

列出应急工作中需要联系的部门、机构或人员及其多种联系方式。

6. 格式化文本

列出信息接报、预案启动、信息发布等格式化文本。

7. 关键的路线、标识和图纸

包括但不限于:

(1) 警报系统分布及覆盖范围;

(2) 重要防护目标、风险清单及分布图;

(3) 应急指挥部(现场指挥部)位置及救援队伍行动路线;

(4) 疏散路线、集结点、警戒范围、重要地点的标识;

(5) 相关平面布置、应急资源分布的图纸;

(6) 生产经营单位的地理位置图、周边关系图、附近交通图;

(7) 事故风险可能导致的影响范围图;

(8) 附近医院地理位置图及路线图。

8. 有关协议或者备忘录

列出与相关应急救援部门签订的应急救援协议或备忘录。

二、事故应急预案编制和执行中常见问题和解决办法

(一) 事故应急预案编制的基本原则

事故应急预案编制应当遵循以人为本、依法依规、符合实际、注重实效的原则,以应急处置为核心,明确应急职责、规范应急程序、细化保障措施。

(二) 事故应急预案编制的基本要求

事故应急预案编制要符合以下基本要求:① 有关法律、法规、规章和标准的规定;② 本地区、本部门、本单位的安全生产实际情况;③ 本

地区、本部门、本单位的安全风险研判情况；④ 应急组织和人员的职责分工明确，并有具体的落实措施；⑤ 有明确、具体的应急程序和处置措施，并与其应急能力相适应；⑥ 有明确的应急保障措施，满足本地区、本部门、本单位的应急工作需要；⑦ 应急预案基本要素齐全、完整，应急预案附件提供的信息准确；⑧ 应急预案内容与相关应急预案相互衔接。

（三）应急预案编制中常见问题及解决办法

（1）常见问题：感觉一头雾水，无从下手，然后就照搬照抄，依葫芦画瓢。

解决办法：加强学习培训，不仅学习好、领会通预案内容，而且还应该了解预案评审要求。

（2）常见问题：风险分析不认真，不全面不深入，没有结合本单位实际，风险评估流于形式。

解决办法：端正态度，加强责任心，必须真正抓住本单位的风险要害，科学分析，不留遗漏。

（3）常见问题：预案编制常常由个人完成，虽然组织成立编制工作组，但缺乏相互沟通，闭门造车。

解决办法：避免单兵作战、各自为政，充分发挥编制工作组职能，定期开会沟通，总结分析存在问题，主要负责人多过问并协调解决存在的问题。

（4）常见问题：编制出的预案虽然面面俱到，但是缺乏针对性和可操作性。

解决办法：区分核心要素和一般要素，核心要素要突出详写，一般要素要简明扼要，要充分体现可操作性、实用性。

（5）常见问题：编制出的预案内容不齐全、不完整。

解决办法：一是严格对照预案内容不漏项编写；二是对照预案评审规范内部评审一下，查找存在问题和不足，然后进行改进。

（6）常见问题：预案编制完之后，束之高阁，不管不问，不重视日常管理和应用，如不能按照要求及时修订，不培训、不演练，即使演练也是脱离预案进行演练，预案与实际应用脱节严重等。

解决办法：一是单位主要负责人要重视，建立预案管理制度，明确分管部门和负责人；二是管理水平应在实际应用和演练中总结提高。一旦矿井的生产系统、重大工艺和技术、涉及的法律法规政策、单位负责人和部门发生改变等，都要及时修改事故应急预案。

(7) 常见问题：应急预案体系不完整，综合应急预案、专项应急预案和现场处置方案之间层次乱，重叠多，相互不衔接。

解决办法：组织有关部门人员在一起检查预案，分析存在的问题，将职责重叠不清部分进行梳理，将内容相互矛盾、不统一部分进行完善调整。

三、事故应急预案的衔接

生产经营单位应针对可能发生的事故，按照有关规定和要求编制应急预案。生产经营单位发生的生产安全事故一旦超出厂界或超出本单位自身的应急能力，就需要社会及政府的应急援助。因此，生产经营单位生产安全事故应急预案必须与所在区域和当地政府的应急预案有效衔接，确保应急救援工作的成效，如发生事故后的及时上报，向政府的救援请求，外部应急救援队伍到现场后的协同作战等。生产经营单位应将应急预案到政府有关部门进行备案，使政府有关部门掌握生产经营单位的应急救援工作情况。同时，生产经营单位应与政府有关部门保持紧密联系，确保应急救援工作能顺畅开展。

第二节　煤与瓦斯突出事故应急救援预案范本

《防突细则》第三十六条规定：突出矿井必须编制突出事故应急预案。突出煤层每个采掘工作面开始作业后 10 天内应当进行 1 次突出事故逃生、救援演习，以后每半年至少进行 1 次逃生演习，但当安全设施或者作业人员发生较大变化时必须进行 1 次逃生演习。以下以某集团公司某突出矿井编制的《煤与瓦斯突出事故应急救援预案》为范本，供煤矿企业参考。

一、适用范围

本预案适用于某某煤矿采掘工作面煤与瓦斯突出事故的应急处置工作,此项预案作为矿井综合应急预案的附属预案。

二、应急组织机构及职责

(一) 指挥机构

某某煤矿成立煤与瓦斯突出事故应急救援指挥部

总指挥:矿长。

副总指挥:煤矿班子成员、煤矿上级公司救护队队长。

成员:副总工程师、调度室主任、生产科科长、机电科科长、地测科科长、安检科科长、通防科科长、供应科科长、劳资科科长、党委宣传部部长、党委组织部部长、矿医院院长、行办主任、工会办主任、保卫科科长、通风队队长、机电一队队长、矿救护队队长、煤矿服务公司经理、事故单位负责人。

指挥部下设办公室,办公室设在调度室。

办公室主任:调度室主任(兼)。

办公室成员:调度室副主任(兼)。

办公室 24 小时值班,矿至少有一名副矿级以上领导干部值班。

联系电话:煤矿调度室(1)、煤矿调度室(2)……,井下直拨号码,或直通电话直拨调度室。

(二) 指挥部及其办公室职责

1. 指挥部职责

(1) 根据事故的发生地点、波及范围、人员分布、救灾的人力和物力,制定抢险方案和安全措施。

(2) 调动救援力量,积极抢救遇险遇难人员,防止事故扩大。

(3) 及时向上级公司汇报事故抢险进度等抢险信息。

(4) 随时和井下基地、事故现场指挥人员保持联系,发布战斗指令。

(5) 宣布现场抢险工作结束，制定恢复安全生产措施。

(6) 负责抢险救援的全面工作，完善应急救援方案，发布抢险救援命令；根据需要合理配置人、财、物等资源，组织抢险救援工作；核实遇险、遇难人员，汇报和通报事故有关情况，向上级救援机构发出救援请求。

(7) 做好稳定矿井秩序、伤亡人员的善后和安抚工作。

(8) 接受上级有关部门的指导，配合有关部门进行事故调查处理工作。

2. 指挥部成员职责

(1) 总指挥职责

根据事故发生情况，统一组织应急救援预案的实施工作，根据预案采取紧急处理措施；联系救援相关事宜、争取社会支援；下达抢险救援命令。

(2) 副总指挥职责

协助总指挥工作，检查救援工作落实情况；根据抢险救援方案组织所需人员，及时调集救援所需的物资装备，控制入井人员，实施抢险救援方案。

(3) 副总工程师职责

协助矿总指挥处理灾变，根据总指挥命令，负责某一方面的抢救工作；参与事故现场救援方案的研究制定，参与分管业务范围事故调查处理工作。

(4) 调度室主任

做好应急救援指挥部现场办公室的各项应急工作；准确、快速地完成接警和正确下达接警后的初次响应调度命令，组织灾区人员撤离，进行自救互救及避灾；按照报告程序，快速报告事故信息；不断收集和处理事故灾情信息；通知相关单位统计遇险职工人数，通知相关人员在调度室集结待命；传达救援指挥部的各项救援命令，完成各项救援协调工作；负责组织救援车辆调配及外部交通协调事宜。

(5) 救护队队长

煤矿上级公司救护队队长：参与制定抢险救援方案；负责制定救护

队行动方案；具体指挥救护队积极开展事故救援；参与事故处理工作，努力完成指挥部下达的作战计划或其他工作任务。

煤矿救护队队长：参与制定事故处理方案，在上级公司救护队没有到矿前，负责事故的前期处置工作，在公司救护队到矿后，负责协助公司救护队开展救援工作。

（6）通防科科长

参与事故灾害初步评估、信息分析，提出应急处置措施的初步意见；参与事故救援方案的制定；负责组织通风专业人员分析通风、瓦斯状况等工作。

（7）生产科科长

参与事故灾害初步评估、信息分析，提出应急处置措施的初步意见；参与事故救援方案制定；组织、指导救护队伍开展应急救援工作；完成指挥部交办的其他事项。

（8）保卫科科长

负责事故抢救和处理过程中的治安保卫工作，维持矿区的正常秩序，不准闲杂人员入矿；并在井口附近设专人警戒，严禁闲杂人员逗留、围观；积极与公安部门沟通信息，协助公安部门对事故直接责任人实施监护和控制，协助追捕逃逸人员等。

（9）安检科科长

参与现场救援方案研究制定，组织、指导救护队伍开展应急救援工作；清点下井人员和上井人员，处理事故中对没有持指定的副矿长签发的入井特别许可证的人员，严禁入井；参与事故调查处理工作。

（10）通风队队长

参与瓦斯爆炸事故现场救援方案研究制定，组织、指导救护队伍开展应急救援工作；参与分管业务事故调查处理工作。按照指挥部命令，负责调整矿井通风系统、监视主要通风机的运行情况和组织完成必需的通风工程。

（11）供应科科长

及时准备救援装备和器材，并运送到指定地点。

（12）机电科科长

根据指挥部的命令，组织实施通风机、供配电应急安装工程；保证矿井主要电气设备运转；积极抢修和安装抢险救灾机电设备；参与分管业务事故调查处理工作。

(13) 地测科科长

参与事故灾害初步评估、信息分析，提出应急处置措施的初步意见，负责准备好图纸和资料；完成指挥部交办的其他事项。

(14) 矿医院院长

负责提供相关医疗救治；组织医疗救治队伍，调集药品和医疗器材，实施现场伤员救治，参与相关事故调查。

(15) 劳资科科长

协助安全副矿长做好事故调查、善后处理工作。

(16) 党委宣传部部长

参与信息发布工作。

(17) 行办主任

保证对遇难人员妥善安置和救灾人员住宿以及其他生活事宜。

(18) 工会办主任

协助工会主席做好受害及遇难人员家属善后处理工作。

(19) 服务公司经理

负责对遇险人员妥善安置和救灾人员食宿以及其他生活事宜。

(20) 机电一队队长

根据应急救援指挥部的指令，具体负责组织矿井的停、送电工作。

3. 办公室职责

(1) 根据领导小组的决定及时传达抢险救灾命令，并负责督促落实；

(2) 负责各有关单位(或抢险小组、人员)的通信联络工作；

(3) 及时调度事故现场抢险救灾进展情况，并向上级部门和领导小组汇报。

(三) 指挥部下设的专业组职责

1. 现场抢救组

组长：生产副矿长。

成员：救护队队长、救护队员，以及通防科、生产科、地测科、机电科、安检科、调度室、通风队人员。

职责：按照救援方案组织、指挥救援队伍实施救援行动；紧急调用抢险物资、设备、人员和占用场地；根据事故情况，有危及周边工作地点和人员的险情时，组织人员和物资的疏散工作；负责记录、保存救援过程资料，总结应急救援经验教训。

2. 技术保障组

组长：总工程师。

成员：副总工程师、生产科科长、通防科科长、地测科科长、机电科科长及有关技术专家组成。

职责：主要制定应急救援技术方案和安全技术措施，为应急救援提供技术保障。

3. 警戒保卫组

组长：纪委书记。

成员：保卫科人员。

职责：负责矿区的治安，维护好现场秩序，加强巡视地面其他重要场所，做好事故发生后的人员疏散，封闭相关场所，维护交通秩序；杜绝无关人员进入事故救援现场，确保事故救援的顺利进行，完成指挥部交办的其他工作任务。

4. 医疗救护组

组长：安全副矿长。

成员：煤矿医院院长。

职责：负责遇灾人员的急救，包括急救站的设立、物资准备、救治护理人员配备等。

5. 后勤保障组

组长：经营副矿长。

成员：服务公司、供应科等部门人员。

职责：负责事故处理过程中的全部外来人员生活接待及内部参战人员的生活安排；负责全部救灾物资的准备、购置，并负责按规定装车、封车押运至副井井口或地面事故地点；按照应急救援指挥部的命令运送应急救援人员或物资。

6. 事故调查组

组长：安全副矿长。

成员：安检科、监察科科长。

职责：负责组织事故原因调查、分析，搜集原始资料，形成事故报告。

7. 善后处理组

组长：工会主席。

成员：工会、劳资科等部门人员。

职责：负责核实遇难者身份，了解掌握家庭情况并通知遇难者亲属；安排遇难者亲属善后处理期间的生活和遇难者丧葬事宜，负责洽谈抚恤条件；完成指挥部赋予的其他工作任务。

8. 信息发布组

组长：党委书记。

成员：安检科、行政办公室、党委宣传部等部门人员。

职责：与上级公司宣传部结合，由上级公司宣传部统一进行对外信息发布。

三、响应启动

（一）响应分级

当瓦斯突出事故发生后，立即启动红色（Ⅰ级）预案。

（二）响应程序

（1）一旦发生瓦斯突出事故，现场人员应尽可能了解和弄清事故的性质、地点，发生范围和影响程度，并迅速用附近的电话向矿调度室汇报。

汇报的主要内容包括：

① 发生事故的单位、时间、地点；

② 事故类型及现场情况；

③ 影响范围；

④ 事故已经造成或者可能造成的伤亡人数(包括下落不明的人数);

⑤ 事故原因的初步判断。

(2) 调度室接到事故电话后,要问清事故地点、类型、严重程度及人员撤离情况,立即通知现场人员及受威胁区域人员沿避灾路线撤离,同时召请上级公司救护大队到矿抢险救援,并向值班矿领导汇报事故情况,值班矿领导立即汇报给矿长,由矿长决定启动煤与瓦斯突出事故应急救援预案,矿长由于特殊原因(入井等)不能及时联系上时,由值班矿领导启动应急预案。

(3) 由调度室按照综合预案应急响应附表《应急响应通知人员名单》通知相关人员到调度室待命。

(4) 向外求援,必要时请求上级支援。

(三) 资源调配

根据事故性质、影响范围、灾害程度,及时调集专业救援队伍、医疗救护队伍、技术专家成员等救援资源;同时,有针对性地做好应急物资的调配工作。

应急处置领导小组成员按照任务分工做好物资器材准备,如必要的指挥通信、报警、洗消、消防、抢修等器材及交通工具。上述各种器材应指定专人保管,并定期检查保养,使其处于良好状态,各重点目标应设救援器材柜,专人保管以备急用。

(1) 通信设备,包括固定电话、移动电话、近距离对讲设备等。

(2) 急救设备,包括急救药品、器具、设备等。

(3) 抢修设备,包括工程车辆、登高设备、维修工具、备用品等。

(4) 消防器材,包括黄沙、消防斧、灭火器、消防带、消防锹等。

(5) 防护用品,包括防护服、防护帽、防护眼镜、手套、呼吸器、防毒面具等。

(6) 测量设备,包括罗盘、卷尺、激光仪等。

(7) 图表,包括组织机构图、通信联络图、平面布置图等。

(8) 有关名单表,包括外部救援表、机构联系表等。

(9) 标志明显的服装或显著的标志。

（四）预警行动

1. 煤与瓦斯突出前的预兆

在采掘过程中应当随时观测突出预兆。典型的突出预兆主要包括：响煤炮声（机枪声、闷雷声、劈裂声），喷孔、顶钻，煤壁外鼓、掉渣，瓦斯涌出持续增大或者忽大忽小，煤尘增大，煤壁温度降低、挂汗等。每次突出前都有预兆出现，但出现预兆的种类和时间是不同的，熟悉和掌握预兆，对于及时撤出人员、减少伤亡具有重要的意义。

2. 预警行动

当煤与瓦斯突出事故发生后，矿应急救援指挥中心首先对可能造成的危害程度做出初步预判，根据矿事故分级，启动相应的应急响应级别，并将预判结果及时上报上级公司信息调度中心。

3. 电话汇报或发出报警信号

四、处置措施

（一）自救互救

（1）现场作业人员在采煤工作面发现有突出预兆时，要以最快的速度通知人员迅速向进风侧撤离至反向风门之外，关闭反向风门，然后继续外撤。撤离中快速打开隔离式自救器并佩戴好，如果距离新鲜风流太远时无法快速撤离至新鲜风流中时，应首先到避难硐室或利用压风自救系统进行自救，等待救护队救援。

（2）掘进工作面发现煤与瓦斯突出的预兆时，必须向外迅速撤至反向风门之外，关闭反向风门，然后继续外撤。如果自救器发生故障或配用自救器不能安全到达新鲜风流时，应在撤出途中到工作面避难硐室或利用压风自救系统进行自救，等待救护队救援。

（3）井下作业人员要把自己的隔离式自救器随身携带在身上，一旦发生煤与瓦斯突出事故，立即打开外壳佩戴好，迅速外撤。在撤退中，如果退路被堵，可到工作面避难硐室暂避，也可寻找有压缩空气管路的巷道、硐室躲避。这时要把管子的螺丝接头卸开，形成正压通风，延长避难时间，并设法与外界保持联系。

（二）处理突出事故时的注意事项

（1）发生突出事故时，不得随意停风和反风，防止风流紊乱而导致灾情扩大。

（2）发生突出事故时是否停电，应当根据井下实际情况决定。

（3）处理突出事故时应根据情况加大灾区风量，迅速抢救遇险人员。

（4）发生突出事故时，矿山救护队进入灾区时要戴好防护眼镜。

（5）采掘工作面发生突出后，没有被突出煤掩埋的人员要迅速利用压风自救装置向进风巷道撤退，并在压风自救装置处打开戴好隔离式自救器继续外撤。

（6）人员撤出巷道时要随手关闭反向风门，防止瓦斯进入进风巷道。

（7）遇险人员在撤退途中，若退路被突出煤矸堵塞，不能到达避难所、避难硐室或进风巷道时，可寻找压风自救装置暂避，并设法与外界取得联系。

（8）在采掘工作面现场，发现有突出预兆时，不要犹豫不决，必须立即撤出，防止延期突出。

（9）采掘工作面发生突出事故后，救护队应分别从回风侧和进风侧进入事故地点。

（10）在灾区必须设专人定时定点用0～100%的甲烷检测仪检查瓦斯浓度，并及时向救灾指挥部报告。

（11）当发现突出点有异常情况，可能发生二次突出时，要立即撤出人员，有可能时，要在突出堆积物外面打密集支柱和防护板。

（12）恢复突出区通风时，应当以最短的路线将瓦斯引入回风巷。回风井口50 m范围内不得有火源，并设专人监视。

（三）恢复正常状态的原则和程序

1. 恢复正常状态的原则

（1）井下通风系统全面恢复正常，能够实现井下的正常通风。

（2）由瓦斯检查工或救护队员检查中央变电所及泵房风流中的瓦

斯情况，确认瓦斯浓度低于1.0%时，立即汇报调度室，由调度室通知地面变电所，恢复中央变电所电源。依次检查各采区变电点瓦斯情况，确认瓦斯浓度低于1.0%时，通知调度室由调度室安排送电。

(3) 瓦斯检查工检查各采煤工作面瓦斯浓度情况，确认瓦斯浓度低于1.0%和二氧化碳浓度低于1.5%时，经调度室同意方可恢复送电。

(4) 经瓦斯检查工检查，掘进工作面瓦斯浓度低于1.0%和二氧化碳浓度低于1.5%(局部通风机及其开关附近10 m以内风流中的瓦斯浓度不超过0.5%)时，汇报调度室，经调度室同意后方可送电。

(5) 采掘工作面电动机及开关安设地点附近20 m巷道内，都必须检查瓦斯，只有瓦斯浓度低于0.5%时，方可启动。

2. 恢复正常状态的程序

(1) 首先检查中央变电所及泵房风流中的瓦斯情况，在瓦斯浓度在《煤矿安全规程》规定以下时先恢复中央变电所电源；

(2) 其次检查各采区变电所(点)瓦斯情况，确认瓦斯浓度低于《煤矿安全规程》规定以下时恢复采区变电所(点)电源；

(3) 再次检查采煤工作面及掘进工作面的瓦斯情况，确认瓦斯浓度低于《煤矿安全规程》规定以下时恢复采煤工作面、掘进工作面的电源；

(4) 待井下全面恢复正常供电后，即可恢复矿井正常状态。

第三节 煤与瓦斯突出事故应急救援案例

贵州某能源集团有限责任公司某煤矿“4·9”较大煤与瓦斯突出事故应急救援案例如下所述。

一、矿井概况

某煤矿位于贵州省金沙县西洛乡东风村境内，属兼并重组保留建设矿井，设计生产能力为45万t/a。M_9、M_{13}煤层为突出煤层，矿井为煤与瓦斯突出矿井。

该煤矿采用斜井开拓，已形成中央并列抽出式通风系统，主、副斜井进风，回风斜井回风。设计全矿共划分为两个水平（+980 m 水平、+827 m 水平）三个采区，设计开采 M_4、M_5、M_9、M_{13} 等 4 层煤。事故发生时，井下布置有 10901 切眼（上）、10901 切眼（下）、10902 切眼底抽巷、+897 m 底板抽放巷、+967 m 底板抽放巷等 5 个掘进工作面，无采煤工作面。矿井已安装 KJ66X 型安全监测监控系统。

二、事故发生经过

4 月 9 日零点班，当班带班矿长肖某彬安排 10901 切眼（下）施工超前排放钻孔。10901 切眼（下）跟班矿领导李某。王某铁（班长）、张某桃、何某轻、邱某亮、刘某数（瓦斯检查工）、王某明（安全员）等 6 人在 10901 切眼（下）清理完煤矸并支护好后，施工超前瓦斯排放钻孔。第 1 个钻孔施工至 5 m 时喷孔，肖某彬、李某将人员撤至 10901 切眼下出口往外约 100 m 处。甲烷浓度降低后，肖某彬、李某带领工人继续施工超前排放钻孔。6 时许，施工至第 13 个瓦斯排放钻孔时，再次发生喷孔，现场人员撤至 10901 切眼（下）掘进工作面两道防突风门之间。6 时 20 分许，肖某彬将 10901 切眼（下）打钻喷孔严重等情况电话告知王某深（矿长）。7 时 40 分许，零点班工人升井。当班一共施工 13 个排放钻孔，第 1 个孔深 5 m、其余均为 4 m。

4 月 9 日 7 时许，赵某波主持召开早班班前会，当班共 49 人入井，带班矿领导赵某波，10901 切眼（下）跟班矿领导李某朋。施工单位罗某波按班前会工作安排，组织张某（班长）、陈某凯（瓦斯检查工）、王某强、钟某留、廖某銮、程某、谢某书等 7 人到 10901 切眼（下）施工超前排放钻孔，其余人员在 980 车场发料、827 水仓清理、10902 切眼底抽巷掘进，施工单位谭某富跟班。7 时 45 分许，李某朋、谭某富、张某、陈某凯、王某强、钟某留、廖某銮、程某、谢某书入井进入 10901 切眼（下）。8 时许，肖某彬、李某先后将喷孔严重等情况告知李某朋后升井。8 时 30 分许，陈某凯检查 10901 切眼（下）掘进工作面瓦斯正常，张某安排王某强、陈某凯去切眼往外 20 m 左右位置搬钻机钻杆，谭某富将人员位置监测系统识别卡交给张某后升井。8 时 47 分，冲击波将进入 10901 运输巷准备吊挂电缆的职工黎某权冲倒，矿井安全监测监控系统显示

10901 运输巷回风甲烷传感器（T_2）、10901 运输巷煤仓甲烷传感器、总回风巷甲烷传感器先后超限报警（最高浓度达 75.99%），事故发生。

三、事故直接原因

M_9煤层具有煤与瓦斯突出危险性，10901 切眼遇地质构造，煤层变厚，构造应力和采掘应力叠加导致突出危险增大；底抽巷穿层预抽切眼煤巷条带瓦斯钻孔未覆盖切眼掘进区域，区域防突措施失效，煤层实际未消除突出危险性，施工超前排放钻孔诱发煤与瓦斯突出。

四、应急处置及抢险救援

（一）应急响应

2021 年 4 月 9 日 8 时 48 分，金沙县安全生产综合监控平台显示某煤矿 10901 运输巷掘进工作面回风甲烷传感器（T_2）超限报警，值班人员立即通知井下撤人，并立即启动矿井煤与瓦斯突出事故应急预案，某煤矿矿长任总指挥，指挥部设在矿井信息调度中心，指挥部下设抢险救援组、技术保障组、警戒保卫组、医疗救护组、后勤保障组、事故调查组、善后处理组、信息发布组等应急救援小组，主要负责矿井撤人、抢险救灾以及与上级相关部门对接和遇险遇难职工家属接待等工作，启动应急预案的同时电话向金沙县能源局汇报事故情况。金沙县能源局执法大队大队长杨某刚接到某煤矿井下瓦斯异常超限信息后，立即赶赴现场核实。8 时 53 分，金沙县能源局副局长骆某电话召请金沙县应急救援大队抢险救援。在初步确定发生事故后，杨某刚于 9 时 42 分、9 时 48 分先后电话向国家矿山安全监察贵州局毕节监察分局和毕节市能源局进行了汇报。10 时 50 分，金沙县能源局通过贵州政务内网，将某煤矿事故情况上报国家矿山安全监察局贵州局毕节监察分局和毕节市能源局。国家矿山安全监察局贵州局毕节监察分局、国家矿山安全监察局贵州局按规定逐级上报至国家矿山安全监察局。

（二）应急救援经过

4 月 9 日 9 时 17 分，金沙县应急救援大队到达某煤矿；9 时 35 分入井侦查；10 时 4 分，在 10901 运输巷防突风门以里 130 m 处发现第 1 名遇难人员；10 时 15 分，在 270 m 处发现 1 名被困人员（经核实为黎某权，已治愈出院）；搜救至风门以里 320 m 处时，突出的煤矸堵塞巷道，无法通行，救援人员升井。

接到事故报告后，贵州省、毕节市和金沙县委县政府及相关部门领导和有关人员立即赶赴事故现场组织抢险救援，国家矿山安全监察局副局长黄某生也亲临现场指导抢险救援工作。经核实，事故当班 49 人入井，42 人升井（其中 1 人遇难、1 人受伤）、7 人被困。现场成立了以毕节市副市长谢某昌为组长、相关部门为成员的某煤矿“4·9”较大煤与瓦斯突出事故抢险救援指挥部，全力开展事故抢险救援和处置工作。指挥部召请林华救护中队、兖贵救护大队、林东救护大队、永贵救护大队、六枝救护大队参加抢险救援。

10 日 11 时 59 分，救援人员在 10901 运输巷防突风门以里 295 m 处发现第 2 名遇难人员；12 日 21 时 29 分，在 345 m 处发现第 3 名遇难人员；13 日 7 时 44 分至 14 时 28 分，先后在 373 m 处发现 5 名遇难人员（第 4 名～第 8 名）；15 时 27 分，最后一名遇难人员运出地面，抢险救援工作结束。本次事故共造成 8 人遇难。事故善后工作已得到妥善处理。

五、总结分析

（一）救援经验

（1）矿井在事故发生后，立即组织井下人员撤离并启动矿井应急预案，避免了事故进一步扩大。

（2）矿井能够按照规定向当地应急管理部门汇报，保证了应急救援队伍、事故应急救援专家能够及时参与矿井应急处置。

（3）国家矿山安全监察局副局长，贵州省、毕节市和金沙县委县政府及相关部门领导和有关人员接到事故汇报后亲临现场参与应急救援，并调动省内多支应急救援队伍，保证了应急抢险工作的顺利完成。

（二）存在问题

（1）由于对突出事故的现场情况不清楚，在事故抢险救援初期会存在应急救援队伍、人员不足的情况，从而影响应急救援进程。

（2）矿井发生事故后，没有按照规定向上级公司汇报，上级公司掌握的应急救援资源不能第一时间投入矿井事故救援。

第十一章　煤与瓦斯突出事故应急处置

第一节　煤与瓦斯突出事故的预兆

在采掘过程中应当随时观察突出预兆。典型的突出预兆主要包括：响煤炮声（机枪声、闷雷声、劈裂声），喷孔、顶钻，煤壁外鼓、掉渣，瓦斯涌出持续增大或者忽大忽小，煤尘增大，煤壁温度降低、挂汗等。

有声预兆：煤层发出劈裂声、闷雷声、机枪声、响煤炮以及气体穿过含水裂缝时的吱吱声等；声音由远到近，由小到大，有短暂的，有连续的，时间间隔长短也不一致；煤壁还会发生震动和冲击，顶板来压，支架发出折裂声。

无声预兆：工作面顶板压力增大，煤壁被挤压，片帮掉渣，顶板下沉或底板鼓起；煤层层理紊乱、煤暗淡无光泽、煤质变软；瓦斯忽大忽小，煤壁发凉，打钻时有顶钻、卡钻、喷瓦斯等现象。

特别注意：任何一次突出前，并不是所有预兆都出现，而是仅出现其中一种或数种，而且有的预兆还不明显；也有的预兆距发生突出的时间很短。因此发现任何预兆，都要格外警惕，及时报告、躲避。

突出煤层工作面的作业人员、瓦斯检查工、班组长应当熟悉突出预兆，发现有突出预兆时，必须立即停止作业，按避灾路线撤出，并报告矿调度室。班组长、瓦斯检查工、矿调度员有权责令相关现场作业人员停止作业、停电撤人。

第二节　煤与瓦斯突出事故的避灾逃生

一、发生煤与瓦斯突出事故时现场作业人员逃生的规定

(1) 首先要能及时发觉煤与瓦斯突出事故的前期征兆，牢记井下避灾路线，熟悉井下常用的避灾设施(具体的位置及使用方法)。

(2) 根据煤与瓦斯突出性质，做出正确的判断，进而选择合理的避灾逃生方法。

(3) 在遇到紧急情况时，不要放弃，要选择科学的救生方法，可以延长人员生命，等待救援人员，增加救援的成功率。具体方面如下：

① 井下作业人员在了解煤与瓦斯突出事故的成灾原因后，要及时发觉煤与瓦斯突出事故发生的前期征兆。例如，在采掘工作面的工作人员，如果听到迎头煤体中出现劈裂声、炮声、闷雷声，或者发现迎头煤层层理紊乱、煤体变软变暗、掉渣、煤面外鼓、瓦斯浓度增大、瓦斯涌出忽大忽小以及打钻顶钻、夹钻、钻孔喷孔等现象时，工作面将要发生煤与瓦斯突出事故，应立即组织人员撤出该工作面。在岩石大巷中行走的工作人员，如果听到巷道一边传来闷雷声或"呼呼"声，同时感觉到一股凉风从该方向吹来，巷道该方向可能发生了煤与瓦斯突出事故，将要有大量的瓦斯涌入该巷道。

② 井下作业人员在发觉煤与瓦斯突出事故的前期征兆后，若现场不具备事故抢救的条件，或可能危及人员的安全时，要进行避灾逃生，并通知未知险情的其他人员撤离。此时要牢记避灾路线，迅速安全地撤离灾区。避灾路线是指事故发生后供遇险人员最安全、距离最短、能迅速撤离的路线，它直接关系到遇险人员的生命安全。

二、发生煤与瓦斯突出事故时现场作业人员避灾路线的选择

(1) 首先要正确确定发生灾变的地点、自身所在的位置及要撤退的目的地。

(2) 当不能直接撤出地面时,应首先撤离至合适的避灾点。

(3) 确定避灾路线应选择安全条件最好、距离最短的行动路线。

(4) 确定避灾路线后,在事故发生时,不到万不得已,不能随意变更避灾路线。

三、发生煤与瓦斯突出事故时现场作业人员应急自救和互救

井下作业人员在遇到煤与瓦斯突出事故时,要本着以人为本、安全第一的原则,最大限度地保护自己及他人的生命安全。在避灾逃生过程中,要保持镇静、沉着应对,不要惊慌、不要乱跑,相互安慰,坚定信心,听从指挥,并严格控制矿灯使用。如果井下作业人员无法正确辨别避灾路线,或者处于一个人状态时,首先要判断事故地点及自己所处的位置。如果位于事故的上风侧,应迎着风流、向进风井口撤离,并在沿途留下标记;位于下风侧时,要迅速佩戴自救器或用湿毛巾捂住口鼻,并沿捷径绕到新鲜风流中去。如果作业人员在短时间内无法安全撤离灾区时,应在灾区内进行自救和互救,妥善避灾,努力维持和改善自身生存条件,等待援救。利用独头巷道、硐室或两道风门之间的条件就地取材构筑风障,减少有害气体流入,静卧待援。同时在硐室外留下明显标记,并不时敲打轨道或铁管发出的求救信号。躲避地点要选择顶板坚固、没有有害气体、离水源较近的地方。时刻注意附近情况的变化,发生危险立即转移。

第十二章　煤与瓦斯突出事故典型案例分析

第一节　煤矿生产安全事故及防治基础知识

一、生产安全事故的概念及类型

生产安全事故是指生产经营单位在生产经营活动中发生的伤害人身安全和健康，或者损坏设备设施，造成经济损失，导致原生产经营活动暂时中止或永远终止的意外事件，包括造成人员死亡、伤害、职业病、财产损失或其他损失的所有意外事件。

1. 按《生产安全事故报告和调查处理条例》分类

根据《生产安全事故报告和调查处理条例》规定，生产安全事故一般分为特别重大事故、重大事故、较大事故和一般事故。特别重大事故是指一次造成 30 人以上死亡，或者 100 人以上重伤，或者 1 亿元以上直接经济损失的事故；重大事故是指一次造成 10 人以上 30 人以下死亡，或者 50 人以上 100 人以下重伤，或者 5 000 万元以上 1 亿元以下直接经济损失的事故；较大事故是指一次造成 3 人以上 10 人以下死亡，或者 10 人以上 50 人以下重伤，或者 1 000 万元以上 5 000 万元以下直接经济损失的事故；一般事故是指一次造成 3 人以下死亡，或者 3 人以上 10 人以下重伤，或者 300 万元以上 1 000 万元以下直接经济损失的事故。（注："以上"包括本数，"以下"不包括本数。）

2. 按煤矿事故分类(按事故性质分类)

(1) 顶板事故:冒顶、片帮、顶板掉矸、顶板支护垮倒、冲击地压、露天煤矿边坡滑移垮塌等,底板事故视为顶板事故。

(2) 瓦斯事故:瓦斯(煤尘)爆炸、燃烧,煤(岩)与瓦斯突出,中毒、窒息事故。

(3) 机电事故:机电设备(设施)导致的事故,包括运输设备在安装、检修、调试过程中发生的事故。

(4) 运输事故:运输设备(设施)在运输(运行)过程中发生的事故。

(5) 爆破事故:爆破崩人、触响瞎炮造成的事故。

(6) 火灾事故:煤与矸石自然发火和外因火灾造成的事故,其中煤层自燃未见明火、逸出有害气体中毒视为瓦斯事故。

(7) 水害事故:地表水、老空水、地质水、工业用水造成的事故及透黄泥、流沙导致的事故。

(8) 其他事故:以上七类事故以外的事故。

二、生产安全事故的原因及预防

任何事故的发生都是有原因的,生产安全事故也不例外。一般来讲,发生生产安全事故的原因主要包括人的不安全行为、物的不安全状态和管理的缺陷等。

1. 人的不安全行为

(1) 麻痹、侥幸心理,工作蛮干,在“不可能意识”的支配下,发生了安全事故。

(2) 精神疲惫、酒后上班、班中睡觉、擅自离岗、干与本职工作无关的事,以及工作时注意力不集中、思想麻痹。

(3) 不正确佩戴或使用安全防护用品。

(4) 操作和作业时,违反安全规章制度和安全操作规程、未制定或执行相应的安全措施。

(5) 机器在运转时进行检修、调整、清扫等作业。

(6) 在有可能发生坠落物、吊装物的地方下冒险通过、停留。

(7) 在作业和危险场所存在随意走、攀、坐、靠的不规范行为。

(8) 违规使用非专用工具、设备或用手代替工具作业。

2. 物的不安全状态

(1) 防护、保险、警示等装置缺失或存在缺陷。

(2) 机械、电气设备维护检修不到位，带“病”运转。

(3) 物体的固有性质和建造设计使其存在不安全状态。

(4) 设备安装不规范，或超期使用、部件老化。

3. 管理的缺陷

(1) 管理人员在思想上对安全工作的重要性认识不足，将其视为可有可无，日常以麻木的心态和消极的行为对待安全工作，安全法律责任意识淡薄。

(2) 安全管理机构不健全，安全管理制度不完善。

(3) 管理人员不学习、不理解、不彻底落实企业的各种安全规章制度，只注重生产指标，忽视安全检查、安全教育和隐患排查治理。

(4) 管理人员安全知识不全面、安全管理能力差、安全管理执行力不强。

(5) 安全投入不足。

其主要预防措施为：

(1) 严格贯彻落实“安全第一，预防为主，综合治理”的安全生产方针。安全生产工作应当以人为本，坚持安全发展，坚持“安全第一，预防为主，综合治理”的方针，强化和落实生产经营单位的主体责任，建立健全生产经营单位负责、职工参与、政府监管、行业自律和社会监督的机制。

(2) 广泛开展安全教育和培训工作。通过安全教育和培训，不断提高从业人员的安全意识和安全素质，加强自主保安和相互保安，认真学习并贯彻落实《煤矿安全规程》、“煤矿工人安全技术操作规程”和“作业规程”，杜绝违章指挥、违章作业、违反劳动纪律等“三违”行为。

(3) 认真贯彻落实岗位责任制与安全生产责任制。岗位责任制是企业根据法律法规建立的针对所有从业人员保证安全生产责任层层落实的制度。所有从业人员都按照岗位责任制的要求上标准岗，干标准活，工作中各负其责，这样才能搞好安全生产工作。

(4) 积极开展风险预控、隐患排查治理工作。煤矿作业过程中存在很多风险，因此要求作业人员在从事每项工作前，必须充分认识到作业过程中存在的各类风险，并提前采取有效措施，防止发生各类安全事故。同时，工作中还要经常进行隐患排查，发现问题立即解决或汇报，防止隐患演变成事故。

三、事故处理"四不放过"原则

发生事故后，必须按照"四不放过"原则进行处理，其具体内容是：事故原因没有查清不放过，事故责任人没有受到处理不放过，事故责任人和广大群众没有受到教育不放过，整改措施未落实不放过。

1. 事故原因没有查清不放过

发生事故后，必须查清事故的直接原因和间接原因，只有这样，才能根据事故原因制定相应的防范措施，杜绝类似事故再次发生。

2. 事故责任人没有受到处理不放过

发生事故后，或者对人员造成了伤害，或者对财产造成了损失，影响了生产经营单位的经济利益，因此必须严格按照安全事故责任追究的规定和有关法律法规的要求对事故责任人进行处理。对于触犯刑法的，还要依法追究其刑事责任。

3. 事故责任人和广大群众没有受到教育不放过

发生事故后，必须对事故责任者和广大群众进行安全教育，使事故责任者和广大群众了解事故发生的原因、造成的危害和防范措施，并认真吸取教训，防止类似事故在本岗位和其他相关岗位再次发生。

4. 整改措施未落实不放过

发生事故后，必须根据事故原因，制定、采取相应的防范措施，以达到防止事故再次发生的目的。

第二节　煤与瓦斯突出事故典型案例

【案例一】 陕西某煤业地质带未采取措施较大煤与瓦斯突出事故

（一）事故经过

2020年6月10日12时29分，陕西某煤业有限责任公司1105运输顺槽综掘工作面发生一起较大煤与瓦斯突出事故，造成7人死亡、2人受伤，直接经济损失1 666万元。

2020年6月10日8点班，12时10分左右，安全检查工郭某民第三次到工作面巡查，现场正在割第二排煤，12时20分左右，安全检查工郭某民离开工作面，当他快到局部通风机前的时候，突然听到“嗵、嗵、嗵”的几声响，就赶紧跑到下山皮带过桥处，用手抓住过桥扶手准备过皮带，就在这时，感觉后背被推了一下，就失去知觉了。

12时29分，调度员秦某荣接到井下变电所和水泵房打来的电话，称1105运顺工作面断电，同时调度室监测监控系统显示1105运顺回风探头瓦斯浓度为40%～50%，总回瓦斯浓度为6%～17%，调度员秦某荣将瓦斯浓度异常情况汇报给当日值班机电矿长安某民、矿长党某敏、总工程师杨某党等矿领导。12时40分，矿长党某敏下达撤出人员命令。

（二）事故原因

1. 直接原因

煤层厚度急剧增厚，倾角急剧增大，使掘进区域处于应力集中区；构造煤发育、煤层松软、透气性差，具备煤与瓦斯突出的基本条件；两个“四位一体”综合防突措施执行不到位，瓦斯抽采不达标，没有消除事故地点突出危险性；违规掘进施工，事故地点煤体积聚的能量超过了煤体的抵抗能力导致事故发生。

2. 间接原因

(1) 区域和局部防突措施执行不到位

① 未按照审批的设计和措施实施区域和局部防突措施。表现为钻孔数量不足,5 月 28 日至 6 月 7 日施工区域防突措施钻孔时,仅在工作面正前方施工了 14 个钻孔,控制两帮方向的钻孔未施工。施工局部防突措施钻孔时,仅施工了 6 个、深度为 6 m 的瓦斯排(释)放钻孔。

② 未进行突出预警分析与处置。1105 运输顺槽掘进工作面区域预抽防突钻孔施工过程中,频繁出现喷孔、顶钻、卡钻等明显突出预兆,煤矿相关负责人未组织专业人员进行分析研判、查明原因,采取有效措施。

(2) 防突管理工作混乱

① 基础管理工作薄弱。未按规定建立防突技术管理制度,召开防突专题例会,进行通风瓦斯日分析,建立突出预兆分析和处置台账,以及编制工作面防突预测图。

② 未设置专业防突队伍。陕西某煤业有限责任公司 2019 年 12 月 28 日印发了《关于成立防治煤与瓦斯突出工作领导小组及防突队伍的通知》(陕燎煤司通发〔2019〕72 号),成立了以矿长为组长、总工程师和通风矿长为副组长,通风、生产、安检等相关部门为成员的防突领导小组,明确了分工和职责。成立了专门防突队伍,明确了队长、副队长、技术员和 10 名防突员。通过事故调查发现,防突队伍设在综采区,防突队队长由综采区长兼任,防突队副队长由掘进队长兼任,技术员由掘进队技术员兼职,配备的 10 名防突队员中,有 2 人持证在通风部,8 人在掘进队并兼职辅助工作。

③ 防突措施实施过程中的监督管理不到位。区域预抽、区域效果检验钻孔施工过程中无钻孔轨迹测定或视频监控设备。

(3) 职工安全教育培训不到位

① 企业组织的培训内容和考试内容中无煤与瓦斯突出灾害防治和突出预兆知识。

② 事故遇难的孙某、孙某旺、王某生未经岗前培训,入井作业。

③ 1105 运输顺槽打钻作业的李某干、王某辉、姚某见等 3 人未取

得特殊工种操作资格证。

④ 企业在1105运输顺槽掘进工作面未进行突出事故逃生、救援演练。

(4) 防突资料造假

1105运输顺槽设计区域防突措施钻孔56个,5月28日至6月7日井下实际施工钻孔14个,为了应付检查,将其余应按设计施工的42个钻孔由防突工填写虚假钻孔验收单,编制虚假的钻孔竣工图和区域防突措施效果检验单。

(5) 煤矿安全监管工作职责不到位

煤矿安全监管人员对矿井安全生产监督监察有缺失,未能履职尽责,对矿井存在的煤与瓦斯突出重大安全风险研判(检查)不到位。

(三) 防范措施

(1) 严格落实矿井主体责任,提升安全生产基础管理水平。

(2) 建立健全防突管理机构,配足防突专业技术管理人员。

(3) 高度重视地质预测预报工作,采用物探先行、钻探验证的方式进行超前探测,做好地质编录工作,科学分析地质构造,及时准确掌握煤层层位、地层产状和围岩变化情况,根据构造特点采取有针对性的防范措施。

(4) 严格落实两个"四位一体"防突措施,做到钻孔施工、成孔验收、预测预报和效果检验必须责任到人,遇到地质构造、煤层变厚等特殊情况,防突措施要及时跟进,做到突出危险不消除不掘进、不生产。

(5) 加强职工安全培训,提高从业人员安全意识和业务能力。

(6) 优化矿井开拓部署、采掘布置、通风系统,严防因采掘接续紧张、加快掘进进度而忽视隐患治理工作,给瓦斯治理留有足够时间。

(7) 加大煤与瓦斯突出方面的检查力度,严厉打击矿井"瓦斯参数作假、钻孔施工作假,措施检验作假"等行为,对区域防突措施不到位,未消除突出危险的煤层,一律禁止采掘作业,杜绝矿井瓦斯治理效果不达标而冒险蛮干的行为。

【案例二】 陕西某煤业地质带未采取措施较大煤与瓦斯突出事故

（一）事故经过

2020年11月4日13时许，铜川市印台区铜川某煤业有限公司发生一起瓦斯突出事故，当班入井42人，安全升井34人，有8人失联。

事故发生后，现场指挥部紧急调遣铜川矿业公司、韩城矿业公司两支矿山救护队五个小队共65名队员赶赴现场开展救援工作，截至11月10日23时45分，搜救工作已全部结束，失联8人全部遇难。

（二）事故原因

1. 直接原因

该煤矿59轨道下山下段掘进工作面处于地质变化带，全层构造煤发育，煤质松软，煤层变厚，煤层埋藏深，构造应力大，瓦斯含量高，具备煤与瓦斯突出条件；在工作面出现响煤炮、瓦斯忽大忽小、频繁超限、片帮等动力现象后，在未认真分析、查明原因、采取有效防突措施的情况下，继续冒险组织掘进施工，综掘机割煤诱发煤与瓦斯突出，导致事故发生。

2. 间接原因

(1) 发生瓦斯动力现象后不进行鉴定，仍冒险组织掘进。2020年4月30日，该矿掘进期间曾发生瓦斯动力现象，压出煤量30～40 t；2020年10月24日至事故发生前，事故工作面掘进过程中出现响煤炮、瓦斯忽大忽小、频繁超限等异常现象，未按照规定立即停产撤人、分析并查明原因，未按规定对煤层瓦斯压力、瓦斯含量等参数进行测定，未进行煤层突出危险性鉴定，仅采取施工钻孔的方式排放瓦斯进行防治，违章冒险组织掘进作业。

(2) 矿领导违章指挥，弄虚作假、逃避监管。事故前一班(11月4日零点班)工作面瓦斯超限报警后，带班矿领导指使瓦斯检查工将甲烷传感器移撤到进风流中。2020年10月24日至11月3日，该矿向区煤炭监控中心瞒报瓦斯超限次数，仅上报5次，实际瓦斯超限16次，并谎报超限原因是维修调试传感器、洒水降尘、接风筒、倒风机、延长监控线缆等；事发当日零点班瓦斯超限报警 2 次，以“钻孔释放瓦斯引起”和“风将风筒吹脱节”为由向区煤炭监控中心上报超限原因。

(3) 瓦斯治理走过场，瓦斯超前排放钻孔技术措施落实不到位。10 月 29 日施工瓦斯排放钻孔 4 个，31 日施工 6 个，孔径为 50 mm，均未达到设计要求，其中 4 个钻孔深度也未达到设计要求；事故当班工作面仅有 3 个钻孔，未按要求补打瓦斯排放钻孔。

(4) 现场安全管理混乱，安全教育培训不到位。未严格执行矿领导入井带班制度，安排不具备带班资格的生产技术科科长作为矿级领导入井带班。通风安全设施不可靠，采用简易木板风帐控制风流。特种作业人员无证上岗作业，职工应急处置能力差，事故当班工人不熟悉井下避灾路线。

(5) 监管部门履行煤矿安全监管职责不到位。对矿井存在的煤与瓦斯突出重大安全风险研判(检查)不到位。

(三) 防范措施

(1) 严格落实安全生产主体责任，完善安全管理制度和管理机构，并配齐专业技术人员和特种作业人员。

(2) 加大反“三违”力度，严禁违章指挥和违章作业。

(3) 加大对从业人员的培训，切实提高从业人员安全意识、职业技能水平和综合素质。

(4) 严格落实防突管理工作，真正树立瓦斯“零超限”和煤层“零突出”的瓦斯管理理念。非突出矿井和非突出煤层出现瓦斯动力现象时，必须按照《防突细则》第十三条的规定停止作业进行煤层突出危险性鉴定，或按照突出煤层管理。

(5) 高度重视瓦斯地质工作，做好地质编录工作，及时准确掌握煤层厚度、产状变化情况。同时做好地质预测预报，临近断层前，采用物探、钻探等手段探明断层构造情况，防止在断层构造应力集中区冒险作业。

(6) 突出煤层必须采取两个“四位一体”综合防突措施，做到多措并举、可保必保、应抽尽抽、效果达标，否则严禁采掘活动。

(7) 强化安全监控系统管理，加强监控作业人员培训，使其熟知基础安全知识，熟练掌握系统操作业务，防止盲目执行错误指令，坚决打击弄虚作假行为。

【案例三】 山西某煤业遇断层多重应力叠加引起煤与瓦斯突出事故

(一) 事故经过

2021 年 3 月 25 日，位于山西晋中左权县的某煤业井下 15210 进风掘进工作面发生煤与瓦斯突出事故，造成 4 人死亡。

3 月 24 日 20 时 24 分，15210 进风巷队组掘完一排，并完成支护，掘进机开始清煤，准备进钻机施工瓦斯排放钻孔。3 月 25 日 3 时 51 分，15210 掘进工作面发生煤与瓦斯突出事故，工作面甲烷传感器 T1 信号中断，15210 进风巷钻机下风侧甲烷传感器浓度超限报警，4 时 05 分，掘一队职工梁某慧电话汇报石港煤业调度室，15210 进风巷掘进工作面发生煤与瓦斯突出。

(二) 事故原因

1. 直接原因

综掘机割煤作业引起工作面应力重新分布，打破了本已经应力高度集中的工作面前方煤体的应力平衡，诱发了瓦斯突出。

2. 间接原因

(1) 突出地点存在小断层，构造煤变厚，煤层突出危险性急剧增加。

(2) 突出地点煤层地应力较大，多重应力叠加，具备激发突出的能量。

(3) 预抽时间短，区域防突措施和局部防突措施未能消除工作面前方煤体突出危险性，局部防突措施效果检验钻孔未能有效辨识出突出地点瓦斯突出危险性以及构造煤发育。

(三) 防范措施

(1) 加强瓦斯抽采科研攻关，加大抽采力度，提高抽采效率，扭转抽、掘、采衔接紧张的被动局面。

（2）矿井突出煤层应进行突出危险性评估，论证开采保护层的可行性，优化区域防突措施，避免采用顺层钻孔预抽煤巷条带煤层瓦斯的区域防突措施。

（3）严格落实两个"四位一体"的综合防突措施，建立完善综合防突措施实施、检查、验收、审批等管理制度，把每一个环节都落实到人，层层把关，责任明确，考核严明。

（4）井下掘进工作面在接近、通过地面压裂抽采井的影响范围前，必须制定专项安全措施，做好井上、下协调工作，避免发生意外事故。

（5）加强对掘进巷道前方构造煤、断层等地质构造的探测工作，充分利用人工观测、物探和钻探、锚杆钻孔施工等手段，综合分析地质构造、煤层赋存条件变化等现象，提高地质构造预报的准确率。

（6）建立矿井瓦斯预警系统和瓦斯地质预报体系，对瓦斯超限和煤与瓦斯突出事故提前防范和超前预警。

（7）建立以总工程师为首的防突技术管理体系，配备专职通风（防突）副总工程师，配备防突专业技术人员和研究人员，设立专业防突机构和防突队伍，设立专职的打钻抽采队伍，井下防突工程不得外包，确保施工到位、措施有效。

（8）根据现场实际条件，优化防突措施设计。确保钻孔按设计要求施工到位。

（9）加强防突知识培训。对井下从业人员进行全员防突知识培训，确保人人熟悉防突知识。

【案例四】　贵州某煤矿措施不到位爆破引起较大煤与瓦斯突出事故

（一）事故经过

2022 年 3 月 2 日 2 时 30 分许，回风斜井延伸巷掘进工作面开始施工炮眼。3 时 30 分许，施工完成 20 个炮眼，爆破工涂某政装药连线，并将人员撤至井底＋1 100 m 石门转弯处。4 时 13 分许，涂某政汇报调度室，收到同意爆破的指令。4 时 17 分，涂某政启动发爆器。爆破后涂某政感受到明显冲击波，随即同 4 名工人往外跑。涂某政跑到主井底架空乘人装置机尾处，向调度监控室打电话说“回风斜井延伸巷突出了”，随即晕倒。经技术鉴定，事故突出煤量 792 t，涌出瓦斯量 76 632 m^3，吨煤瓦斯涌出量 96.75 m^3。当班调度员林某军、监控员许某发现回风斜井延伸巷掘进工作面 T_1、T_2 甲烷传感器断线报警，立即分别打电话向矿长李某安、监控主任李某汇报，并通知井下撤人，随后李某安、李某、江某松、谢某元等人赶到调度监控室。

（二）事故原因

1. 直接原因

事故地点 9# 煤层具有煤与瓦斯突出危险性，未按规定采取综合防突措施，煤层突出危险性未消除，爆破作业时诱发了煤与瓦斯突出。

2. 间接原因

(1) 两个“四位一体”综合防突措施不落实。出现突出预兆后违章指挥工人冒险作业。未超前探测煤层厚度及地质构造情况，未施工地质探测钻孔，未测定煤层瓦斯压力及瓦斯含量等与突出危险性相关的参数，未按规定编制防突专项设计并组织实施。煤矿管理人员明知回风斜井延伸巷掘进工作面拟揭穿突出煤层，回风斜井延伸巷掘进至 36.5 m 时施工的 27 个探煤钻孔（兼瓦斯抽采钻孔）见煤并出现喷孔的突出预兆，未立即停止作业并落实石门揭煤措施，违章指挥工人冒险作业。

(2) 隐瞒 7# 煤层隐蔽区域，蓄意逃避监管。采用隐蔽区域不上图、入井检身记录及调度台账等“两本账”、遇检查时隐蔽区域不上班等方式，隐瞒 7# 煤层隐蔽区域组织施工的事实。井下施工假密闭隐瞒 7# 煤层隐蔽区域出入口，用设置测风站、安设铁皮柜方式对密闭进行伪装，蓄意逃避监管。

(3) 通风管理混乱。7# 煤层隐蔽区域各作业点无独立的回风系统，无备用局部通风机，一台局部通风机为两个及以上掘进工作面供风。回风斜井延伸巷掘进工作面揭煤前未设置防突风门，为满足 7# 煤层隐蔽区域的用风，在回风侧设置调节风量设施，导致回风不畅，突出后瓦斯逆流波及井下全部巷道，造成伤亡扩大。

(4) 安全生产管理混乱。① 煤矿安全生产管理机构不健全。二级安全生产管理科室专业人员配备不齐、特种作业人员配备不能满足井下建设需要，各作业面的瓦斯检查、安全检查、爆破由 1 人兼任。② 岗位责任制不明晰。书面任命的“五职矿长”与口头任命的实际负责矿长及施工队管理“两张皮”，造成现场管理失控。③ 隐患排查治理和三年攻坚行动避重就轻、弄虚作假。④ 矿长、总工程师等管理人员不按规定带班入井。⑤ 两套监控系统分别对一期工程区域和 7# 煤隐蔽区域进行监控，7# 煤隐蔽区域监控数据不上传。人为移动、包裹井下甲烷传感器，导致监测数据失真。⑥ 安全培训走过场，安全培训学时和内容不符合要求。

（三）防范措施

(1) 强化落实矿井安全生产主体责任，牢固树立依法办矿依规管矿意识，坚守安全红线底线，切实落实矿井主体责任和第一责任人责任。

(2) 加强煤矿从业人员安全教育培训，提高相关人员的防突技术技能，实现全员熟悉突出预兆、掌握防突基本常识和技能。

(3) 建立健全安全生产管理机构，配备满足安全生产需要的技术和管理人员，健全完善安全制度体系，切实开展隐患排查治理，提升安全管理水平，确保依法依规组织生产。

(4) 强化煤层瓦斯地质工作，树立“遇见地质构造没有预报就是事故”的理念。按规定及时开展煤层瓦斯含量和压力、煤的坚固性系数、瓦斯抽采半径等基础参数的测定和分析，及时填绘瓦斯地质图，确保有效指导瓦斯灾害防治工作。

(5) 严格按规定开展煤层突出危险性鉴定或认定工作。要密切关注煤层突出预兆、分析瓦斯涌出异常变化等情况，非突出煤层出现突出预兆时，必须立即按规定采取相应措施。

(6) 强化煤矿安全技术管理体系建设。建立健全以总工程师为首的技术管理体系，配齐配强煤矿企业技术管理人员，落实有效的技术措施和管理制度。煤层开采顺序和采掘工作面布置要科学合理合规，防止采场应力叠加、应力集中造成安全风险。

（7）煤矿要强化一通三防管理，严格落实防突措施。① 严格落实防治煤与瓦斯突出两个“四位一体”综合防突措施，加强地质预测预报，落实煤层瓦斯地质工作，有效指导瓦斯灾害防治工作。② 严格落实揭煤作业的安全技术管理工作，揭开突出煤层必须避开地质构造带，严格按照揭煤程序开展煤与瓦斯突出防治工作。③ 加强通风系统管理，突出煤层和石门揭煤工作面必须实现独立通风并在进风侧设置防突反向风门，必须采取远距离爆破等安全防护措施，严禁在回风侧设置控制风流的设施。④ 有针对性地编制瓦斯防治一矿一策、一面一策，及时开展瓦斯参数测定，严格执行开采保护层措施，严格打钻抽采精细化过程管控，严格落实抽采达标评判，严格执行通风瓦斯日分析制度，认真绘制防突预测图，加强防突人员管理。

【复习思考题】

1. 什么是生产安全事故？
2. 煤矿事故分为哪几类？
3. 造成生产安全事故的原因是什么？
4. 预防生产安全事故的主要措施有哪些？
5. 事故处理“四不放过”原则的内容是什么？

附件1 防突主要规章和标准对防治煤(岩)与瓦斯(二氧化碳)突出的相关规定

一、《煤矿安全规程》对防突的相关规定

(一) 一般规定

第一百八十九条 在矿井井田范围内发生过煤(岩)与瓦斯(二氧化碳)突出的煤(岩)层或者经鉴定、认定为有突出危险的煤(岩)层为突出煤(岩)层。在矿井的开拓、生产范围内有突出煤(岩)层的矿井为突出矿井。

煤矿发生生产安全事故,经事故调查认定为突出事故的,发生事故的煤层直接认定为突出煤层,该矿井为突出矿井。

有下列情况之一的煤层,应当立即进行煤层突出危险性鉴定,否则直接认定为突出煤层;鉴定未完成前,应当按照突出煤层管理:

(1) 有瓦斯动力现象的。

(2) 瓦斯压力达到或者超过 0.74 MPa 的。

(3) 相邻矿井开采的同一煤层发生突出事故或者被鉴定、认定为突出煤层的。

煤矿企业应当将突出矿井及突出煤层的鉴定结果报省级煤炭行业管理部门和煤矿安全监察机构。

新建矿井应当对井田范围内采掘工程可能揭露的所有平均厚度在 0.3 m 以上的煤层进行突出危险性评估,评估结论作为矿井初步设计和建井期间井巷揭煤作业的依据。评估为有突出危险时,建井期间应当对开采煤层及其他可能对采掘活动造成威胁的煤层进行突出危险性鉴定或者认定。

第一百九十条 新建突出矿井设计生产能力不得低于 0.9 Mt/a，第一生产水平开采深度不得超过 800 m。中型及以上的突出生产矿井延深水平开采深度不得超过 1 200 m，小型的突出生产矿井开采深度不得超过 600 m。

第一百九十一条 突出矿井的防突工作必须坚持区域综合防突措施先行、局部综合防突措施补充的原则。

区域综合防突措施包括区域突出危险性预测、区域防突措施、区域防突措施效果检验和区域验证等内容。

局部综合防突措施包括工作面突出危险性预测、工作面防突措施、工作面防突措施效果检验和安全防护措施等内容。

突出矿井的新采区和新水平进行开拓设计前，应当对开拓采区或者开拓水平内平均厚度在 0.3 m 以上的煤层进行突出危险性评估，评估结论作为开拓采区或者开拓水平设计的依据。对评估为无突出危险的煤层，所有井巷揭煤作业还必须采取区域或者局部综合防突措施；对评估为有突出危险的煤层，按突出煤层进行设计。

突出煤层突出危险区必须采取区域防突措施，严禁在区域防突措施效果未达到要求的区域进行采掘作业。

施工中发现有突出预兆或者发生突出的区域，必须采取区域综合防突措施。

经区域验证有突出危险，则该区域必须采取区域或者局部综合防突措施。

按突出煤层管理的煤层，必须采取区域或者局部综合防突措施。

在突出煤层进行采掘作业期间必须采取安全防护措施。

第一百九十二条 突出矿井必须确定合理的采掘部署，使煤层的开采顺序、巷道布置、采煤方法、采掘接替等有利于区域防突措施的实施。

突出矿井在编制生产发展规划和年度生产计划时，必须同时编制相应的区域防突措施规划和年度实施计划，将保护层开采、区域预抽煤层瓦斯等工程与矿井采掘部署、工程接替等统一安排，使矿井的开拓区、抽采区、保护层开采区和被保护层有效区按比例协调配置，确保采掘作业在区域防突措施有效区内进行。

第一百九十三条 有突出危险煤层的新建矿井及突出矿井的新水平、新采区的设计,必须有防突设计篇章。

非突出矿井升级为突出矿井时,必须编制防突专项设计。

第一百九十四条 突出矿井的防突工作应当遵守下列规定:

(1) 配置满足防突工作需要的防突机构、专业防突队伍、检测分析仪器仪表和设备。

(2) 建立防突管理制度和各级岗位责任制,健全防突技术管理和培训制度。突出矿井的管理人员和井下作业人员必须接受防突知识培训,经考试合格后方可上岗作业。

(3) 加强两个"四位一体"综合防突措施实施过程的安全管理和质量管控,实现质量可靠、过程可溯、数据可查。区域预测、区域预抽、区域效果检验等的钻孔施工应当采用视频监视等可追溯的措施,并建立核查分析制度。

(4) 不具备按照要求实施区域防突措施条件,或者实施区域防突措施时不能满足安全生产要求的突出煤层、突出危险区,不得进行采掘活动,并划定禁采区。

(5) 煤层瓦斯压力达到或者超过 3 MPa 的区域,必须采用地面钻井预抽煤层瓦斯,或者开采保护层的区域防突措施,或者采用井下顶(底)板巷道远程操控方式施工区域防突措施钻孔,并编制专项设计。

(6) 井巷揭穿突出煤层必须编制防突专项设计,并报企业技术负责人审批。

(7) 突出煤层采掘工作面必须编制防突专项设计。

(8) 矿井必须对防突措施的技术参数和效果进行实际考察确定。

第一百九十五条 突出矿井的采掘布置应当遵守下列规定:

(1) 主要巷道应当布置在岩层或者无突出危险煤层内。突出煤层的巷道优先布置在被保护区域或者其他无突出危险区域内。

(2) 应当减少井巷揭开(穿)突出煤层的次数,揭开(穿)突出煤层的地点应当合理避开地质构造带。

(3) 在同一突出煤层的集中应力影响范围内,不得布置 2 个工作面相向回采或者掘进。

第一百九十六条 突出煤层的采掘工作应当遵守下列规定：

(1) 严禁采用水力采煤法、倒台阶采煤法或者其他非正规采煤法。

(2) 在急倾斜煤层中掘进上山时，应当采用双上山、伪倾斜上山等掘进方式，并加强支护。

(3) 上山掘进工作面采用爆破作业时，应当采用深度不大于 1.0 m 的炮眼远距离全断面一次爆破。

(4) 预测或者认定为突出危险区的采掘工作面严禁使用风镐作业。

(5) 在过突出孔洞及其附近 30 m 范围内进行采掘作业时，必须加强支护。

(6) 在突出煤层的煤巷中安装、更换、维修或者回收支架时，必须采取预防煤体冒落引起突出的措施。

第一百九十七条 有突出危险煤层的新建矿井或者突出矿井，开拓新水平的井巷第一次揭穿(开)厚度为 0.3 m 及以上煤层时，必须超前探测煤层厚度及地质构造、测定煤层瓦斯压力及瓦斯含量等与突出危险性相关的参数。

第一百九十八条 在突出煤层顶、底板掘进岩巷时，必须超前探测煤层及地质构造情况，分析勘测验证地质资料，编制巷道剖面图，及时掌握施工动态和围岩变化情况，防止误穿突出煤层。

第一百九十九条 有突出矿井的煤矿企业应当填写突出卡片、分析突出资料、掌握突出规律、制定防突措施；在每年第一季度内，将上年度的突出资料报省级煤炭行业管理部门。

第二百条 突出矿井必须编制并及时更新矿井瓦斯地质图，更新周期不得超过 1 年，图中应当标明采掘进度、被保护范围、煤层赋存条件、地质构造、突出点的位置、突出强度、瓦斯基本参数等，作为突出危险性区域预测和制定防突措施的依据。

第二百零一条 突出煤层工作面的作业人员、瓦斯检查工、班组长应当掌握突出预兆。发现突出预兆时，必须立即停止作业，按避灾路线撤出，并报告矿调度室。

班组长、瓦斯检查工、矿调度员有权责令相关现场作业人员停止作业,停电撤人。

第二百零二条 煤与二氧化碳突出、岩石与二氧化碳突出、岩石与瓦斯突出的管理和防治措施参照本章规定执行。

(二) 区域综合防突措施

第二百零三条 突出矿井应当对突出煤层进行区域突出危险性预测(以下简称区域预测)。经区域预测后,突出煤层划分为无突出危险区和突出危险区。未进行区域预测的区域视为突出危险区。

第二百零四条 具备开采保护层条件的突出危险区,必须开采保护层。选择保护层应当遵循下列原则:

(1) 优先选择无突出危险的煤层作为保护层。矿井中所有煤层都有突出危险时,应当选择突出危险程度较小的煤层作保护层。

(2) 应当优先选择上保护层;选择下保护层开采时,不得破坏被保护层的开采条件。

开采保护层后,在有效保护范围内的被保护层区域为无突出危险区,超出有效保护范围的区域仍然为突出危险区。

第二百零五条 有效保护范围的划定及有关参数应当实际考察确定。正在开采的保护层采煤工作面,必须超前于被保护层的掘进工作面,其超前距离不得小于保护层与被保护层之间法向距离的3倍,并不得小于100 m。

第二百零六条 对不具备保护层开采条件的突出厚煤层,利用上分层或者上区段开采后形成的卸压作用保护下分层或者下区段时,应当依据实际考察结果来确定其有效保护范围。

第二百零七条 开采保护层时,应当不留设煤(岩)柱。特殊情况需留(岩)柱时,必须将煤(岩)柱的位置和尺寸准确标注在采掘工程平面图和瓦斯地质图上,在瓦斯地质图上还应当标出煤(岩)柱的影响范围。在煤(岩)柱及其影响范围内采掘作业前,必须采取区域预抽煤层瓦斯防突措施。

第二百零八条 开采保护层时,应当同时抽采被保护层和邻近层的瓦斯。开采近距离保护层时,必须采取防止误穿突出煤层和被保护层卸压瓦斯突然涌入保护层工作面的措施。

第二百零九条 采取预抽煤层瓦斯区域防突措施时，应当遵守下列规定：

(1) 预抽区段煤层瓦斯区域防突措施的钻孔应当控制区段内整个回采区域、两侧回采巷道及其外侧如下范围内的煤层：倾斜、急倾斜煤层巷道上帮轮廓线外至少 20 m，下帮至少 10 m；其他煤层为巷道两侧轮廓线外至少各 15 m。以上所述的钻孔控制范围均为沿煤层层面方向(以下同)。

(2) 顺层钻孔或者穿层钻孔预抽回采区域煤层瓦斯区域防突措施的钻孔，应当控制整个回采区域的煤层。

(3) 穿层钻孔预抽煤巷条带煤层瓦斯区域防突措施的钻孔，应当控制整条煤层巷道及其两侧一定范围内的煤层，该范围要求与本条(1)的规定相同。

(4) 穿层钻孔预抽井巷(含石门、立井、斜井、平硐)揭煤区域煤层瓦斯区域防突措施的钻孔，应当在揭煤工作面距煤层最小法向距离 7 m 以前实施，并控制井巷及其外侧至少以下范围的煤层：揭煤处巷道轮廓线外 12 m(急倾斜煤层底部或者下帮 6 m)，且应当保证控制范围的外边缘到巷道轮廓线(包括预计前方揭煤段巷道的轮廓线)的最小距离不小于 5 m。当区域防突措施难以一次施工完成时可分段实施，但每一段都应当能够保证揭煤工作面到巷道前方至少 20 m 之间的煤层内，区域防突措施控制范围符合上述要求。

(5) 顺层钻孔预抽煤巷条带煤层瓦斯区域防突措施的钻孔，应当控制的煤巷条带前方长度不小于 60 m，煤巷两侧控制范围要求与本条(1)的规定相同。钻孔预抽煤层瓦斯的有效抽采时间不得少于 20 天，如果在钻孔施工过程中发现有喷孔、顶钻或者卡钻等动力现象的，有效抽采时间不得少于 60 天。

(6) 定向长钻孔预抽煤巷条带煤层瓦斯区域防突措施的钻孔，应当采用定向钻进工艺施工，控制煤巷条带煤层前方长度不小于 300 m 和煤巷两侧轮廓线外一定范围，该范围要求与本条(1)的规定相同。

(7) 厚煤层分层开采时，预抽钻孔应当控制开采分层及其上部法向距离至少 20 m、下部 10 m 范围内的煤层。

(8) 应当采取保证预抽瓦斯钻孔能够按设计参数控制整个预抽区域的措施。

(9) 当煤巷掘进和采煤工作面在预抽防突效果有效的区域内作业时,工作面距前方未预抽或者预抽防突效果无效范围的边界不得小于 20 m。

第二百一十条 有下列条件之一的突出煤层,不得将在本巷道施工顺煤层钻孔预抽煤巷条带瓦斯作为区域防突措施:

(1) 新建矿井的突出煤层。

(2) 历史上发生过突出强度大于 500 t/次的。

(3) 开采范围内煤层坚固性系数小于 0.3 的;或者煤层坚固性系数为 0.3~0.5,且埋深大于 500 m 的;或者煤层坚固性系数为 0.5~0.8,且埋深大于 600 m 的;或者煤层埋深大于 700 m 的;或者煤巷条带位于开采应力集中区的。

第二百一十一条 保护层的开采厚度不大于 0.5 m、上保护层与突出煤层间距大于 50 m 或者下保护层与突出煤层间距大于 80 m 时,必须对每个被保护层工作面的保护效果进行检验。

采用预抽煤层瓦斯防突措施的区域,必须对区域防突措施效果进行检验。

检验无效时,仍为突出危险区。检验有效时,无突出危险区的采掘工作面每推进 10~50 m 至少进行 2 次区域验证,并保留完整的工程设计、施工和效果检验的原始资料。

(三) 局部综合防突措施

第二百一十二条 突出煤层采掘工作面经工作面预测后划分为突出危险工作面和无突出危险工作面。

未进行突出预测的采掘工作面视为突出危险工作面。

当预测为突出危险工作面时,必须实施工作面防突措施和工作面防突措施效果检验。只有经效果检验有效后,方可进行采掘作业。

第二百一十三条 井巷揭煤工作面的防突措施包括预抽煤层瓦斯、排放钻孔、金属骨架、煤体固化、水力冲孔或者其他经试验证明有效的措施。

第二百一十四条 井巷揭穿(开)突出煤层必须遵守下列规定：

(1) 在工作面距煤层法向距离 10 m(地质构造复杂、岩石破碎的区域 20 m)之外，至少施工 2 个前探钻孔，掌握煤层赋存条件、地质构造、瓦斯情况等。

(2) 从工作面距煤层法向距离大于 5 m 处开始，直至揭穿煤层全过程都应当采取局部综合防突措施。

(3) 揭煤工作面距煤层法向距离 2 m 至进入顶(底)板 2 m 的范围，均应当采用远距离爆破掘进工艺。

(4) 厚度小于 0.3 m 的突出煤层，在满足(1)的条件下可直接采用远距离爆破掘进工艺揭穿。

(5) 禁止使用震动爆破揭穿突出煤层。

第二百一十五条 煤巷掘进工作面应当选用超前钻孔预抽瓦斯、超前钻孔排放瓦斯的防突措施或者其他经试验证实有效的防突措施。

第二百一十六条 采煤工作面可以选用超前钻孔预抽瓦斯、超前钻孔排放瓦斯、注水湿润煤体、松动爆破或者其他经试验证实有效的防突措施。

第二百一十七条 突出煤层的采掘工作面，应当根据煤层实际情况选用防突措施，并遵守下列规定：

(1) 不得选用水力冲孔措施，倾角在 8°以上的上山掘进工作面不得选用松动爆破、水力疏松措施。

(2) 突出煤层煤巷掘进工作面前方遇到落差超过煤层厚度的断层，应当按井巷揭煤的措施执行。

(3) 采煤工作面采用超前钻孔预抽瓦斯和超前钻孔排放瓦斯作为工作面防突措施时，超前钻孔的孔数、孔底间距等应当根据钻孔的有效抽排半径确定。

(4) 松动爆破时，应当按远距离爆破的要求执行。

第二百一十八条 工作面执行防突措施后，必须对防突措施效果进行检验。如果工作面措施效果检验结果均小于指标临界值，且未发现其他异常情况，则措施有效；否则必须重新执行区域综合防突措施或者局部综合防突措施。

第二百一十九条　在煤巷掘进工作面第一次执行局部防突措施或者无措施超前距时，必须采取小直径钻孔排放瓦斯等防突措施，只有在工作面前方形成 5 m 以上的安全屏障后，方可进入正常防突措施循环。

第二百二十条　井巷揭穿突出煤层和在突出煤层中进行采掘作业时，必须采取避难硐室、反向风门、压风自救装置、隔离式自救器、远距离爆破等安全防护措施。

第二百二十一条　突出煤层的石门揭煤、煤巷和半煤岩巷掘进工作面进风侧必须设置至少 2 道反向风门。爆破作业时，反向风门必须关闭。反向风门距工作面的距离，应当根据掘进工作面的通风系统和预计的突出强度确定。

第二百二十二条　井巷揭煤采用远距离爆破时，必须明确起爆地点、避灾路线、警戒范围，制定停电撤人等措施。

井筒起爆及撤人地点必须位于地面距井口边缘 20 m 以外，暗立(斜)井及石门揭煤起爆及撤人地点必须位于反向风门外 500 m 以上全风压通风的新鲜风流中或者 300 m 以外的避难硐室内。

煤巷掘进工作面采用远距离爆破时，起爆地点必须设在进风侧反向风门之外的全风压通风的新鲜风流中或者避险设施内，起爆地点距工作面的距离必须在措施中明确规定。

远距离爆破时，回风系统必须停电撤人。爆破后，进入工作面检查的时间应当在措施中明确规定，但不得小于 30 min。

第二百二十三条　突出煤层采掘工作面附近、爆破撤离人员集中地点、起爆地点必须设有直通矿调度室的电话，并设置有供给压缩空气的避险设施或者压风自救装置。工作面回风系统中有人作业的地点，也应当设置压风自救装置。

第二百二十四条　清理突出的煤(岩)时，必须制定防煤尘、片帮、冒顶、瓦斯超限、出现火源，以及防止再次发生突出事故的安全措施。

二、《防突细则》对防突的相关规定

（一）总则

第三条 突出煤层是指在矿井井田范围内发生过突出或者经鉴定、认定有突出危险的煤层。

突出矿井是指在矿井开拓、生产范围内有突出煤层的矿井。

第四条 煤矿企业主要负责人、矿长是本单位防突工作的第一责任人。

有突出矿井的煤矿企业、突出矿井应当设置防突机构，建立健全防突管理制度和各级岗位责任制。

突出矿井应当建立突出预警机制，逐步实现突出预兆、瓦斯和地质异常、采掘影响等多元信息的综合预警、快速响应和有效处理。

第五条 有突出矿井的煤矿企业、突出矿井应当依据本细则，结合矿井开采条件，制定、实施区域和局部综合防突措施。

区域综合防突措施包括下列内容：

(1) 区域突出危险性预测；

(2) 区域防突措施；

(3) 区域防突措施效果检验；

(4) 区域验证。

局部综合防突措施包括下列内容：

(1) 工作面突出危险性预测；

(2) 工作面防突措施；

(3) 工作面防突措施效果检验；

(4) 安全防护措施。

突出矿井应当加强区域和局部（以下简称两个“四位一体”）综合防突措施实施过程的安全管理和质量管控，确保质量可靠、过程可溯。

第六条 防突工作必须坚持“区域综合防突措施先行、局部综合防突措施补充”的原则，按照“一矿一策、一面一策”的要求，实现“先抽后建、先抽后掘、先抽后采、预抽达标”。突出煤层必须采取两个“四位一体”综合防突措施，做到多措并举、可保必保、应抽尽抽、效果达标，否则严禁采掘活动。

在采掘生产和综合防突措施实施过程中,发现有喷孔、顶钻等明显突出预兆或者发生突出的区域,必须采取或者继续执行区域防突措施。

第七条　突出矿井发生突出的必须立即停产,并分析查找原因;在强化实施综合防突措施、消除突出隐患后,方可恢复生产。

非突出矿井首次发生突出的必须立即停产,按本细则的要求建立防突机构和管理制度,完善安全设施和安全生产系统,配备安全装备,实施两个“四位一体”综合防突措施并达到效果后,方可恢复生产。

(二) 一般规定

1. 突出煤层和突出矿井鉴定

第十条　突出煤层和突出矿井的鉴定工作应当由具备煤与瓦斯突出鉴定资质的机构承担。

除停产停建矿井和新建矿井外,矿井内根据本细则第十三条按突出煤层管理的,应当在确定按突出煤层管理之日起 6 个月内完成该煤层的突出危险性鉴定;否则,直接认定为突出煤层。鉴定机构应当在接受委托之日起 4 个月内完成鉴定工作,并对鉴定结果负责。

按照突出煤层管理的煤层,必须采取区域或者局部综合防突措施。

煤矿企业应当将突出矿井及突出煤层的鉴定或者认定结果、按照突出煤层管理的情况,及时报省级煤炭行业管理部门、煤矿安全监管部门和煤矿安全监察机构。

第十一条　突出煤层鉴定应当首先根据实际发生的瓦斯动力现象进行,瓦斯动力现象特征基本符合煤与瓦斯突出特征或者抛出煤的吨煤瓦斯涌出量大于等于 30 m^3(或者为本区域煤层瓦斯含量 2 倍以上)的,应当确定为煤与瓦斯突出,该煤层为突出煤层。

当根据瓦斯动力现象特征不能确定为突出,或者没有发生瓦斯动力现象时,应当根据实际测定的原始煤层瓦斯压力(相对压力)p、煤的坚固性系数 f、煤的破坏类型、煤的瓦斯放散初速度 Δp 等突出危险性指标进行鉴定。

当全部指标均符合(表 1)所列条件,或者钻孔施工过程中发生喷孔、顶钻等明显突出预兆的，应当鉴定为突出煤层。否则，煤层突出危险性应当由鉴定机构结合直接法测定的原始瓦斯含量等实际情况综合分析确定，但当 $f \leqslant 0.3$、$P \geqslant 0.74$ MPa，或者 $0.3 < f \leqslant 0.5$、$P \geqslant 1.0$ MPa，或者 $0.5 < f \leqslant 0.8$、$P \geqslant 1.50$ MPa，或者 $P \geqslant 2.0$ MPa 的，一般鉴定为突出煤层。

表 1　煤层突出危险性鉴定指标

判定指标	原始煤层瓦斯压力(相对)P/MPa	煤的坚固性系数 f	煤的破坏类型	煤的瓦斯放散初速度 Δp
有突出危险的临界值及范围	$\geqslant 0.74$	$\leqslant 0.5$	Ⅲ、Ⅳ、Ⅴ	$\geqslant 10$

确定为非突出煤层时，应当在鉴定报告中明确划定鉴定范围。当采掘工程超出鉴定范围的，应当测定瓦斯压力、瓦斯含量及其他与突出危险性相关的参数，掌握煤层瓦斯赋存变化情况。但若是根据本细则第十三条要求进行的突出煤层鉴定确定为非突出煤层的，在开拓新水平、新采区或者采深增加超过 50 m，或者进入新的地质单元时，应当重新进行突出煤层危险性鉴定。

第十二条　突出煤层的认定按以下要求进行：

(1) 经事故调查确定为突出事故的所在煤层，或者根据本细则第十三条要求按突出煤层管理超期未完成鉴定的，由省级煤炭行业管理部门直接认定为突出煤层；

(2) 煤矿企业自行认定为突出煤层的，应当报省级煤炭行业管理部门、煤矿安全监管部门和煤矿安全监察机构。

第十三条　非突出煤层出现下列情况之一的，应当立即进行煤层突出危险性鉴定，或者直接认定为突出煤层；鉴定或者直接认定完成前，应当按照突出煤层管理：

(1) 有瓦斯动力现象的；

(2) 煤层瓦斯压力达到或者超过 0.74 MPa 的；

(3) 相邻矿井开采的同一煤层发生突出或者被鉴定、认定为突出煤层的。

第十四条 按本细则第十三条要求进行鉴定，结果为非突出煤层但具有下列情况之一的，应当在采掘作业时考察煤层的突出危险性，包括观察突出预兆、分析瓦斯涌出变化情况等，并在井巷揭煤、煤巷掘进及采煤工作面分别采用本细则第八十七条、第八十九条、第九十三条的方法测定突出危险性指标，其中采掘工作面每推进 100 m(地质构造带 50 m)应当进行不少于 2 次的测定：

(1) $P \geqslant 0.74$ MPa 的；

(2) 当 $P \geqslant 0.50$ MPa 时，$f \leqslant 0.5$ 或者煤层埋深大于 500 m 的。

当突出危险性指标达到或者超过临界值时，则自工作面位置半径 100 m 范围内的煤层应当采取局部综合防突措施。

当后续的采掘作业或者钻孔施工中出现瓦斯动力现象的，应当再次进行煤层突出危险性鉴定，或者直接认定为突出煤层。

2. 矿井建设和开采基本要求

第十五条 地质勘查阶段应当查明矿床瓦斯地质情况。地质勘查报告应当提供煤层突出危险性的基础资料。

基础资料应当包括下列内容：

(1) 煤层赋存条件及其稳定性；

(2) 煤的结构类型及工业分析；

(3) 煤的坚固性系数、煤层围岩性质及厚度；

(4) 煤层瓦斯含量、瓦斯成分和煤的瓦斯放散初速度等指标；

(5) 标有瓦斯含量等值线的瓦斯地质图；

(6) 地质构造类型及其特征、火成岩侵入形态及其分布、水文地质情况；

(7) 勘探过程中钻孔穿过煤层时的瓦斯涌出动力现象；

(8) 邻近矿井的瓦斯情况。

第十六条 新建矿井在可行性研究阶段，应当对井田范围内采掘工程可能揭露的所有平均厚度在 0.3 m 及以上的煤层，根据地质勘查资料和邻近生产矿井资料等进行建井前突出危险性评估，并对评估为有突出危险煤层划分出突出危险区和无突出危险区。若地质勘查时期测定的煤层瓦斯含量等参数与邻近生产矿井的参数存在较大差异时，应当对矿井首采区进行专项瓦斯补充勘查，查明首采区瓦斯地质情况。建井前评估结论作为矿井立项、初步设计和指导建井期间揭煤作业的依据。

建井前经评估为有突出危险煤层的，应当按突出矿井设计。

按突出矿井设计的矿井建设工程开工前，应当对首采区内评估有突出危险且瓦斯含量大于等于 12 m^3/t 的煤层进行地面井预抽煤层瓦斯，预抽率应当达到 30%以上。

第十七条　按突出矿井设计的新建矿井在建井期间，突出煤层鉴定完成前必须对评估为有突出危险的煤层采取区域综合防突措施，评估为无突出危险的煤层必须采取区域或者局部综合防突措施。

按非突出矿井设计的新建矿井在建井期间，所有平均厚度 0.3 m 以上的煤层在首次揭煤时，应当测定瓦斯压力、瓦斯含量等参数。

第十八条　根据建井前评估结果进行的突出矿井设计及突出矿井的新水平、新采区设计，必须有防突设计篇章。非突出矿井升级为突出矿井时，必须编制矿井防突专项设计。设计应当包括开拓方式、煤层开采顺序、采区巷道布置、采煤方法、通风系统、防突设施（设备）、两个“四位一体”综合防突措施等内容。

突出矿井必须建立地面永久瓦斯抽采系统。

突出矿井必须对防突措施的技术参数和效果进行实际考察确定。

第十九条　建井前经评估为有突出危险煤层的新建矿井，建井期间应当对开采煤层及其他可能对采掘活动造成威胁的煤层进行突出危险性鉴定或者认定。鉴定工作应当在巷道揭穿煤层前开始。所有需要进行鉴定的新建矿井，在建井期间鉴定为突出煤层的应当及时提交鉴定报告；鉴定为非突出煤层的，在建井期间应当采取区域或者局部综合防突措施，并在矿井建设三期工程竣工前完成突出鉴定工作。

第二十条　新建突出矿井设计生产能力不得低于 0.9 Mt/a，且不得高于 5.0 Mt/a。

新建突出矿井第一生产水平开采深度不得超过 800 m，生产的突出矿井延深水平开采深度不得超过 1 200 m。

第二十一条　突出矿井的新水平和新采区开拓设计前,应当根据地质勘查资料、上水平及邻近区域的实测和生产资料等,参照本细则第五十八条方法,对新水平或者新采区内平均厚度在 0.3 m 以上的煤层进行区域突出危险性评估,评估结论作为新水平和新采区设计以及揭煤作业的依据。对评估为无突出危险的煤层,所有井巷揭煤作业还必须采取区域或者局部综合防突措施;对评估为有突出危险的煤层,按突出煤层进行设计。

突出矿井的设计应当根据对各煤层突出危险性的区域评估结果等,确定煤层开采顺序、巷道布置、区域防突措施的方式和主要参数等。非突出煤层区域评估为有突出危险的,开拓期间的所有揭煤作业前应当采取区域综合防突措施。

第二十二条　突出矿井和按突出矿井设计的矿井,巷道布置设计应当符合下列要求:

(1) 斜井和平硐,运输和轨道大巷、主要进(回)风巷等主要巷道应当布置在岩层或者无突出危险煤层中。采区上下山布置在突出煤层中时,必须布置在评估为无突出危险区或者采用区域防突措施(顺层钻孔预抽煤巷条带煤层瓦斯除外)有效的区域;

(2) 减少井巷揭开(穿)突出煤层的次数,揭开(穿)突出煤层的地点应当合理避开地质构造带;

(3) 突出煤层的巷道优先布置在被保护区域、其他有效卸压区域或者无突出危险区域。

第二十三条　突出矿井必须确定合理的采掘部署,使煤层的开采顺序、巷道布置、采煤方法、采掘接替等有利于区域防突措施的实施。

突出矿井在编制生产发展规划和年度生产计划时,必须同时编制相应的区域防突措施规划和年度实施计划,将保护层开采、区域预抽煤层瓦斯等工程与矿井采掘部署、工程接替等统一安排,使矿井的开拓区、抽采区、保护层开采区和被保护区按比例协调配置,确保采掘作业在区域防突措施有效区域内进行。

第二十四条　突出矿井应当有效防范采掘接续紧张,根据采掘接续变化,至少每年进行 1 次矿井开拓煤量、准备煤量、回采煤量(以下简称“三量”）统计和分析。

正常生产的突出矿井“三量”可采期的最短时间为：

（1）开拓煤量可采期不得少于5年；

（2）准备煤量可采期不得少于14个月；

（3）2个及以上采煤工作面同时生产的矿井回采煤量可采期不得少于5个月，其他矿井不得少于4个月。

当矿井“三量”低于上述要求时，应当及时降低煤炭产量，制定相应的灾害治理和采掘调整计划方案。

第二十五条 突出矿井地质测量工作必须遵守下列规定：

（1）地质测量部门与防突机构、通风部门共同编制矿井瓦斯地质图。图中应当标明采掘进度、被保护范围、煤层赋存条件、地质构造、突出点的位置、突出强度、瓦斯基本参数及绝对瓦斯涌出量和相对瓦斯涌出量等资料，作为区域突出危险性预测和制定防突措施的依据。矿井瓦斯地质图更新周期不得超过1年、工作面瓦斯地质图更新周期不得超过3个月。

（2）地质测量部门在采掘工作面距离未保护区边缘50 m前，编制临近未保护区通知单，并报煤矿总工程师审批后交有关采掘区（队）。

（3）在突出煤层顶、底板掘进岩巷时，地质测量部门必须提前进行地质预测，编制巷道剖面图，及时掌握施工动态和围岩变化情况，验证提供的地质资料，并定期通报给煤矿防突机构和采掘区（队）；遇有较大变化时，随时通报。

第二十六条 突出矿井开采的非突出煤层和高瓦斯矿井的开采煤层，在延深达到或者超过50 m或者开拓新采区时，必须测定煤层瓦斯压力、瓦斯含量及其他与突出危险性相关的参数。

突出矿井的非突出煤层和高瓦斯矿井各煤层在新水平、新采区开拓工程的所有煤巷掘进过程中，应当密切观察突出预兆，并在开拓工程揭穿这些煤层时执行揭煤工作面的局部综合防突措施。

有突出危险煤层的新建矿井或者突出矿井，开拓新水平的井巷第一次揭穿（开）厚度为0.3 m及以上煤层时，必须超前探测煤层厚度及地质构造、测定煤层瓦斯压力及瓦斯含量等与突出危险性相关的参数。

第二十七条 突出煤层的采掘作业应当遵守下列规定：

(1) 严禁采用水力采煤法、倒台阶采煤法或者其他非正规采煤法；

(2) 容易自燃的突出煤层在无突出危险区或者采取区域防突措施有效的区域进行放顶煤开采时，煤层瓦斯含量不得大于6 m^3/t；

(3) 采用上山掘进时，上山坡度在25°～45°的，应当制定包括加强支护、减小巷道空顶距等内容的专项措施，并经煤矿总工程师批准；当上山坡度大于45°时，应当采用双上山掘进方式，并加强支护，减少空顶距和空顶时间；

(4) 坡度大于25°的上山掘进工作面采用爆破作业时，应当采用深度不大于1.0 m的炮眼远距离全断面一次爆破；

(5) 预测或者认定为突出危险区的采掘工作面严禁使用风镐作业；

(6) 掘进工作面与煤层巷道交叉贯通前，被贯通的煤层巷道必须超过贯通位置，其超前距不得小于5 m，并且贯通点周围10 m内的巷道应当加强支护。

在掘进工作面与被贯通巷道距离小于50 m的作业期间，被贯通巷道内不得安排作业，保持正常通风，并且在掘进工作面爆破时不得有人；在贯通相距50 m以前实施钻孔一次打透，只允许向一个方向掘进；

(7) 在突出煤层的煤巷中安装、更换、维修或者回收支架时，必须采取预防煤体冒落引起突出的措施；

(8) 突出矿井的所有采掘工作面使用安全等级不低于三级的煤矿许用含水炸药。

第二十八条 突出煤层任何区域的任何工作面进行揭煤和采掘作业期间，必须采取安全防护措施。

突出矿井的入井人员必须随身携带隔离式自救器。

第二十九条 在突出煤层顶、底板及邻近煤层中掘进巷道(包括钻场等)时，必须超前探测煤层及地质构造情况，分析勘测验证地质资料，编制巷道剖面图，及时掌握施工动态和围岩变化情况，防止误穿突出煤层。当巷道距离突出煤层的最小法向距离小于10 m时(在地质构造破坏带小于 20 m 时)，必须先探后掘。

在距突出煤层突出危险区法向距离小于 5 m 的邻近煤、岩层内进行采掘作业前，必须对突出煤层相应区域采取区域防突措施并经区域效果检验有效。

第三十条 在同一突出煤层正在采掘的工作面应力集中范围内，不得安排其他工作面同时进行回采或者掘进。应力集中范围由煤矿总工程师确定，但 2 个采煤工作面之间的距离不得小于 150 m；采煤工作面与掘进工作面的距离不得小于 80 m；2 个同向掘进工作面之间的距离不得小于 50 m；2 个相向掘进工作面之间的距离不得小于 60 m。

突出煤层的掘进工作面应当避开邻近煤层采煤工作面的应力集中范围，与可能造成应力集中的邻近煤层相向掘进工作面的间距不得小于 60 m，相向采煤工作面的间距不得小于 100 m。

第三十一条 突出矿井的通风系统应当符合下列要求：

(1) 井巷揭穿突出煤层前，具有独立的、可靠的通风系统；

(2) 突出矿井、有突出煤层的采区应当有独立的回风系统，并实行分区通风，采区回风巷和区段回风石门是专用回风巷。突出煤层采掘工作面回风应当直接进入专用回风巷。准备采区时，突出煤层掘进巷道的回风不得经过有人作业的其他采区回风巷；

(3) 开采有瓦斯喷出、有突出危险的煤层，或者在距离突出煤层最小法向距离小于 10 m 的区域掘进施工时，严禁 2 个工作面之间串联通风；

(4) 突出煤层双巷掘进工作面不得同时作业，其他突出煤层区域预测为危险区域的采掘工作面，其进入专用回风巷前的回风严禁切断其他采掘作业地点唯一安全出口；

(5) 突出矿井采煤工作面的进、回风巷内，以及煤巷、半煤岩巷和有瓦斯涌出的岩巷掘进工作面回风流中，采区回风巷及总回风巷，应当安设全量程或者高低浓度甲烷传感器；突出矿井采煤工作面的进风巷内甲烷传感器应当安设在距工作面 10 m 以内的位置；

(6) 开采突出煤层时，工作面回风侧不得设置调节风量的设施；

(7) 严禁在井下安设辅助通风机；

(8) 突出煤层采用局部通风机通风时,必须采用压入式。

第三十二条　施工防突措施钻孔时,应当满足以下要求:

(1) 在钻机回风侧 10 m 范围内应当设置甲烷传感器,并具备超限报警断电功能。采用干式排渣工艺施工时,还应当悬挂一氧化碳报警仪或者设置一氧化碳传感器。

(2) 煤层瓦斯压力达到或者超过 2 MPa 的区域,以及施工钻孔时出现喷孔、顶钻等动力现象的,应当采取防止瓦斯超限和喷孔顶钻伤人等措施或者使用远程操控钻机施工。钻孔施工与受威胁的掘进工作面,以及回风流中的采掘工作面不得同时作业。

(3) 顺层钻孔直径超过 120 mm 时,必须制定专门的防止钻孔施工期间发生突出的安全措施。

第三十三条　突出矿井严禁使用架线式电机车。

突出矿井井下进行电焊、气焊和喷灯焊接等明火作业时,必须制定专门的安全技术措施并经矿长批准,且停止突出煤层的掘进、回采、钻孔、支护以及其他所有扰动突出煤层的作业。

第三十四条　清理突出的煤(岩)时,必须制定防煤尘、片帮、冒顶、瓦斯超限、火源、煤层自燃,以及防止再次发生突出事故的安全技术措施。

突出孔洞应当及时充填、封闭严实或者进行支护,在过突出孔洞及其附近 30 m 范围内进行采掘作业时,必须加强支护。

三、《煤矿瓦斯抽采达标暂行规定》对瓦斯抽采的相关规定

(一) 总则

第三条　按照本规定应当进行瓦斯抽采的煤层必须先抽采瓦斯;抽采效果达到标准要求后方可安排采掘作业。

第四条　煤矿瓦斯抽采应当坚持"应抽尽抽、多措并举、抽掘采平衡"的原则。

瓦斯抽采系统应当确保工程超前、能力充足、设施完备、计量准确;瓦斯抽采管理应当确保机构健全、制度完善、执行到位、监督有效。

煤矿应当加强抽采瓦斯的利用,有效控制向大气排放瓦斯。

第五条 应当抽采瓦斯的煤矿企业应当落实瓦斯抽采主体责任，推进瓦斯抽采达标工作。

第六条 各级地方煤矿安全监管部门和各驻地煤矿安全监察机构(以下统称煤矿安全监管监察部门)对辖区内煤矿瓦斯抽采达标工作实施监管监察，对瓦斯抽采未达标的矿井根据本规定要求实施处罚。

（二）一般规定

第七条 有下列情况之一的矿井必须进行瓦斯抽采，并实现抽采达标：

(1) 开采有煤与瓦斯突出危险煤层的；

(2) 一个采煤工作面绝对瓦斯涌出量大于 5 m^3/min 或者一个掘进工作面绝对瓦斯涌出量大于 3 m^3/min 的；

(3) 矿井绝对瓦斯涌出量大于或等于 40 m^3/min 的；

(4) 矿井年产量为 1.0～1.5 Mt，其绝对瓦斯涌出量大于 30 m^3/min 的；

(5) 矿井年产量为 0.6～1.0 Mt，其绝对瓦斯涌出量大于 25 m^3/min 的；

(6) 矿井年产量为 0.4～0.6 Mt，其绝对瓦斯涌出量大于 20 m^3/min 的；

(7) 矿井年产量等于或小于 0.4 Mt，其绝对瓦斯涌出量大于 15 m^3/min 的。

第八条 煤矿企业主要负责人为所在单位瓦斯抽采的第一责任人，负责组织落实瓦斯抽采工作所需的人力、财力和物力，制定瓦斯抽采达标工作各项制度，明确相关部门和人员的责、权、利，确保各项措施落实到位和瓦斯抽采达标。

煤矿企业、矿井的总工程师或者技术负责人(以下统称技术负责人)对瓦斯抽采工作负技术责任，负责组织编制、审批、检查瓦斯抽采规划、计划、设计、安全技术措施和抽采达标评判报告等；煤矿企业、矿井的分管负责人负责分管范围内瓦斯抽采工作的组织和落实。

煤矿企业、矿井的各职能部门负责人在其职责范围内对瓦斯抽采达标工作负责。

第九条 煤矿企业应当建立瓦斯抽采达标评价工作体系，制定矿井瓦斯抽采达标评判细则，建立瓦斯抽采管理和考核奖惩制度、抽采工程检查验收制度、先抽后采例会制度、技术档案管理制度等。

第十条 煤矿企业应当建立健全专业的瓦斯抽采机构。企业(集团公司)应当设置管理瓦斯抽采工作部门;矿井应当建立负责瓦斯抽采的科、区(队),并配备足够数量的专业工程技术人员。

瓦斯抽采技术和管理人员应当定期参加专业技术培训,瓦斯抽采工应当参加专门培训并取得相关资质后上岗。

第十一条 矿井在编制生产发展规划和年度生产计划时,必须同时组织编制相应的瓦斯抽采达标规划和年度实施计划,确保"抽掘采平衡"。矿井生产规划和计划的编制应当以预期的矿井瓦斯抽采达标煤量为限制条件。

抽采达标规划包括:抽采达标工程(表)、抽采量(表)、抽采设备设施(表)、资金计划(表),抽采达标范围可规划产量(表)、采面接替(表)、巷道掘进(表)等。

年度实施计划包括:年度瓦斯抽采达标的煤层范围及相对应的年度产量安排(表)、采面接替(表)、巷道掘进(表),年度抽采工程(表)、抽采设备设施(表)、施工队伍、抽采时间、抽采量(表)、抽采指标、资金计划(表)以及其他保障措施。

矿井应当积极试验和考察不同抽采方式和参数条件下的煤层瓦斯抽采规律,根据抽采参数、抽采时间和抽采效果之间的关系,确定矿井合理抽采方式下的抽采超前时间,并结合抽采工程施工周期,安排抽采、掘进、回采三者之间的接替关系。

煤矿企业对矿井瓦斯抽采规划、计划、设计、工程施工、设备设施以及抽采计量、效果等每年应当至少进行一次审查。

第十二条 经矿井瓦斯涌出量预测或者矿井瓦斯等级鉴定、评估符合应当进行瓦斯抽采条件的新建、技改和资源整合矿井,其矿井初步设计必须包括瓦斯抽采工程设计内容。

矿井瓦斯抽采工程设计应当与矿井开采设计同步进行;分期建设、分期投产的矿井,其瓦斯抽采工程必须一次设计,并满足分期建设过程中瓦斯抽采达标的要求。

第十三条 矿井确定开拓和开采布局时,应当充分考虑瓦斯抽采达标需要的工程和时间。

煤层群开采的矿井，应当部署抽采采动卸压瓦斯的配套工程。

开采保护层时，必须布置对被保护层进行瓦斯抽采的配套工程，确保抽采达标。

在煤层底（顶）板布置专用抽采瓦斯巷道，采用穿层钻孔抽采瓦斯时，其专用抽采瓦斯巷道应当满足下列要求：

(1) 巷道的位置、数量应当满足可实现抽采达标的抽采方法的要求；

(2) 巷道施工应当满足抽采达标所需的抽采时间要求；

(3) 敷设抽采管路、布置钻场及钻孔的抽采巷道采用矿井全风压通风时，巷道风速不得低于 0.5 m/s。

（三）抽采达标评判

第二十一条 抽采瓦斯矿井应当对瓦斯抽采的基础条件和抽采效果进行评判。在基础条件满足瓦斯先抽后采要求的基础上，再对抽采效果是否达标进行评判。

工作面采掘作业前，应当编制瓦斯抽采达标评判报告，并由矿井技术负责人和主要负责人批准。

第二十二条 有下列情况之一的，应当判定为抽采基础条件不达标：

(1) 未按本规定要求建立瓦斯抽采系统，或者瓦斯抽采系统没有正常、连续运行的；

(2) 无瓦斯抽采规划和年度计划，或者不能达到本规定第十一条要求的；

(3) 无矿井瓦斯抽采达标工艺方案设计、无采掘工作面瓦斯抽采施工设计，或者不能达到本规定第十八条要求的；

(4) 无采掘工作面瓦斯抽采工程竣工验收资料、竣工验收资料不真实或者不符合本规定第十九条要求的；

(5) 没有建立矿井瓦斯抽采达标自评价体系和瓦斯抽采管理制度的；

(6) 瓦斯抽采泵站能力和备用泵能力、抽采管网能力等达不到本规定要求的；

(7) 瓦斯抽采系统的抽采计量测点不足、计量器具不符合相关计量标准和规范要求或者计量器具使用超过检定有效期,不能进行准确计量的;

(8) 缺乏符合标准要求的抽采效果评判用相关测试条件的。

第二十三条　预抽煤层瓦斯效果评判应当包括下列主要内容和步骤:

(1) 抽采钻孔有效控制范围界定;

(2) 抽采钻孔布孔均匀程度评价;

(3) 抽采瓦斯效果评判指标测定;

(4) 抽采效果达标评判。

第二十四条　预抽煤层瓦斯的抽采钻孔施工完毕后,应当对预抽钻孔的有效控制范围进行界定,界定方法如下:

(1) 对顺层钻孔,钻孔有效控制范围按钻孔长度方向的控制边缘线、最边缘2个钻孔及钻孔开孔位置连线确定。钻孔长度方向的控制边缘线为钻孔有效孔深点连线,相邻有效钻孔中较短孔的终孔点作为相邻钻孔有效孔深点。

(2) 对穿层钻孔,钻孔有效控制范围取相邻有效边缘孔的见煤点之间的连线所圈定的范围。

第二十五条　预抽煤层瓦斯的抽采钻孔施工完毕后,应当对预抽钻孔在有效控制范围内均匀程度进行评价。预抽钻孔间距不得大于设计间距。

第二十六条　将钻孔间距基本相同和预抽时间基本一致(预抽时间差异系数小于30%)的区域划为一个评价单元。

突出煤层现场测定点应当符合下列要求:

(1) 用穿层钻孔或顺层钻孔预抽区段或回采区域煤层瓦斯时,沿采煤工作面推进方向每间隔30～50 m至少布置1组测定点。当预抽区段宽度(两侧回采巷道间距加回采巷道外侧控制范围)或预抽回采区域采煤工作面长度未超过120 m时,每组测点沿工作面方向至少布置1个测定点,否则至少布置2个测点;

(2) 用穿层钻孔预抽煤巷条带煤层瓦斯时,在煤巷条带每间隔30～

50 m 至少布置 1 个测定点；

(3) 用穿层钻孔预抽石门（含立、斜井等）揭煤区域煤层瓦斯时，至少布置 4 个测定点，分别位于要求预抽区域内的上部、中部和两侧，并且至少有 1 个测定点位于要求预抽区域内距边缘不大于 2 m 的范围；

(4) 用顺层钻孔预抽煤巷条带煤层瓦斯时，在煤巷条带每间隔 20～30 m 至少布置 1 个测定点，且每个评判区域不得少于 3 个测定点；

(5) 各测定点应布置在原始瓦斯含量较高、钻孔间距较大、预抽时间较短的位置，并尽可能远离预抽钻孔或与周围预抽钻孔保持等距离，且避开采掘巷道的排放范围和工作面的预抽超前距。在地质构造复杂区域适当增加测定点。测定点实际位置和实际测定参数应标注在瓦斯抽采钻孔竣工图上。

第二十七条 预抽煤层瓦斯，应当同时满足以下要求：

(1) 钻孔有效控制范围应当满足《煤矿瓦斯抽采基本指标》或《防突细则》的要求；布孔均匀程度满足本规定第二十四条的要求。

(2) 预抽瓦斯效果应当满足如下标准：

① 对瓦斯涌出量主要来自于开采层的采煤工作面，评价范围内煤的可解吸瓦斯量满足表 2 规定的，判定采煤工作面评价范围瓦斯抽采效果达标。

② 对于突出煤层，当评价范围内所有测点测定的煤层残余瓦斯压力或残余瓦斯含量都小于预期的防突效果达标瓦斯压力或瓦斯含量，且施工测定钻孔时没有喷孔、顶钻或其他动力现象时，则评判为突出煤层评价范围预抽瓦斯防突效果达标；否则，判定以超标点为圆心、半径 100 m 范围未达标。预期的防突效果达标瓦斯压力或瓦斯含量按煤层始突深度处的瓦斯压力或瓦斯含量取值；没有考察出煤层始突深度处的煤层瓦斯压力或含量时，分别按照 0.74 MPa、8 m^3/t 取值。

表 2　采煤工作面回采前煤的可解吸瓦斯量应达到的指标

工作面日产量/t	可解吸瓦斯量/(m^3/t)
≤1 000	≤8
1 001～2 500	≤7
2 501～4 000	≤6
4 001～6 000	≤5.5
6 001～8 000	≤5
8 001～10 000	≤4.5
>10 000	≤4

附件 2　防突的相关管理制度

一、防突技术管理制度

为规范防突技术管理，确保采掘工作面施工期间的安全，煤矿企业应制定下列管理规定：

(1) 生产技术科编制年度、季度、月度生产建设计划时，通防科编制年度、季度、月度防突措施计划，保证抽、掘、采平衡，并随生产计划一同下发。

(2) 防突工作必须坚持区域防突措施先行、局部防突措施补充的原则，按照“一矿一策、一面一策”的要求；实现先抽后建、先抽后掘、先抽后采、预抽达标。突出煤层必须采取两个“四位一体”综合防突措施，做到多措并举、可保必保、应抽尽抽、效果达标，否则严禁采掘活动。

(3) 根据矿生产接续，由生产技术科编制《采掘工作面地质说明书》，通防科根据地质说明书编制《采掘工作面区域防突措施设计》上报上级部门，上级部门批复后，由施工队组技术员编制《采掘工作面作业规程》，通防科编制《采掘工作面区域防突措施效果检验报告》《采掘工作面区域防突措施》《采掘工作面专项防突设计》，严格按照编制的措施、设计、规程开展防突工作。

(4) 生产技术科每年进行 1 次矿井开拓煤量、准备煤量、回采煤量（以下简称“三量”）统计和分析，“三量”可采期的最短时间为：

① 开拓煤量可采期不得少于 5 年

② 准备煤量可采期不得少于 14 个月；

③ 回采煤量可采期不得少于 5 个月。

当“三量”低于上述要求时，应当及时降低煤炭产量，制订相应的灾害治理和采掘调整计划方案。

(5) 参与防治煤与瓦斯突出管理和施工人员必须经过培训，考试合格后，持证上岗。

(6) 在新水平的设计中，必须编制防治突出专项设计，专门设计应包括开拓方式、煤层开采顺序、采煤方法、通风方式、支护形式突出危险性预测方法，预抽煤层瓦斯、局部防治突出措施等内容。

(7) 巷道的布置设计应当满足《防突细则》第二十二条规定。

(8) 通防科负责通风设施构筑、维护及风量调整工作，保证通风系统符合《防突细则》第三十一条规定。

(9) 矿井安全监测系统必须灵敏、可靠，确保断电迅速。

(10) 生产技术科要密切关注采掘工作面情况，做好煤岩状况描述工作，及时修改图纸，并对前方的地质构造做出准确预测，及时以书面形式通知相关队组及有关矿领导。

(11) 机电科、队组必须加强电气设备管理，保证正常完好，杜绝失爆。

(12) 通防科负责防治突出措施的编制，防治突出措施内容必须包括地质资料、突出危险性预测方法、防治突出具体措施及其效果检验的方法、安全防护措施以及执行防治突出措施的责任制。

(13) 防治突出措施随工作面推进必须及时修改、补充完善。

(14) 施工单位负责向所有人员贯彻、考核已批准的防突措施。

(15) 通防科负责对残余瓦斯压力、残余瓦斯含量、K_1 值、钻屑量、抽采量等数据进行测定和整理，形成采掘工作面消突评价报告和抽采达标评价报告，经矿领导和相关科室会审，确保工作面消突后再生产。

(16) 防突工作严格执行两个“四位一体”综合防突措施，并符合下列规定：

① 地质测量工作必须遵守下列规定：

a. 生产技术科地质测量组与通风部门共同编制矿井瓦斯地质图。图中应当标明采掘进度、被保护范围、煤层赋存条件、地质构造、突出点的位置、突出强度、瓦斯基本参数及绝对瓦斯涌出量和相对瓦斯涌出量等资料，作为区域突出危险性预测和制定防突措施的依据。矿井瓦斯地质图更新周期不得超过1年，工作面瓦斯地质图更新周期不得超过3个月。

b. 地质测量部门在采掘工作面距离未保护区边缘50 m前，编制临近未保护区通知单，并报总工程师审批后交有关采掘队组。

c. 在突出煤层顶、底板掘进岩巷时，地质测量部门必须提前进行地质预测，编制巷道剖面图，及时掌握施工动态和围岩变化情况，验证提供的地质资料，并反馈通报给通防科和采掘队组；遇有较大变化时，随时通报。

② 通风系统应当符合下列要求：

a. 井巷揭穿突出煤层前，具有独立的、可靠的通风系统。

b. 突出矿井、有突出煤层的巷道、突出煤层工作面应当有独立的回风系统，并实行分区通风，采区回风巷和区段回风石门是专用回风巷。突出煤层采掘工作面回风应当直接进入专用回风巷。突出煤层掘进巷道的回风不得经过有人作业的其他采区回风巷。

c. 开采有瓦斯喷出、有突出危险的煤层，或者在距离突出煤层最小法向距离小于10 m的区域掘进施工时，严禁2个工作面之间串联通风。

d. 突出煤层双巷掘进工作面不得同时作业，其他突出煤层区域预测为危险区域的采掘工作面，其进入专用回风巷前的回风严禁切断其他采掘作业地点唯一安全出口。

e. 突出矿井采煤工作面的进、回风巷内，以及煤巷、半煤岩巷和有瓦斯涌出的岩巷掘进工作面回风流中，回风巷及总回风巷，应当安设全量程或者高低浓度甲烷传感器；突出矿井采煤工作面的进风巷内甲烷传感器应当安设在距工作面10 m以内的位置。

f. 开采突出煤层时，工作面回风侧不得设置调节风量的设施。

g. 严禁在井下安设辅助通风机。

h. 局部通风机通风必须采用压入式。

③ 各项防突措施按照下列要求贯彻实施：

a. 施工前，施工防突措施的队组向本队从业人员讲解并严格组织实施防突措施。

b. 采掘作业时，应当严格执行防突措施的规定并有详细准确的记录。由于地质条件或者其他原因不能执行所规定的防突措施的，施工队组必须立即停止作业并报告矿调度室，经总工程师组织有关人员到现场调查后，由原措施编制部门提出修改或者补充措施，并按原措施的审批程序重新审批后方可继续施工；其他部门或者个人不得改变已批准的防突措施。

c. 矿长和总工程师应当每月至少 1 次到现场检查各项防突措施的落实情况。

d. 矿安全科、通防科等业务科室应当随时检查综合防突措施的实施情况，并及时将检查结果分别向矿长和总工程师汇报，矿长和总工程师应当对发现的问题立即组织解决。

e. 矿进行安全检查时，必须检查综合防突措施的编制、审批和贯彻执行情况。

④ 防突技术资料的管理工作应当符合下列要求：

a. 发生突出后，由矿长组织现场调查，认真填写突出记录卡片，提交专题调查报告，分析突出发生的原因，总结经验教训，制定对策措施。

b. 每年第一季度将上年度发生煤与瓦斯突出矿井的基本情况调查表、煤与瓦斯突出记录卡片、矿井煤与瓦斯突出汇总表连同总结资料报省级煤矿安全监管部门、驻地矿山安全监察机构煤炭行业管理部门。

c. 所有有关防突工作的资料均存档。

d. 每年对全年的防突技术资料进行系统分析总结，掌握突出规律，完善防突措施。

⑤ 开采保护层区域防突措施应当符合下列要求：

a. 开采保护层时，应当做到连续和规模开采，同时抽采被保护层和邻近层的瓦斯。

b. 开采近距离保护层时，必须采取防止误穿突出煤层和被保护层卸压瓦斯突然涌入保护层工作面的措施。

c. 正在开采的保护层工作面超前于被保护层的掘进工作面，其超前距离不得小于保护层与被保护层层间垂距的3倍，并不得小于100 m。保护层的有效保护范围应根据工作面推进，在每个被保护层瓦斯地质图上动态更新。

d. 开采保护层时，应当不留设煤(岩)柱。特殊情况需留煤(岩)柱时，必须将煤(岩)柱的位置和尺寸准确标注在采掘工程平面图和瓦斯地质图上，在瓦斯地质图上还应当标出煤(岩)柱的影响范围。在煤(岩)柱及其影响范围内采掘作业前，必须采取区域预抽煤层瓦斯防突措施。

当保护层留有不规则煤柱时，按照其最外缘的轮廓画出平直轮廓线，并根据保护层与被保护层之间的层间距变化，确定煤柱影响范围。在被保护层进行采掘工作时，还应当根据采掘瓦斯动态及时修改煤柱影响范围。

⑥ 采取井下预抽煤层瓦斯区域防突措施时，应当遵守下列规定：

a. 穿层钻孔或者顺层钻孔预抽区段煤层瓦斯区域防突措施的钻孔应当控制区段内整个回采区域、两侧回采巷道及其外侧如下范围内的煤层：倾斜、急倾斜煤层巷道上帮轮廓线外至少20 m(均为沿煤层层面方向的距离，下同)，下帮至少10 m；其他煤层为巷道两侧轮廓线外至少各15 m。

b. 顺层钻孔或者穿层钻孔预抽回采区域煤层瓦斯区域防突措施的钻孔应当控制整个回采区域的煤层。具备条件的，井下预抽煤层瓦斯钻孔应当优先采用定向钻机施工。

c. 穿层钻孔预抽井巷揭煤区域煤层瓦斯区域防突措施的钻孔应当在揭煤工作面距煤层最小法向距离7 m以前实施，并用穿层钻孔至少控制以下范围的煤层：石门和立井、斜井揭煤处巷道轮廓线外12 m(急倾斜煤层底部或者下帮6 m)，同时还应当保证控制范围的外边缘到巷道轮廓线(包括预计前方揭煤段巷道的轮廓线)的最小距离不小于5 m。

当区域防突措施难以一次施工完成时，可分段实施，但每一段都应当能保证揭煤工作面到巷道前方至少 20 m 之间的煤层内，区域防突措施控制范围符合上述要求。

d. 穿层钻孔预抽煤巷条带煤层瓦斯区域防突措施的钻孔应当控制整条煤层巷道及其两侧一定范围内的煤层。

e. 顺层钻孔预抽煤巷条带煤层瓦斯区域防突措施的钻孔应当控制煤巷条带前方长度不小于 60 m，煤巷两侧控制范围与本条第一项中巷道外侧的要求相同。

f. 定向长钻孔预抽煤巷条带煤层瓦斯区域防突措施的钻孔应当采用定向钻进工艺施工预抽钻孔，且钻孔应当控制煤巷条带煤层前方长度不小于 300 m 和煤巷两侧轮廓线外一定范围。

g. 当煤巷掘进和采煤工作面在预抽煤层瓦斯防突效果有效的区域内作业时，工作面距未预抽或者预抽防突效果无效区域边界的最小距离不得小于 20 m。

h. 厚煤层分层开采时，预抽钻孔应当一次性穿透全煤层，不能穿透的，应当控制开采分层及其上部法向距离至少 20 m、下部 10 m 范围内的煤层，当遇有局部煤层增厚时，应当对钻孔布置做相应的调整或者增加钻孔。

i. 对距本煤层法向距离小于 5 m 的平均厚度大于 0.3 m 的邻近突出煤层，预抽钻孔控制范围与本煤层相同。

j. 煤层瓦斯压力达到 3 MPa 的区域应当采用地面井预抽煤层瓦斯，或者开采保护层，或者采用远程操控钻机施工钻孔预抽煤层瓦斯。

k. 不具备按要求实施区域防突措施条件，或者实施区域防突措施时不能满足安全生产要求的突出煤层或者突出危险区，不得进行开采活动，并划定禁采区和限采区。

⑦ 揭煤作业包括从距突出煤层底（顶）板的最小法向距离 5 m 开始，直至揭穿煤层进入顶（底）板 2 m（最小法向距离）的全过程，应当采取局部综合防突措施。在距煤层底（顶）板最小法向距离 5 m 至 2 m 范围，掘进工作面应当采用远距离爆破。揭煤作业前应当编制井巷揭煤防突专项设计，并报煤矿企业技术负责人审批。

揭煤作业应当按照下列程序进行：

a. 探明揭煤工作面和煤层的相对位置。

b. 在与煤层保持适当距离的位置进行工作面预测(或者区域验证)。

c. 工作面预测(或者区域验证)有突出危险时，采取工作面防突措施。

d. 实施工作面措施效果检验。

e. 采用工作面预测方法进行揭煤验证。

f. 采取安全防护措施并采用远距离揭开或者穿过煤层。

⑧ 井巷揭穿突出煤层的专项防突设计至少应当包括下列主要内容：

a. 井巷揭煤区域煤层、瓦斯、地质构造及巷道布置的基本情况。

b. 建立安全可靠的独立通风系统及加强控制通风风流设施的措施。

c. 控制突出煤层层位、准确确定安全岩柱厚度的措施，测定煤层瓦斯压力的钻孔等工程布置、实施方案。

d. 揭煤工作面突出危险性预测及防突措施效果检验的方法、指标，预测及检验钻孔布置等。

e. 井巷揭煤工作面防突措施。

f. 安全防护措施及组织管理措施。

g. 加强过煤层段巷道的支护及其他措施。

⑨ 煤巷掘进和采煤工作面的专项防突设计应当至少包括下列内容：

a. 煤层、瓦斯、地质构造及邻近区域巷道布置的基本情况。

b. 建立安全可靠的独立通风系统及加强控制通风风流设施的措施。

c. 工作面突出危险性预测及防突措施效果检验的方法、指标以及预测、效果检验钻孔布置等。

d. 防突措施的选取及施工设计。

e. 安全防护措施。

f. 组织管理措施。

⑩ 煤巷掘进工作面采用超前钻孔作为工作面防突措施时，应当符合下列要求：

a. 巷道两侧轮廓线外钻孔的最小控制范围：近水平、缓倾斜煤层 5 m，倾斜、急倾斜煤层上帮 7 m、下帮 3 m。当煤层厚度大于巷道高度时，在垂直煤层方向上的巷道上部煤层控制范围不小于 7 m，巷道下部煤层控制范围不小于 3 m。

b. 钻孔在控制范围内应当均匀布置，在煤层的软分层中可适当增加钻孔数。预抽钻孔或超前排放钻孔的孔数、孔底间距等应当根据钻孔的有效抽采或排放半径确定。

c. 钻孔直径应当根据煤层赋存条件、地质构造和瓦斯情况确定，一般为 75～120 mm，地质条件变化剧烈地带也可采用直径为 42～75 mm 的钻孔。若钻孔直径超过 120 mm 时，必须采用专门的钻进设备和制定专门的施工安全措施。

d. 煤层赋存状态发生变化时，及时探明情况，再重新确定超前钻孔的参数。

e. 钻孔施工前，加强工作面支护，打好迎面支架，背好工作面煤壁。

二、综合防突措施实施管理制度

根据《防突细则》第三十二条规定，施工防突措施钻孔时，应当满足以下要求：在钻机回风侧 10 m 范围内应当设置甲烷传感器，并具备超限报警断电功能。采用干式排渣工艺施工时，还应当悬挂一氧化碳报警仪或者设置一氧化碳传感器。

根据《防突细则》第六十五条规定，采用顺层钻孔预抽煤巷条带煤层瓦斯作为区域防突措施时，钻孔预抽煤层瓦斯的有效抽采时间不得少于 20 天；如果在钻孔施工过程中发现有喷孔、顶钻等动力现象的，有效抽采时间不得少于 60 天。

有下列条件之一的突出煤层，不得将顺层钻孔预抽煤巷条带煤层瓦斯作为区域防突措施：

(1) 新建矿井经建井前评估有突出危险的煤层，首采区未按要求测定瓦斯参数并掌握瓦斯赋存规律的；

(2) 历史上发生过突出强度大于 500 t/次的；

(3) 开采范围内 $f<0.3$ 的；f 为 0.3～0.5，且埋深大于 500 m 的；f 为 0.5～0.8，且埋深大于 600 m 的；煤层埋深大于 700 m 的；煤巷条带位于开采应力集中区的；

(4) 煤层瓦斯压力 $P\geqslant1.5$ MPa 或者瓦斯含量 $W\geqslant15\ m^3/t$ 的区域。

矿井在以往的采掘过程中未发生过突出。可采用顺层钻孔条带瓦斯进行预抽，作为采掘工作面的区域防突措施。根据《防突细则》的相关要求，特制定符合矿井的防突措施实施制度。

① 放线。瓦斯抽采钻孔施工前，施钻技术人员使用坡度规、地质罗盘等仪器按照钻孔设计的倾角、方位角、开孔位置进行现场放线。

② 施钻。施钻人员根据设计图纸的孔号、方位、倾角、孔深等参数施工，在施钻过程中，要如实记录钻孔的编号、倾角、方位角、钻杆数及钻进过程中见煤岩、顶钻、卡钻、喷孔等情况，现场填写记录并签字，带班矿领导要现场审查并签字确认，升井后必须将记录单交通防科存档备查，通防部门每天认真清理核查当日施钻记录，通防副总要强化对施钻记录的核查，对未按设计施工的，要分析追责，对于打假钻的取消当天考勤，并重新补打钻孔不记考勤。

③ 施工抽采钻孔，必须制定专项措施。所有需要进行抽采的地点必须有抽采工程设计，并按设计要求的孔位、方向、角度、孔径、深度等施工，没有措施私自进行施工的不予记考勤。

④ 在打钻过程中，发现卡钻、顶钻等异常情况时，应立即停止打钻，查明原因。如出现钻杆脱节、钻头丢失等现象时，应制定专项措施，报矿总工程师批准，进行处理，另外丢失钻杆按照每根钻杆价格进行考核，罚款金额考核到当班施钻人员当月工资中。

⑤ 在打钻过程中发生喷孔、卡钻时，严格按防治钻孔施工过程中瓦斯喷孔专项安全技术措施执行。

⑥ 抽采钻孔按设计“两堵一注”封孔工艺进行，钻孔封孔总长度应

不小于 8 m(穿层钻孔封孔不小于 5 m)。且所有的抽采钻孔必须严格按“两堵一注”封孔。

⑦ 确保抽采钻孔的孔口负压应大于 13 kPa,低于 13 kPa 时应查找原因并立即处理。

三、综合防突措施检查管理制度

(1) 防突措施的检查由矿长牵头,检查本矿防突措施落实情况,每月至少一次,并将检查结果做相关记录,通报检查出的问题。

(2) 总工程师是本矿技术主要负责人,每月对本矿防突措施落实情况进行检查,每月至少一次,并将检查结果做相关记录,通报检查出的问题。

(3) 安全矿长作为本矿安全主要责任人,每月带班下井时必须检查防突措施落实情况并在上井后通报检查情况。

(4) 通防副总作为本矿通防技术负责人,每月带班下井时必须检查防突措施落实情况并在上井后通报检查情况,包括施钻情况、局部考察情况等。

(5) 通防科作为现场检查防突措施的主要责任人,下井必须检查防突措施落实情况。

四、综合防突措施验收管理制度

(1) 每完成一个钻孔由验收人员或安全员(跟班领导)、视频监控员共同验收,验收结束后填写验收记录,验收人员必须在钻孔验收单签字确认。

(2) 现场抽采钻孔施工所需设备(坡度规、钻孔设计图、米尺等)不齐全,责任人按“三违”论处。

(3) 抽采钻孔未按设计(孔径、倾角、方位、孔深)要求施工,钻孔按照报废钻孔处理,验收人员不予验收。

(4) 钻孔原始记录由现场施工人员填写,现场验收人员核对数据填写真实性,对于钻孔原始记录填写数据负责。

(5) 验收人员应根据现场钻孔设计布置图验收钻孔,首先看钻孔方位是否符合挂线方位，用坡度规测量倾角是否符合设计要求，孔径是否符合要求。施钻工人进行退钻，验收人员查验钻杆，计算钻孔深度。

(6) 验收人员检查钻孔施工原始记录是否填写完善，不完善的督促其填写完善。

(7) 钻孔验收单由验收人员如实填写，施工人员签字确认，上井后交通防科。

(8) 钻孔施工原始记录由施工人员进行详细记录，其内容包括日期、班次、钻孔施工地点、钻孔类型、钻孔施工倾角、方位角、孔径、孔深、钻孔穿过的煤岩情况、有无出水、有无突出预兆等内容。钻孔施工原始记录由施工人员交通防科。

(9) 钻孔施工人员、验收人员对钻孔要终身负责，发现问题严肃追责。

五、综合防突措施审批管理制度

(1) 综合防突措施由通防科编制。

(2) 综合防突措施编制好后，由通防副总工程师组织安全、调度、生产、地测、机电、通防、施工单位等部门进行会审、修改、完善，审核通过后报总工程师审查、批准，再报矿长是否同意按照本措施执行。当部门会审意见和总工程师审批意见不符时，以总工程师审批意见为准。

(3) 当现场出现重大地质构造变化时，确需对原综合防突措施进行修改或补充时，重新按以上程序进行审批。

(4) 综合防突措施编制、审批完成后，由通防科下发至会审单位。

(5) 参加综合防突措施会审单位接措施后，由本单位主管领导或主管技术员负责对本单位全员贯彻。

(6) 施工单位由施工单位主管队长或主管技术员贯彻，且由技术员认真进行讲解，并签字、备查。在每班的班前会上，值班领导要针对现场存在的问题对特别注意的事项进行重点讲解。

六、通风瓦斯日分析制度

（一）成立矿井通风瓦斯日分析领导小组

组长：矿长。

常务副组长：总工程师、防突矿长。

副组长：安全矿长、通防副总。

成员：各科队负责人。

（二）通风瓦斯日分析制度

（1）每月由总工程师召集相关部门，根据矿井采掘生产变化情况，确定当月通风瓦斯管理的重点地区和重点内容。

（2）瓦斯检查工负责检查瓦斯、二氧化碳浓度，并将检查情况如实填写记录台账，做好“三对口”。

（3）通防科指派专人负责整理填报通风瓦斯日报表，填报时应将各主要检查点最高瓦斯、二氧化碳浓度填入通风瓦斯日报表，如有瓦斯浓度超限、停风、微风等情况应将相关措施或处理恢复通风情况等填入“备注”一栏。

（4）报表填写后，要重新复核一遍，确认无误后，签名报送通风区队长，并签字。

（5）审查后的通风瓦斯日报表再报送总工程师、矿长审阅签字，矿长和总工程师每天必须审阅瓦斯日报表，对通风、瓦斯检查方面存在的问题、隐患进行批示。

（6）通防科根据矿长、总工程师对通风、瓦斯方面存在隐患的批示，制定安全技术措施，积极进行处理。

（7）通防科负责通风瓦斯日报表整理存档工作，通风瓦斯日报表必须保存一年。

（8）安全监测系统的调度值班，必须按要求做好瓦斯记录，每日由通防科指派专门技术人员进行汇总。核对前一天瓦斯情况，并进行整理归档，由矿长、总工程师审阅、签字。若值班期间发现某个监测点瓦斯超限报警，必须立即汇报当日值班领导、通防科及涉及队组，按要求协调指挥，采取措施。

（9）通风瓦斯日分析必须包括以下内容：

① 通风系统分析。重点分析通风系统是否独立、稳定、可靠；是否存在不符合规定、不合理的通风方式；采掘工作面等用风地点风量、风速、风向是否稳定，且符合规定；巷道贯通是否按措施执行，贯通后通风系统是否合理；各地点通风设施完好情况，是否有损坏通风设施情况；重点失修巷道整修进度等。

② 瓦斯涌出量分析。重点分析采掘工作面瓦斯浓度是否符合要求，涌出量是否出现异常；是否存在局部瓦斯积聚情况；是否存在瓦斯超限风险和隐患。

③ 采掘工作面地质分析。是否制定地质构造的专项措施并落实到位。

④ 防灭火系统分析。重点分析采掘工作面是否存在自燃发火隐患及征兆；工作面回风隅角、工作面、回风流一氧化碳浓度及变化是否异常；采空区密闭墙是否按规定检查，是否存在漏风及其他异常现象。

⑤ 安全监控系统分析。重点分析安全监控系统是否运行正常，数据传输是否连续、准确；是否发生瓦斯超限报警断电；是否出现故障报警，是否有损坏监控设备情况；是否有造假现象；是否对传感器进行定期调校；是否对瓦斯超限、故障闭锁、风电闭锁功能进行测试；馈电传感器显示是否准确。

⑥ 其他认为需要的通风瓦斯重点内容。

⑦ 前期日分析会议意见落实情况及责任单位整改情况。

（三）通风、瓦斯异常汇报

（1）采掘工作面无风、风量减小或出现风量忽大忽小变化异常时，现场瓦斯检查工、安全员或班组长要立即汇报调度室，值班人员立即通知通防科、通风区队长、机电科、通防副总、总工程师，由总工程师安排相关人员到现场查明情况及原因，查明相关情况后必须向调度室汇报。

（2）矿井安全监控系统监测到瓦斯异常时，监控室值班人员必须立即向通防科、调度室汇报，同时继续观察瓦斯异常变化情况，并做好瓦斯异常情况记录。

(3) 调度室值班人员及通防科相关人员接到监控室值班人员瓦斯异常汇报后，必须立即通知井下跟班领导、现场专职瓦斯检查工赶赴现场，查明原因，并采取措施。

(四) 通风瓦斯分析方式

(1) 当瓦斯出现异常时，组织召开分析会议，各成员部门按照职责分工汇报各自日分析内容，排查矿井可能存在的通风瓦斯隐患，分析原因，制定措施，安排责任单位对排查出的问题进行整改。

(2) 参加分析人员：

矿级领导：总工程师、安全矿长、通防副总工程师(以上 3 人必须有 1 人主持会议)、地测副总工程师。

基层科队：瓦斯治理、技术、地测、安全、通风、安全监控、井下生产作业及其他需要参加的辅助部门必须有 1 名技术员以上管理人员参加。

(3) 日分析会议应形成会议记录，建立台账。记录内容应包括时间、地点、参加人员、汇报内容、原因分析、采取措施及工作安排、前期通风瓦斯日分析意见落实及整改情况。

(五) 其他要求

(1) 任一地点的甲烷浓度当班或上下两个班次浮动达到或超过 0.2%时，必须进行分析，查明原因，采取措施，并在通风瓦斯日分析记录中说明。

(2) 凡采掘工作面甲烷浓度≥0.5%时，由通防科报请安监部门等到现场核查原因，制定防范措施并落实。

(3) 分析中必须汇报量化参数(采掘工作面风量、绝对瓦斯涌出量、一氧化碳浓度等)。

(4) 每月制定瓦斯检查点计划时，根据具体情况确定各采掘工作面、采区回风巷、矿井总回风巷及其他需要分析地点的瓦斯检查次数，条件变化时，及时调整瓦斯检查次数。

(5) 地测科要做好超前地质预测预报工作，为预测瓦斯变化趋势提供参考。

(6) 通防科指定专人负责通风瓦斯日分析会议记录,对分析中发现的问题及原因、制定的整改措施、追究责任情况等都要以文字形式记录清楚,并留有资料。

(7) 通风瓦斯日分析记录必须及时报矿长和总工程师审阅签字,并传达相关责任单位落实。

七、突出预警分析与处置制度

为防止煤与瓦斯突出事故的发生或发生煤与瓦斯突出事故时做到人员安全撤离,确保职工生命安全,把灾害损失降到最低限度,制定如下突出预警分析与处置制度。

(一) 防突预警分析

1. 加强地质测量工作

(1) 地测部门及时编制修订瓦斯地质图,作为区域煤与瓦斯突出危险性预测和制定防突措施的依据。

(2) 巷道在突出煤层顶、底板掘进时,必须加强掘进巷道的钻探工作,准确掌握煤层的位置,避免误揭煤层。掘进施工期间必须坚持"有掘必探、先探后掘"的前探原则,前探钻孔探明前方煤层时必须及时向地测队汇报,地测队在采掘工程平面图中标出前探钻孔探明前方煤层的具体位置,巷道掘至距煤层法向距离 7 m 前下达停掘通知单,进行突出危险性预测预报。

(3) 加强地质资料分析,认真开展地质预测预报。地测队、技术科必须经常派人到采掘现场了解进度及煤岩层产状、标志层等情况,并与预计平、剖面图进行对比,确切掌握施工动态和围岩变化情况,及时验证提供地质资料。

2. 测定煤层的相关参数

突出矿井的开采煤层须测定煤层瓦斯压力、瓦斯含量以及突出危险性相关的瓦斯放散初速度、坚固性系数、瓦斯吸附常数、透气性系数、钻孔抽采半径等参数。在开采水平延深达到或超过 50 m 及开拓新采区时,应及时进行重新测定。

3. 严格巷道贯通管理

掘进工作面与煤层巷道交叉贯通前，被贯通的煤层巷道必须超过贯通位置，其超前距不得小于 5 m，并且贯通点周围 10 m 内的巷道应加强支护。在掘进工作面与被贯通的煤层巷道距离小于 50 m 的作业期间，被贯通巷道内不得安排施工作业，并保持正常通风，且在放炮时不得有人。

4. 谨慎近距离掘进

所有突出煤层外的掘进巷道（包括钻场等）距离突出煤层的最小法向距离小于 10 m 时（在地质构造破坏带为小于 20 m 时），必须边探边掘，确保最小法向距离不小于 5 m。

5. 严格执行揭煤措施

石门或岩巷掘进需穿过煤层时，必须严格按程序执行石门揭煤区域的综合防突措施。

(1) 巷道轮廓线距煤层法线距离 10 m 前，停止掘进，按照设计，至少打 2 个穿透煤层的钻孔，掌握煤层赋存条件、地质构造、瓦斯情况等。打钻施工过程中，若工作面瓦斯涌出量突然增大或忽大忽小、打钻时顶卡钎子及有喷孔、喷瓦斯等煤与瓦斯突出预兆时，必须及时将现场人员撤至安全地点并向矿调度室汇报，采取措施处理。

(2) 石门边探边掘至距煤层法线距离 7 m 前，停止掘进，用 DGC 等专用设备测定预抽前煤层原始瓦斯含量和压力。当测定煤层瓦斯压力≥0.6 MPa、瓦斯含量≥6 m^3/t 时，则为突出危险区；当测定煤层瓦斯压力＜0.6 MPa、瓦斯含量＜6 m^3/t，且无喷孔、喷瓦斯等异常现象时，则为无突出危险区。预测有无突出危险时，必须采取区域防突措施。

(3) 采取区域防突措施后，必须对防突措施进行效果检验。对穿层钻孔预抽石门揭煤区域煤层瓦斯的区域防突措施进行效果检验时，至少布置 4 个检验测试点，分别位于要求预抽区域的上部、中部和两侧。用 DGC 测出煤层原始瓦斯含量和压力，当检验测定的煤层残余瓦斯压力≥0.6 MPa、残余瓦斯含量≥6 m^3/t 时，则为突出危险区，必须继续执行区域防突措施；当测定煤层残余瓦斯压力＜0.6 MPa、残余瓦斯含量<6 m^3/t，且无喷孔、喷瓦斯等异常现象时，则为无突出危险区，视为区域防突措施有效。

经检验，石门揭煤区域防突措施有效时，要采用钻屑瓦斯解吸指标法进行区域验证。经验证石门揭煤区域无突出危险时，在采取安全防护措施后方可继续掘进。

(4) 在石门工作面与煤层的法线距离 5 m、2 m 前采用钻屑瓦斯解吸指标法对石门揭煤工作面的突出危险性进行连续预测，测定的煤层瓦斯解吸指标 Δh_2 值或 K_1 值小于临界值，且无喷孔、顶钻等异常现象时，则无突出危险；反之，则该工作面预测为有突出危险。当预测为突出危险工作面时，应采取工作面防突措施，然后进行措施效果检验，措施有效方可继续掘进；措施无效时，继续抽采瓦斯，直至措施有效。

(5) 石门掘进工作面距煤层法线距离不小于 2 m 处位置，采用钻屑瓦斯解吸指标法(测 Δh_2 值或 K_1 值)预测预报煤层的煤与瓦斯突出危险性，若无突出危险可采用全断面一次性爆破揭开全煤层。

6. 扩大鉴定范围

邻近矿井发生突出的煤层、突出矿井的非突出煤层和高瓦斯矿井各煤层瓦斯的相关参数超过临界值的，都必须申请进行突出危险性鉴定，否则按有煤与瓦斯突出危险性对待。

(二) 有突出危险时的处置措施

(1) 突出危险性预兆。

① 典型的突出预兆主要包括：响煤炮声(机枪声、闷雷声、劈裂声)，喷孔、顶钻，煤壁外鼓、掉渣，瓦斯涌出持续增大或者忽大忽小，煤尘增大，煤壁温度降低、挂汗等。

② 按照突出前出现的异常现象也可以划分为有声预兆和无声预兆。

有声预兆：煤层发出劈裂声、闷雷声、机枪声、响煤炮以及气体穿过含水裂缝时的吱吱声等；声音由远到近，由小到大，有短暂的，有连续的，时间间隔长短也不一致；煤壁还会发生震动和冲击，顶板来压，支架发出折裂声。

无声预兆：工作面顶板压力增大，煤壁被挤压，片帮掉渣，顶板下沉或底板鼓起；煤层层理紊乱、煤暗淡无光泽、煤质变软；瓦斯忽大忽小，煤壁发凉，打钻时有顶钻、卡钻、喷瓦斯等现象。

(2) 井下工作人员发现上述预兆后，应立即停止作业，切断电源，迎着风流撤到安全地点，然后及时用最近的电话向调度室汇报。

(3) 矿井调度值班员接到报告后，必须立即通知井下所有人员撤到安全地点，并汇报值班矿长、矿长、总工程师等相关领导。矿长应及时召集相关人员，分析制定相应的措施，并根据实际情况确定是否召集救护队准备应急救援。

(三) 发生突出事故时的应急处理措施

(1) 一旦发生煤与瓦斯突出事故，灾区工作人员必须及时佩戴好自救器，立即采取自救和互救措施。

(2) 灾区人员以及灾害涉及区域人员在本班班长或跟班领导的带领下沿避灾路线撤至地面。

(3) 在撤离过程中，安全员及时用沿途最近的电话向矿调度室汇报，简要说明事故发生的地点、发生原因、影响范围等情况。

(4) 矿调度室接到煤与瓦斯突出事故报告后，必须立即命令变电所切断井下所有动力电源，下令撤出井下所有人员，并向通防负责人、值班矿领导、总工程师和矿长汇报。

(5) 若突出的煤(岩)将巷道封堵，不能撤退的人员应及时使用自救器、压风自救装置，并发出信号等待救援。

(6) 矿长接到煤与瓦斯突出事故汇报后，根据事故危害程度，确定是否启动应急预案。如果事故较小，不足以启动应急救援预案，则必须密切关注事态发展变化；如果事故较大，则立即下达启动应急救援预案的命令。

(7) 煤与瓦斯突出事故发生后，及时向上级公司、上级安监部门汇报，并申请上级公司矿山救护大队救援。

八、突出预兆的报告制度

1. 突出预兆报告和处置程序

(1) 突出煤层工作面的作业人员、瓦斯检查工、班组长应当熟悉突出预兆,发现有突出预兆时,必须立即停止作业,按避灾路线撤出,并报告矿调度室。班组长、瓦斯检查工、矿调度员有权责令相关现场作业人员停止作业、停电撤人。

(2) 突出煤层采掘工作面发现有突出预兆后应立即停止作业、撤出人员,撤人时要沿最近的避灾路线撤出,撤人过程中应佩戴自救器,轻装简行,迅速撤离,严禁携带衣服、工具等负重物品,对沿途人员要做好相互提醒。待人员撤离到安全地点后,由当班班队长、安全检查工、瓦斯检查工或其他安全管理人员向调度室汇报发生突出预兆的时间、地点、具体突出预兆以及其他需要汇报的信息。

(3) 调度室值班人员接到汇报后立即汇报给矿值(带)班领导及相关矿领导班子成员和相关业务科室,由调度室详细记录相关信息,建立突出预兆汇报记录台账。

(4) 矿值(带)班领导接到报告后,立即组织、指挥有关人员进行处置。突出煤层的采掘过程中出现典型的突出预兆后,调度室负责通知安检科、生产科、地测科、通防科、调度室、通风区以及责任区队值班人员进行分析,分析结果向矿值(带)班矿领导和矿总工程师汇报,并根据现场情况采取相关措施,待恢复正常后方可继续作业。

2. 突出预兆的汇报管理和考核

(1) 发现突出预兆隐瞒不报的,对责任人按严重“三违”处理。

(2) 调度室接到突出预兆汇报后不按要求汇报和处置的,对责任人及值班主任进行停工处理。

(3) 突出预兆汇报记录台账记录不完整、建档不规范的,对责任人纳入考核。

(4) 调度室详细记录相关信息,建立突出预兆汇报记录台账(表 3),并每月汇总给通防科,由通防科管理人员将相关异常信息标注在防突措施竣工图上,对突出预兆建档管理。突出预兆报告记录台账主要内容包括序号、时间、地点、汇报人、突出预兆情况、记录人、汇报的相关领导、采取的措施。

表 3　突出预兆报告记录台账

序号	时间	地点	汇报人	突出预兆情况	记录人	汇报的相关领导	采取的措施

九、防突报表审阅审批制度

(1) 突出区的采掘工作面在采取过防突措施并经措施效果检验后,防突工必须及时填写预测或检验报表和措施钻孔竣工验收报表,经本人签字、通防科和防突矿长审批后,报总工程师审批。

(2) 防突工要认真填写每一次的效果检验数据,做到字体清晰工整,无错填、漏填现象。

(3) 消突总结表的数据要真实准确,措施钻孔具体数据要和瓦斯检查工措施钻孔记录簿上的数据一致,做到填写标准,字体工整,无错填、漏填现象。

(4) 局部措施钻孔验收报表必须用打印的报表(措施钻孔布置示意图除外),验收报表的填写按照通防科下达的标准填写,措施钻孔的深度、偏角要和防突措施钻孔施工实际情况一致,做到填写标准,字体工整,无错填、漏填现象。

(5) 效果检验报表要及时签送。

(6) 效果检验报表的数据、原始记录薄的数据、井下效果检验牌板的数据三者要一致。

(7) 防突报表经审批后,按规定分送施工单位及有关科室,施工单位必须按审批意见施工,区域验证及局部效检原始记录由通防科存档备案。

(8) 若总工程师外出，应由其委托的防突矿长审批报表，其他人员不得随意审批效检报表。

十、石门揭煤工作面防突管理制度

(一) 一般要求

(1) 揭煤作业包括从距突出煤层底(顶)板的最小法向距离 5 m 开始，直至揭穿煤层进入顶(底)板 2 m(最小法向距离)的全过程，应当采取区域或局部综合防突措施。

(2) 在距煤层底(顶)板最小法向距离 5 m 至 2 m 范围，掘进工作面应当采用远距离爆破。

(3) 揭煤作业应当按照下列程序进行：

① 探明揭煤工作面和煤层的相对位置；

② 在与煤层保持适当距离的位置进行工作面预测(或者区域验证)；

③ 工作面预测(或者区域验证)有突出危险时，采取区域防突措施或工作面防突措施；

④ 实施区域防突措施效果检验或工作面措施效果检验；

⑤ 采用工作面预测方法进行揭煤验证；

⑥ 采取安全防护措施并采用远距离爆破揭开或者穿过煤层。

(4) 突出煤层石门揭煤应符合以下要求：

① 突出煤层工作面应优化设计，避免石门与煤层小角度、长距离揭煤，避免在地质构造复杂、地质构造破坏带、应力集中带揭煤；

② 经评估为有突出危险煤层的新建矿井建井期间，以及突出煤层经开拓前区域预测为突出危险区的新水平、新采区开拓过程中的所有揭煤作业，必须采取区域综合防突措施并达到要求指标；

③ 经开拓前区域突出危险性预测为无突出危险区的煤层进行新水平、新采区开拓、准备过程中的所有揭煤作业应当采取局部综合防突措施。

(5) 邻突非突低瓦斯矿井区域突出危险性预测无突出危险且在始

突标高以上的石门揭煤工作面必须采取局部综合防突措施，专项防突设计和安全技术措施经揭煤单位矿长、总工程师组织会审后，报上级公司审批。

(6) 经区域突出危险性预测有突出危险的石门揭煤工作面专项防突设计和安全技术措施经揭煤单位矿长、总工程师会审后呈文上报上级公司，由煤业公司分管领导牵头组织相关部门进行会审，提出批复意见，经煤业公司有关领导批准后贯彻执行。

(7) 石门揭煤措施会审时需提供以下资料：

① 石门(立井、斜井)从距突出煤层底(顶)板的最小法向距离 10 m 开始到揭煤结束的专项防突设计和安全技术措施；

② 揭煤地点原始煤层瓦斯压力、瓦斯含量实际参数测定报告；

③ 钻探和物探手段探测的揭煤区域地质构造资料；

④ 相关图纸资料：通风系统图、巷道工程设计图、措施孔布置平剖面图、区域防突措施效果检验钻孔设计图、区域验证设计图、加固设计图、揭煤导硐设计图、揭煤爆破设计图、爆破警戒图和避灾路线图等。

(8) 揭煤地点应避开地质构造破坏带、应力集中带，应避免小角度(井巷与待揭煤层夹角≤15°)、长距离揭煤；确实避不开的，必须采取相应措施。地质层位、地质构造探测不清的，瓦斯压力、瓦斯含量测试不准的，一律严禁揭煤。

(9) 矿井开拓新水平、准备新采区时，水平大巷或采区上下山至少有一条布置在煤层底板。石门揭煤穿层治理钻孔直径不小于 89 mm 且不大于 120 mm，并配合水力冲孔等措施，提高冲出煤量，充分卸压增透。下向穿层钻孔施工时，必须采用有效的防钻孔积水措施。

(二) 石门揭煤专项防突设计

(1) 矿井总工程师组织地质测量部门编制石门揭煤地质说明书，组织通防部门编制石门揭煤防突专项设计及安全技术措施、石门揭煤设计及施工安全技术措施，并按规定审批。

(2) 以下揭煤作业的防突专项设计必须上报上级公司审批：

① 高瓦斯矿井、煤与瓦斯突出矿井煤巷掘进工作面过落差大于煤厚的断层须进行揭煤作业的；

② 突出煤层揭煤作业；

③ 新水平、新采区、井筒首次揭穿平均厚度 0.3 m 以上非突出煤层的揭煤作业；

④ 防突指标超标且平均厚度 0.3 m 以上非突出煤层的揭煤作业；

⑤ 低瓦斯矿井揭煤区域煤层瓦斯含量大于 6 m^3/t、瓦斯压力大于 0.6 MPa(豫西松软煤层按照瓦斯含量大于 5 m^3/t、瓦斯压力大于 0.5 MPa 指标执行，河南省外矿井可按照《防突细则》或当地标准执行)的揭煤作业。

(3) 石门揭煤防突专项设计及安全技术措施可参照采掘工作面区域防突措施进行编制。

(4) 突出煤层所有平均煤厚超过 0.3 m 的石门揭煤工作必须编制揭煤专项防突设计和安全技术措施。

(三) 石门揭煤区域突出危险性预测

(1) 在距待揭煤层法向距离 10 m 前必须对揭煤区域进行超前探测工作，掌握煤层赋存条件、地质构造等。在地质构造复杂、岩石破碎区域揭煤，距待揭煤层法向距离 20 m 前必须布置一定数量的前探钻孔，以准确掌握煤层厚度、倾角变化、地质构造和瓦斯情况。

(2) 超前探钻不少于 3 个，分别控制揭煤巷道正前、两帮，穿透煤层全厚并进入顶(底)板不小于 0.5 m，测量钻孔轨迹。前探钻孔至少有 2 个取芯，详细记录煤(岩)芯资料，确切掌握煤层赋存和形态。

(3) 根据瓦斯地质前探成果，矿井地质测量部门编制揭煤地质说明书，矿井通防部门编制揭煤专项防突设计，并报上级煤业公司审批。

(4) 当需要测定瓦斯压力时，前探钻孔可用作测压钻孔；若二者不能共用时，则必须在最小法向距离 7 m 前施工至少 2 个瓦斯压力测定钻孔，且应当布置在与该区域其他钻孔见煤点间距最大的位置。

(5) 揭煤区域突出危险性预测钻孔不少于 4 个，分别位于井巷的上部、中部和两侧，实测煤层瓦斯含量、瓦斯压力。测压钻孔不得少于 2 个，优先采用主动测压法，测压过程必须符合《煤矿井下煤层瓦斯压力的直接测定方法》(AQ 1047—2007)。

揭煤区域附近未测定煤层原始瓦斯基础参数的，必须利用取芯煤样测定瓦斯吸附常数、瓦斯放散初速度、煤层坚固性系数、孔隙率、真假密度等。

(6) 经区域预测或者措施效果检验为无突出危险工作面时，应当采用物探或者钻探手段边探边掘至距突出煤层法向距离不小于 5 m 处，然后采用井巷揭煤工作面预测的方法进行区域验证。

(四) 石门揭煤区域防突措施

(1) 揭煤区域预测有一项指标超标，或者前探、测压等钻孔施工过程中有喷孔、顶钻等异常现象，或者突出煤层始突标高以深区域，距待揭煤层法向距离 7 m 前，必须执行穿层钻孔预抽井巷揭煤区域煤层瓦斯区域防突措施。

(2) 可在巷道两帮施工钻场布置预抽石门揭煤区域防突措施钻孔，区域防突措施钻孔最小控制范围为石门揭煤处巷道轮廓线外 12 m (急倾斜煤层底部或下帮 6 m)，且控制范围外边缘到巷道轮廓线最小距离不小于 5 m。过断层时，区域防突措施钻孔必须控制各盘断煤交线外不小于 30 m 范围和两盘断煤交线之间的煤层破碎带或牵引带。

(3) 预抽井巷揭煤区域煤层瓦斯区域防突措施穿层钻孔必须一次穿透待揭煤层全厚，并进入底(顶)板 0.5 m 以上；当不能一次打穿煤层全厚(特别是小角度揭煤)时，可分段施工，但应当保持煤孔最小超前距不小于 20 m，区域防突措施钻孔控制范围符合第(三)项下第(2)条的要求。

(4) 揭煤区域防突措施钻孔必须单独设置抽采计量装置。

(五) 区域防突措施效果检验

(1) 当计算残余瓦斯含量小于 6 m^3/t、残余瓦斯压力小于 0.6 MPa (豫西松软煤层按照小于 5 m^3/t、0.5 MPa 执行，河南省外矿井可按照《防突细则》或当地标准执行)时，方可采用直接测定残余瓦斯压力、残余瓦斯含量进行效果检验。并符合以下要求：

① 必须采用实测残余瓦斯压力和残余瓦斯含量指标法。残余瓦斯含量临界值为 6 m^3/t，瓦斯压力临界值为 0.6 MPa(豫西松软煤层按

照 5 m^3/t、0.5 MPa 执行，河南省外矿井可按照《防突细则》或当地标准执行)，瓦斯含量采用间接计算和现场实测，并取最大值，残余瓦斯压力采用最大残余瓦斯含量反演计算和现场实测。

② 效果检验中残余瓦斯含量必须由第三方人员现场取样进行测定，测定后出具参数测定报告，并将检验结果报告及时反馈到煤业公司通防管理部门。

③ 检验钻孔信息判定法：检验期间必须观察、记录在煤层中进行钻孔等作业时发生的喷孔、顶钻及其他突出预兆。

④ 区域防突措施效果检验前，由专业技术人员首先分析并现场实际检查预抽区域内钻孔的分布等是否符合设计要求，不符合设计要求的，不得进行效果检验。

⑤ 任何一个检验测试点超标或检验钻孔异常有突出预兆时，必须重新执行区域防突措施。

(2) 对穿层钻孔预抽井巷揭煤区域瓦斯区域防突措施进行检验时，至少布置 4 个检验测试点，分别位于井巷中部和井巷轮廓线外的上部和两侧。

(3) 当分段实施区域防突措施时，揭煤工作面与煤层最小法向距离小于 7 m 后的各段都必须进行区域防突措施效果检验，且每一段布置的检验测试点不得少于 4 个。

(4) 自煤层顶板揭煤对实施的防突措施效果进行检验时，应当至少增加 1 个位于巷道轮廓线下部的检验测试点。当残余瓦斯含量小于 6 m^3/t 且残余瓦斯压力小于 0.6 MPa(豫西松软煤层按照 5 m^3/t、0.5 MPa 执行，河南省外矿井可按照《防突细则》或当地标准执行)，同时检验钻孔施工过程中无喷孔、顶钻等异常现象，认定措施有效。否则，必须补充措施或延长抽采时间，直至检验有效。

(六) 石门揭煤区域验证

(1) 距待揭煤层最小法向距离 5 m 前，采用钻屑瓦斯解吸指标法或综合指标法进行首次区域验证(工作面预测)。

(2) 区域验证(工作面预测)至少施工 3 个钻孔，分别位于井巷的上部、中部和一侧或两侧一定范围。检验指标小于临界值，同时验证

（预测）钻孔施工过程中无喷孔、顶钻等异常现象，认定为无突出危险工作面，否则认定为突出危险工作面。

经区域验证为无突出危险的，可边探边掘至最小法向距离 2 m 前位置。

（3）距待揭煤层最小法向距离 2 m 前进行揭煤前区域验证，分别位于揭煤区域的上部、中部和两侧，控制石门揭煤区域轮廓线外一定范围，一般为 2～4 m。检验指标小于临界值，同时验证（预测）钻孔施工过程中无喷孔、顶钻等异常现象，认定为无突出危险工作面，否则认定为突出危险工作面。

经区域验证为无突出危险的，可进行揭煤爆破作业（远距离爆破揭煤作业）。

（七）局部综合防突措施

（1）预抽煤层瓦斯局部防突措施钻孔的控制范围，应保证在石门两侧和上部轮廓线外至少 5 m，下部轮廓线以外至少 3 m，并控制顶、底板 3 m 岩柱范围。

（2）立井揭煤工作面钻孔控制范围：近水平、缓倾斜、倾斜煤层为井筒四周轮廓线外至少 5 m；急倾斜煤层沿走向两侧及沿倾斜上部轮廓线外至少 5 m，下部轮廓线外至少 3 m。

（3）厚煤层底板揭煤，特别是过煤门过程中对于掘过的巷道顶部煤体要采取煤体固化措施。煤体固化措施在采取区域预抽瓦斯防突措施有效后方可实施。

（4）金属骨架超前支护措施在底板揭煤前和穿煤过程中必须认真执行，金属骨架超前支护长度根据煤层厚度、穿煤段长度、煤层倾角等确定，至少进入顶（底）板 0.5 m，当不能一次进入顶（底）时，进入煤层的长度不小于 15 m。钻孔间距不大于 0.3 m，对于松软煤层应当安设两排金属骨架，钻孔间距不大于 0.2 m。

（八）石门揭煤爆破管理

（1）井巷揭煤采用远距离爆破时，必须明确起爆地点、避灾路线、警戒范围，制定停电撤人等措施。

（2）石门揭煤爆破时必须采用远距离爆破。一般情况下，在小于5 m岩柱施工和施工导硐爆破时，人员必须撤到反向风门以外且距工作面500 m以上的全负压通风新鲜风流中或距工作面300 m以上的避难硐室内；在首次揭穿煤层爆破时撤人距离不小于1 000 m。

（3）远距离爆破时，回风系统必须停电撤人。爆破后，进入工作面检查的时间应当在措施中明确规定，但不得小于30 min，首次揭煤爆破进入工作面检查的时间由总工程师确定，也可结合矿井突出危险性强度适当延长进入工作面检查的时间。

（九）石门揭煤安全防护

（1）井巷揭穿突出煤层时，必须采取避难硐室、反向风门、压风自救装置、隔离式自救器、远距离爆破等安全防护措施。

（2）石门揭煤地点工作面从掘进至距突出煤层的最小法向距离10 m开始，必须在矿井调度室悬挂比例1∶100～1∶500的施工图；施工单位必须采用钻探手段边探边掘，探测结果及时上图，防止误揭煤层。

（3）下列情况必须参照石门揭煤采取区域综合防突措施：

① 突出煤层煤巷掘进工作面前方遇到落差超过煤层厚度的断层；

② 距突出煤层最小法向距离小于5 m的所有岩巷工程施工。

（4）石门揭煤执行区域防突措施前必须建立独立可靠的通风系统，防突设施齐全；否则，不准进行打钻施工。石门揭煤巷道内必须按规定设置压风自救装置。钻孔施工期间除钻孔施工人员外巷道内不准有其他作业人员。

（5）过煤门期间必须严格遵守以下要求：

① 煤岩结合处巷道支护要缩小棚距，加强护帮护顶。揭露的煤层要及时喷浆封闭；

② 巷道揭开煤层后及时施工区域防突措施，钻孔控制到巷道两侧不小于20 m，超前距不小于20 m；

③ 掘进期间执行连续区域验证；

④ 严格控制施工进度，每循环掘进进尺不应超过1 m。

（6）距离煤层底板法向距离5 m前施工，应执行连续区域验证，同时加强煤岩结合处巷道支护。

对于石门揭穿缓倾斜煤层，若区域预抽钻孔或顺层长钻孔控制巷道距煤层法向距离小于 7 m 的，应补充穿层预抽(排)钻孔。

(7) 石门揭煤期间，还应该遵守以下要求：

① 经区域治理达标的掘进工作面遇构造煤层不连续时，再次进入煤层掘进作业，必须执行石门揭煤有关规定；

② 非突出矿井的井巷在揭露煤层前，须测定煤层瓦斯压力、瓦斯含量等参数，经测定有一项指标达到临界值或有动力现象的，要编制揭煤设计报上级公司审批并严格落实；

③ 非突出矿井各煤层和突出矿井的非突出煤层在新水平、新采区首次揭煤时必须执行局部综合防突措施；

④ 突出危险区所有距突出煤层法向距离小于 7 m 的岩巷，必须执行石门揭煤措施，消突后方可施工。

(十) 石门揭煤组织措施

(1) 矿长对矿井石门揭煤工作全面负责，总工程师对矿井石门揭煤技术管理工作全面负责，防突矿长负责防突施工组织，其他分管副矿长按职责分工对石门揭煤管理负责。

(2) 井巷揭开煤层后，揭煤区域原则上 24 h 内不得进行扰煤作业。

(3) 揭煤地质前探孔施工期间，矿井地质部门技术人员要现场跟班并收集相关资料。瓦斯压力、瓦斯含量测定期间，矿井通防部门技术人员要现场跟班指导施工。

(4) 矿井井巷揭开煤层作业必须提前书面报告煤业公司生产、调度、通防、安监部门。

(5) 揭开煤层当日，煤业公司通防、生产及安检等相关部门应到矿协调做好揭煤工作。

(6) 揭开煤层爆破作业期间，必须由矿井通防副总工程师、防突副矿长、总工程师、矿长等矿领导中 1 人现场跟班、全程指挥。

(7) 揭煤作业结束后，矿井对揭煤基本情况、措施执行效果、各节点工期完成情况等分析讨论，形成揭煤总结报告，报上级公司通防管理部门备案。石门揭煤流程如图 1 所示。

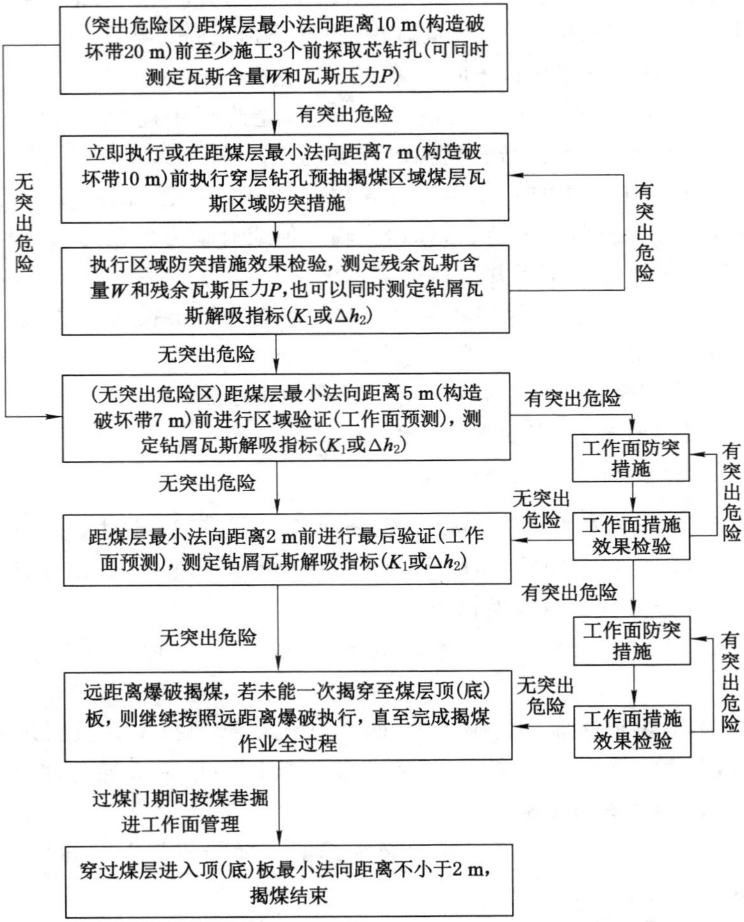

图 1　石门揭煤流程图

参考文献

[1] 张子敏. 瓦斯地质学[M]. 徐州:中国矿业大学出版社,2009.
[2] 李鸿维,卢广银. 煤矿开采方法[M]. 徐州:中国矿业大学出版社,2011.
[3] 中华人民共和国应急管理部,国家矿山安全监察局. 煤矿安全规程(2022)[M]. 北京:应急管理出版社,2022.
[4] 赵新社. 矿井通风[M]. 北京:煤炭工业出版社,2012.
[5] 国家煤矿安全监察局. 防治煤与瓦斯突出细则[M]. 北京:煤炭工业出版社,2019.
[6] 张国枢. 通风安全学[M]. 2 版. 徐州:中国矿业大学出版社,2011.
[7] 南社平. 煤矿防突作业安全培训教材[M]. 徐州:中国矿业大学出版社,2016.
[8] 李焕祥. 煤矿瓦斯抽采作业安全培训教材[M]. 徐州:中国矿业大学出版社,2016.
[9] 温永康. 瓦斯防治[M]. 北京:煤炭工业出版社,2011.